AiTOP 专业设计师书系

Photoshop CS6 从入门到实战

| 建筑设计领域的应用教程 |

鲁英灿 康玉芬 编著

中国建筑工业出版社

前言

在 2006 年出版的《15 天从入门到实战 —— 电脑建筑效果图制作专业教程》一书中，关于 Photoshop 的内容只占了很小的篇幅，之后陆续收到许多读者的反馈，希望能出版一本专门讲解 Photoshop 的书籍。2010 年接到编辑的通知，开始修订《设计大师 SketchUp 提高》（第2版），并增加了一章，专门介绍如何使用 Photoshop 制作贴图和给效果图添加配景，但因篇幅限制，难以将 Photoshop 在建筑设计及制图领域里的应用完全展示出来。

2011 年的春节，终于下决心在徒手设计草图书的创作同时进行本书的写作。2012年5月，又将书中的软件版本由 Photoshop CS5 升级为 Photoshop CS6。实际上，在应用方面，力争忽略版本的高低，使其适合 Photoshop 8.0 以上的各个版本。

本书以实战为目标，在章节设定和实例选择上，都考虑到了目标读者群的专业特点，既不能写成说明书式的教程，又要考虑涵盖实际应用中的各个类型。因此，本书以上下篇的形式，将 Photoshop 的基本命令和应用实例分别进行了充分的讲解。这种结构安排，看似将命令与实例分开了，实际上是命令中穿插实例、实例中体现命令，既便于学习命令，也便于迅速学习实战。

Photoshop 实在过于强大，可以说是图像处理领域中的全能工具，全面掌握它需要花费大量的时间和精力。而我们实际上并没有必要这么做，因为对于建筑师或者建筑设计相关专业的大学生来说，如何运用基本的命令获得理想的效果，才是首要考虑的目标。本书的图片不是最精美的，命令讲解也不追求最全面，但是能够有效帮助大家完成设计草图的扫描与修饰、贴图的制作、效果图的修饰、效果图的配景、彩色总平面图和分析图的制作等方面的工作，这才是本书的要义所在。

本书大部分插图为灿拓的实际项目，在此向哈尔滨灿拓高级电脑与设计专修学校的同事们致谢。书中的手绘稿由蒋伊琳、曲传旭、张襄贵绘制，在此真诚致谢。最后，感谢一直以来喜爱“**AiTOP 专业设计师书系**”的读者朋友，你们的支持是我们前行的动力，祝我们共同进步！

鲁英灿 康玉芳

2012.6

目录

·入门篇·

·实战篇·

目录

第1章 初识 Photoshop

本章涉及的图像格式、分辨率等基本知识，可能会由于比较理论化而显得枯燥，在使用 Photoshop 前没有必要硬记这些知识，只需要粗略浏览，在实际应用中遇到这方面的知识疑难点需要参考时，再查看本章的有关知识点。这是学习软件的捷径，也是专业书籍的阅读方法，即按需阅读。

由于 Photoshop 的图像处理功能十分庞杂，而与建筑师设计表达有关的部分其实并不多，因此了解 Photoshop 的主要功能、核心技巧以及在建筑设计表达图纸中的作用是本章的重点内容。

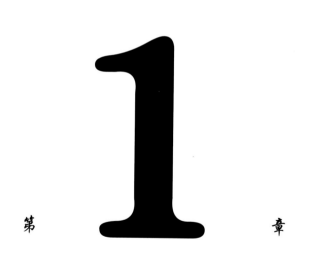

1

1.1 数字图形分类

在计算机领域里，图形的基本表示方式有两种，一种是矢量图形，又称向量图形、面向目标图形，即用几何公式表示图形，例如建筑设计领域常见的 AutoCAD、3ds Max、SketchUp 等软件生成的图形；另一种是点阵图形，也称光栅图形或阵列图，是用点的横竖排列方式表示图形，例如在 Photoshop 软件编辑生成的图形。前者我们多称之为图形，后者则多称之为图像。

1.1.1 矢量图形

矢量图形以矢量方式记录图形内容，内容以线条和色块为主，例如一条直线段的数据只需记录两个端点的坐标、线段的粗细和线段的颜色。它的优点是占用磁盘空间较小，可以很容易地执行缩放或者旋转等变形操作，并且处理时不失真，精确度较高，还可制作三维模型。它的缺点是不易于制作色调丰富多变的图像，也不易于在不同的软件间交换文件。

1.1.2 点阵图像

点阵图像是由称为像素（pixel）的多点组成的，多个不同颜色的点组合后构成一个完整的图像。点阵式图像在存储文件时，需要记录每一个点的位置和色彩数据，因此图像像素越多，文件越大，占用的磁盘空间也越多。但是因为记录了每个点的信息，因而可精确地记录色调丰富多变的图像，逼真地再现真实世界。点阵图像的优点就是弥补了矢量图形的缺陷，能够制作色彩丰富多变的图像，可以栩栩如生地反映现实世界，也很容易在不同的软件间交换文件。其缺陷是占用的磁盘空间较大，在执行缩放或旋转操作时易失真，且无法制作出真正的三维模型，是二维软件。

1.2 图像文件格式

文件格式（或文件类型）是指电脑为了存储信息而使用的对信息的特殊编码方式，用于识别内部储存的资料。比如有的储存图片，有的储存程序，有的储存文字信息。每一类信息，都可以一种或多种文件格式存储在电脑中。每一种文件格式通常会有一种或多种扩展名用来识别，但也可能没有扩展名。扩展名是指文件名中，最后一个点（.）后的字母序列，帮助应用程序识别文件格式。

◆提示：更改文件扩展名会导致系统误判文件格式。

不同的图形处理软件存储的图像文件格式各不相同，这些图像文件格式各有其优缺点。Photoshop 支持 20 多种格式的图像，可打开这些格式的图像，编辑并存储为其他格式。

下面介绍几种比较常见的文件格式。

1.2.1 PSD 格式

扩展名为 PSD 或 PDD，是 Adobe PhotoShop Document 的缩写，是 Photoshop 软件专有的文件格式，也是新建和存储图像文件默认的格式。其优点是存储图像的全部要素，包括图层、通道、参考线、注释以及其他一些用 Photoshop 制作的效果，有些要素在转存为其他格式时有可能丢失。

用 PSD 格式存储的图像文件占用的磁盘空间很大，不过因为能存储所有的数据，所以在编辑过程中最好以这种格式存储。待全部编辑完成后，除了存储为 PSD 格式的文件之外，再转存为其他占用磁盘空间较小且质量较好的文件格式，如 JPG，以便于文件传输。

1.2.2 JPG 格式

扩展名为 JPG、JPEG 或 JPE，是 Joint Photographic Experts Group 的缩写，是目前所有格式中压缩比最高的格式之一。它利用一种智能失真式的有损图像的压缩方式将图像压缩在很小的储存空间中，以失真最小的方式丢掉一些肉眼不易察觉的数据，其压缩比率通常在 10：1～40：1 之间。JPG 是一种很灵活的格式，具有调节图像质量的功能，允许用不同的压缩比例对文件进行压缩，支持多种压缩级别。压缩比越大，品质就越差；相反的，压缩比越小，品质就越好。这个特性非常便于在图像质量和文件尺寸之间找到平衡点。JPG 格式的图像主要压缩的是高频信息，对色彩的信息保留较好，普通用户不必担心，因为 JPG 格式的压缩算法十分先进，非专业人士甚至无法分辨。

由于 JPG 格式高效的压缩效率和标准化普及，目前已广泛用于彩色传真、静止图像、电话会议、印刷及新闻图片的传输，而且各类浏览器均支持 JPG 这种图像格式，其文件较小，下载速度快。不过，由于其压缩率高，所以不宜在印刷、出版等高要求的场合下使用。

1.2.3 TIF 格式

扩展名为 TIF 或 TIFF，是 Tag Image File Format 的缩写，由 Aldus 和 Microsoft 公司为出版系统研制开发的一种较为通用的图像文件格式。它能完整保留原有图像的颜色及层次，但占用空间很大。在 Photoshop 中，TIF 格式能够支持 24 个通道，它是除 Photoshop 专有格式 PSD 之外唯一能够存储多个四通道的文件格式。

TIF 格式最早流行于 Mac OS 系统，现在 Windows 上主流的图像应用程序都支持该格式。目前，它是 Mac OS 和 Windows 上使用最广泛的位图格式，在这两种平台上移植 TIF 格式的图像十分便捷，大多数扫描仪也都可以输出 TIF 格式的图像文件。TIF 格式有压缩和非压缩两种形式，其中压缩形式使用的是无损压缩方案，常被应用于较专业的领域，如书籍出版、海报印刷等。

1.2.4 TGA 格式

TGA（Tagged Graphics）格式是由美国 Truevision 公司为其显示卡开发的一种图像文件格式，后被国际上的图形、图像工业所接受。现在已成为数字化图像以及运用光线跟踪算法所产生的高质量图像的常用格式。TGA 的结构比较简单，属于一种图像数据的通用格式，目前大部分文件为 24 位或 32 位真彩色，在多媒体领域有着很广泛的应用。

由于 Truevision 公司推出 TGA 的目的是为了采集、输出电视图像，所以 TGA 格式文件总是按行存储、按行进行压缩，这使得它同时也成为计算机生成图像向电视转换的一种首选文件格式。

1.2.5 BMP 格式

BMP 是 Bitmap（位图）的简写，是 Windows 操作系统中的标准图像文件格式，能够被多种 Windows 应用程序所支持。这种格式的特点是包含的图像信息较丰富，除了图像位数可选以外，不采用其他任何压缩，由此导致了它与生俱来的缺点，占用磁盘空间过大，并且不支持 Web 浏览器。它以独立于设备的方法描述位图，解码速度快，但从总体上看，BMP 文件格式的缺点超过了它的优点。

1.2.6 GIF 格式

GIF 是 Graphics Interchange Format 的缩写，是一种图像交换格式，在不同平台的各种图像软件上均能够处理，是一种经过压缩的图像文件格式。在压缩过程中，图像的像素资料不会被丢失，然而丢失的却是图像的色彩。GIF 格式最多只能储存 256 种颜色，但它能够支持透明色，可以使图像浮现在背景之上。

GIF 格式存储的文件非常轻便，不会占用太多的磁盘空间，非常适合在网络传输，速度要比传输其他图像文件格式快得多。网上常见的小动画大多是 GIF 格式的，也叫逐帧动画。

1.2.7 PNG 格式

PNG 是 Portable Network Graphics 的缩写，是 20 世纪 90 年代中期开始开发的图像文件存储格式，其目的是企图替代 GIF 和 TIF 文件格式，同时增加一些 GIF 文件格式所不具备的特性，是网上接受的最新图像文件格式。它可以保存 24 位的真彩色图像，并且支持透明背景、具备消除锯齿边缘的功能，可以在不失真的情况下压缩保存图像。

PNG 图像使用的是高速交替显示方案，显示速度很快，只需要下载 1/64 的图像信息就可以显示出低分辨率的预览图像。与 GIF 格式不同的是，PNG 格式不支持动画。由于 PNG 是新开发的格式，所以目前并不是所有的程序都可以用它来存储图像文件，但 Photoshop 可以处理 PNG 图像文件，也可以用 PNG 文件格式存储。有一些浏览器可能不支持 PNG 格式。

1.2.8 EPS 格式

EPS 是 Encapsulated PostScript 的缩写，是跨平台的标准格式，扩展名在 Windows平台上是 EPS，在 Mac OS 平台上是 EPSF，主要用于矢量图形和点阵图像的存储。该格式分为 PhotoShop EPS 格式（Adobe Illustrator Eps）和标准 EPS 格式，其中标准 EPS 格式又可分为图形格式和图像格式。需要注意的是，在 PhotoShop 中只能打开图像格式的 EPS 文件。

EPS 格式是用 PostScript 语言描述的一种 ASCII 图形文件格式，在 PostScript 图形打印机上能打印出高品质的图形图像，最高能表示 32 位图形图像。有上百种打印机支持 PostScript 语言，包括所有在出版行业中使用的图像排版系统。所以，EPS 格式是专业出版与打印行业使用的文件格式。

1.2.9 PDF 格式

PDF 是 Portable Document Format 的缩写，是 Adobe 公司开发的电子文件格式。这种文件格式与操作系统平台无关，也就是说，PDF 文件不管是在 Windows、Unix 还是在 Mac OS 系统中都是通用的，这一特点使它成为在 Internet 上进行电子文档发行和数字化信息传播的理想文档格式。越来越多的电子图书、产品说明、公司文告、网络资料、电子邮件开始使用 PDF 格式文件。

PDF 格式文件可以将文字、字型、格式、颜色及独立于设备和分辨率的图形图像等封装在一个文件中。PDF 格式文件还可以包含超文本链接、声音和动态影像等电子信息，支持特长文件，集成度和安全可靠性都较高。它还是页独立的，一个 PDF 文件包含一个或多个“页”，可以单独处理各页，特别适合多处理器系统的工作。此外，一个 PDF 文件还包含文件中所使用的 PDF 格式版本，以及文件中一些重要结构的定位信息。

PhotoShop 可以直接打开 PDF 格式文件，并可以将其进行光栅化处理，变成像素信息。对于多页的 PDF 文件，可以在打开 PDF 文件对话框中设定打开的是第几页文件。PDF 文件被 PhotoShop 打开后便成为一个图像文件，可以将其存储为 PSD 格式。

正是由于 PDF 文件的种种优点，它逐渐成为出版业中的新宠。对普通读者而言，用 PDF 制作的电子书具有纸版书的质感和阅读效果，可以“逼真地”展现图书的原貌，而显示大小可任意调节，给读者提供了个性化的阅读方式。由于 PDF 文件可以不依赖操作系统的语言和字体及显示设备，阅读起来很方便。这些优点使读者能很快适应电子阅读与网上阅读，无疑有利于计算机与网络在日常生活中的普及。

1.3 关于分辨率

分辨率（Resolution）指在单位长度内所含像素或点的多少。一般来说，分辨率被表示成每一个方向上的像素数量，例如 720x540（像素）；而在某些情况下，它也可以同时表示成“每英寸像素”（PPI）以及图形的长度和宽度，例如 72（PPI）、10x7.5（英寸）。

容易混淆的是 PPI（每英寸像素）和 DPI（每英寸点数）。从技术角度说，PPI 只存在于计算机显示领域，而 DPI 只出现于打印或印刷领域。DPI 原来是印刷上的计量单位，意思是每个英寸上所能印刷的网点数（Dot Per Inch）。但随着数字输入、输出设备的快速发展，大多数人也将数字影像的解析度用 DPI 表示，但较为严谨的人可能注意到，印刷时计算的网点（Dot）和电脑显示器的显示像素（Pixel）并非相同，所以较专业的人士会用 PPI（Pixel Per Inch）表示数字影像的解析度，以区分二者。

1.3.1 图像分辨率

在数字化图像中，分辨率直接影响图像的质量。分辨率越高，图像越清晰，占用的磁盘空间也越大，处理速度也越慢。相同分辨率的图像，尺寸越大，占用的磁盘空间越大；相同尺寸的图像，分辨率越高，占用的磁盘空间越大。所以在图片创建期间，必须根据图像最终的用途决定正确的分辨率。首先保证图像包含足够多的数据，能满足最终输出的需要；同时也要适量，尽量少占用一些计算机的资源。

1.3.2 输出分辨率

输出分辨率是指在输出图像时每英寸上所输出的点数，是设备的固有属性，不能改变。如打印机、绘图仪、扫描仪等设备都有一个固定的分辨率。这种分辨率通过 DPI 来衡量，一般设备的分辨率在 360～1440 DPI 不等。

1.3.3 屏幕分辨率

屏幕分辨率是指沿着屏幕的长和宽排列像素的多少，通俗地说，就是系统桌面的大小。屏幕分辨率低时（例如 640x480 像素），在屏幕上显示的信息少，但像素尺寸比较大。屏幕分辨率高时（例如 1600x1200 像素），在屏幕上显示的信息多，但像素尺寸比较小。以 17" 显示屏为例，一张 640x480 像素的图片，呈现在屏幕分辨率为 640x480 像素和 1024x768 像素上的效果显然会不同，由于后者容纳更多的像素，图片看起来会更加细致，但图片尺寸和文字显示都会变小。在调整屏幕分辨率时，需注意屏幕刷新频率的设定，最好将屏幕刷新频率设定在 72Hz 以上，眼睛才不会因为屏幕刷新而感到疲劳。想要同时获得较高的屏幕分辨率和刷新频率，需依赖较高级的屏幕机种及显示卡。液晶显示屏因其技术限制，只有 60Hz 刷新频率，但其显示模式特殊，对眼睛伤害反而小。

1.3.4 相机分辨率

在大部分数码相机内，可以选择不同的分辨率拍摄图片。一台数码相机的像素越高，其图片的分辨率越大。分辨率和图像的像素有直接的关系，一张分辨率为 640x480 像素的图片，那它就达到了 307200 像素，也就是我们常说的 30 万像素，而一张分辨率为 1600x1200 像素的图片，它的像素就是 200万。这样，我们就知道，分辨率表示的是图片在长和宽上所占点数的单位。

一台数码相机的最高分辨率就是其能够拍摄最大图片的面积。在技术上说，数码相机能产生在每英寸图像内的点数，通常以 DPI 为单位，英文为 Dot Per Inch。分辨率越大，图片的面积越大。

1.3.5 位分辨率

位（bits）分辨率是用来衡量每个像素存储的颜色信息的位数，一般常见的有 8 位、16 位、24 位或 32 位色彩，有时我们也将位分辨率称为颜色深度。

所谓“位”，实际上是指“2”的平方次数，8 位即是 2 的八次方，也就是 8 个 2 相乘，等于 256。所以，一幅 8 位色彩深度的图像，所能表现的色彩等级是 256 级，即我们通常所说的 256 色图形。以此类推，16 位为高彩（High Color）、24 位为全彩（True Color）、32 位为带 Alpha 通道的全彩（颜色位数为 24 位但带有透明信息）。颜色位数越高，可获得的色彩动态范围越大。也就是说，对颜色的区分能够更加细腻。

1.4 Photoshop 主要功能

从功能上看，Photoshop 可分为图像编辑、图像合成、校色调色及特效制作等部分。

1.4.1 图像编辑

图像编辑是图像处理的基础，对选区或背景层以外的图层进行自由变形，即放大、缩小、旋转和变形，是 Photoshop 最基本、最常用的功能。也可进行复制、去除斑点、修补、修饰图像的残损等。这在图像处理制作中有非常大的用途，例如婚纱摄影、人像处理等，去除人像上不满意的部分，进行美化加工，得到让人满意的效果。

1.4.2 图像合成

图像合成是将几幅图像通过图层操作、工具应用合成完整的、有明确意义的图像，这是平面设计的必经之路。Photoshop 提供的绘图工具让外来图像与创意很好地融合，使图像的合成天衣无缝。

1.4.3 校色调色

校色调色是 Photoshop 中深具威力的功能之一，可方便快捷地对图像的颜色进行明暗、色差的调整和校正，也可在不同色调之间进行切换以满足图像在不同领域如网页、印刷、多媒体等方面的应用。

1.4.4 特效制作

特效制作在 Photoshop 中主要由滤镜、通道及工具综合应用完成。包括图像的特效创意和特效字的制作，如油画、浮雕、石膏画、素描等常用的传统美术技巧都可以由 Photoshop 特效完成，而各种特效字的制作更是很多美术设计师热衷于 Photoshop 的原因。

1.5 Photoshop 核心技巧

1.5.1 快速、准确地做好选区

Photoshop 中的选取区域用沿顺时针转动的、闪动的黑白蚂蚁线表示，选取区域就是用来编辑的范围。一切命令只对选取区域内有效，对区域外无效。

不同于三维软件，平面软件的编辑处理对象是区域，如何快速、准确地做好选区是熟练运用好 Photoshop 的前提。不同的情况下，运用不同的选择方式进行处理，即选择的技巧，是 Photoshop

的首要核心。

1.5.2 合理地运用图层

合理运用图层功能可以使图像编辑功能加强，合成图像、文字、图形更为容易、直观。其特点为：

1. 图层是有顺序的，在同一个位置不同图层之间会有遮挡，上面的图层会遮挡下面的图层；

2. 图层可以合并、合成、翻页、复制、修剪、显示、隐藏，可以控制图层的透明度；

3. 特技效果可应用在部分图层或全部图层上；

4. 拖动功能可以容易地选取图像，可以将图像移动到其他不同的图像和图层里。

1.5.3 适当地进行色彩处理

即对图像进行色彩的色相、饱和度、明暗度、对比度等的处理。在图像编辑中，各个图层里的图像来源各不相同，有从渲染软件中生成的，有数码相机拍摄的，有扫描仪扫描的，也有在 Photoshop 中绘制的，还有一些是从其他图片上截取的，其颜色、明暗、饱和度等均有所不同，因此如何使它们在色彩上更加融合，看起来是在一个大环境下的景物、与周围的环境浑然一体，也是 Photoshop 的核心技巧。

1.5.4 谨慎地应用滤镜功能

应用滤镜功能改进图像和产生特殊的、令人惊叹的效果，是任何手工手段都无法比拟的，掌握几个重要的滤镜功能很有必要。滤镜虽好用，但不能滥用。切记用最基本的技术加上充分的想象力、创造力才是成功的关键。

1.6 Photoshop 在建筑图中的作用

1.6.1 重新定义构图

一些扫描的文件，限于扫描仪的幅面，会出现构图不理想的状况，需要重新定义构图。

还有一些通过渲染软件输出的图纸，为了保证透视效果，建筑主体在视图中的位置不是非常理想，大多数时候是偏上，将输出后的图像文件通过剪切或增减画布大小的方法，使原来构图不理想的画面调整到最佳状态。

建筑图的构图不是千篇一律的，应根据建筑设计形式、建筑风格以及客户的要求来确定。

1.6.2 调整色彩及明暗度

对这个环节而言，重要的不是用什么命令、用什么方法，重要的是发现问题在何处的眼睛。注意观察高光、亮面、暗面、阴影面的层次关系，以及建筑主体需表达出的整体色彩感觉，以传达特定的视觉效果。

1.6.3 修补遗憾和缺陷

对一些存在污点或褶皱的扫描文件，进行去除斑点、修饰残损等工作是非常必要的。

还有一些在 3D 渲染时未能解决或比较费时间的效果，在 Photoshop 里还有机会继续修改完善。例如金属文字标牌、带有图案的商业招牌、模型衔接漏洞等问题。

1.6.4 添加与建筑主体相融合的配景

任何一幢建筑都不是孤立存在的，但在处理环境氛围时，Photoshop 强于其他软件。

常见的配景包括天空、人、车、树、路灯、远山、周围建筑等，其目的是烘托主体建筑。远、中、近景的合理运用，不但可以起到丰富画面的作用，而且可以增加景深层次，增强透视感，平衡构图。另外，配景的色彩、明暗及对比度的变化，能充分体现出空间关系，同时在色彩上达到互补或统一，以控制整体的色彩感觉。通过配景的添加与有机整合，使深奥、晦涩的专业图纸变成形象、生动、易懂的彩色图像，大大方便设计师和客户之间的交流。

1.6.5 设置图像大小及打印尺寸

需要搞清楚两个关系。一是图像分辨率与图形尺寸的关系：图像的大小取决于分辨率，同一张图、在同一尺寸下，分辨率越高越清晰；二是图像分辨率和文件大小的关系：图像文件的大小是和分辨率成正比的。

在固定打印尺寸下，分辨率高的图像，可以表现更丰富的细节变化和色彩变化，但文件会更大，所以占用的磁盘空间也更大，在编辑和打印时的速度相对较慢。图像质量和编辑速度哪一个优先是取舍的关键。

◆小结：以上的知识由于比较理论化而显得枯燥，虽然不太容易理解，但是属于基本知识，必须掌握。不过在使用 Photoshop 前没有必要硬记这些知识，暂时只需要粗略浏览即可。如果碰到这方面的知识疑难点需要参考时，回来再查看本章有关知识点，这也是学习软件的一条捷径。

优化 Photoshop 工作环境

第 2 章

在开始工作之前，将 Photoshop 的工作环境进行优化非常必要，例如设置合理的性能配置并及时清理内存，以免出现操作速度极慢或系统提示内存不足拒绝工作的情况。

新建图像也有讲究，如何设置适合的图像尺寸、分辨率、颜色模式以及发挥标尺与参考线在制图过程中的作用是本章的重点内容。同时，熟练掌握快捷键也是 Photoshop 的基本技巧之一。

2

2.1 Photoshop CS6 工作界面

运行 Photoshop CS6 软件，选择菜单【文件】命令下的【打开】命令，打开一张图片后，我们介绍一下 Photoshop CS6 的工作界面（见图2-1）。

◆提示：默认界面为深灰色，可通过菜单【编辑】下【首选项】命令里的【界面】命令选择传统的浅灰色。

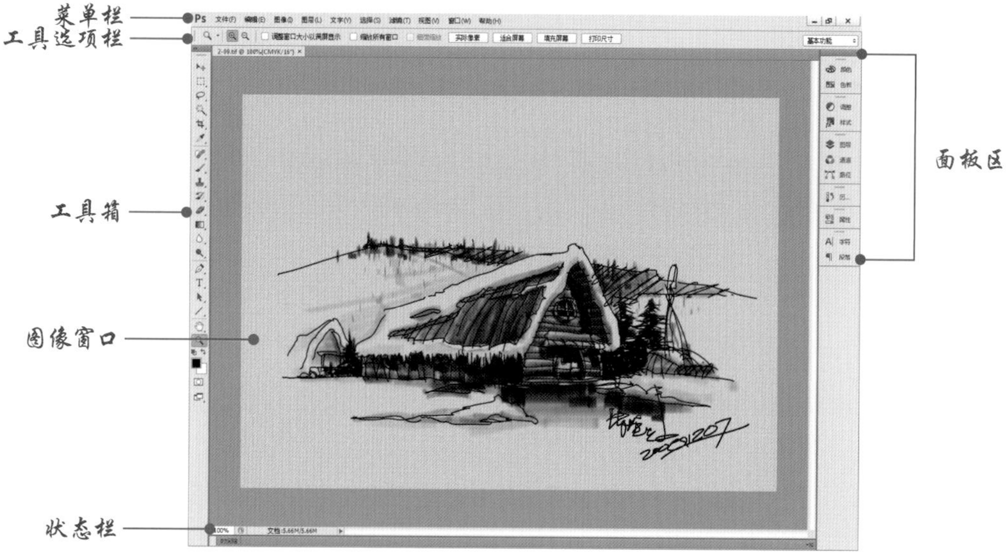

图2-1 Photoshop CS6 的工作界面

Photoshop CS6 的工作界面由菜单栏、工具选项栏、图像窗口、工具箱、面板区等几个部分组成。

2.1.1 菜单栏

菜单栏包含 11 个菜单，分门别类地放置了 Photoshop 的大部分操作命令，这些命令往往让初学者感到眼花缭乱，但实际上我们只要了解每一个菜单的特点，就能够掌握这些菜单命令的用法。

2.1.1.1 菜单分类

1. 文件：集成了文件操作命令。

2. 编辑：集成了在图像处理过程中使用较为频繁的编辑类操作命令。

3. 图像：集成了对图像大小、画布及图像颜色的操作命令。

4. 图层：集成了各类图层的操作命令。

5. 文字：集成了编辑文字图层的命令。

6. 选择：集成了有关选区的操作命令。

7. 滤镜：集成了大量滤镜命令。

8. 视图：集成了对当前操作图像的视图进行操作的命令。

9. 窗口：集成了显示或隐藏不同面板窗口的命令。

10. 帮助：集成了各类帮助信息的命令。

11. 3D：集成了对于3D格式文件进行编辑的命令。

◆提示：3D 菜单是新增的内容。

掌握了菜单的不同功能和作用后，在查找命令时就不会茫然不知所措，就能够快速找到所需的命令。需要使用某个命令时，首先单击相应的菜单名称，然后从下拉菜单列表中选择相应的命令。

2.1.1.2 菜单命令的状态

了解菜单命令的状态，对于正确使用 Photoshop 非常重要，因为不同的命令在不同的状态下，应用的方法不尽相同（见图2-2）。

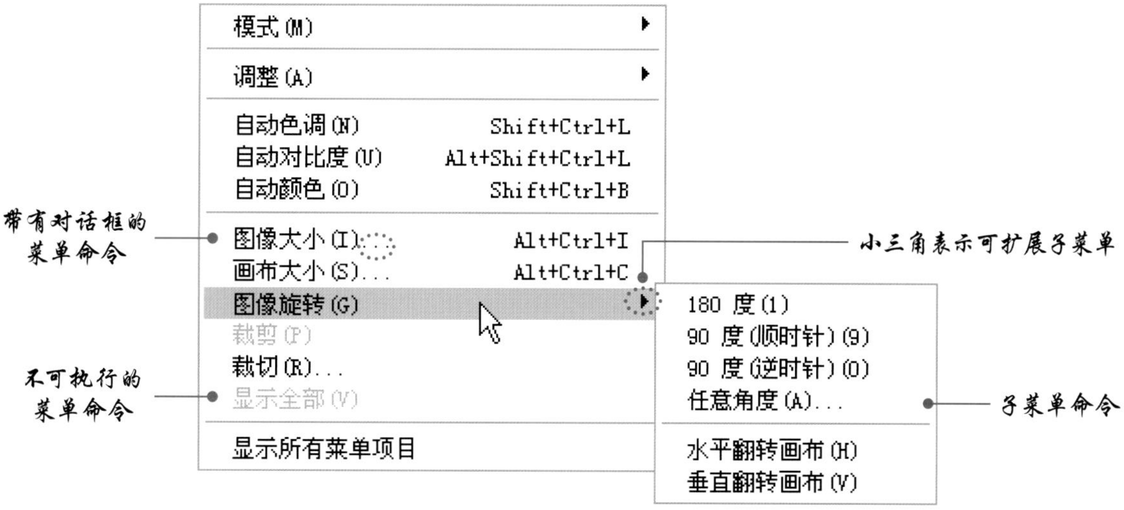

图2-2 菜单命令的不同状态

1. 子菜单命令：在 Photoshop 中，某些命令从属于一个大的菜单项，且本身又具有多种变化或操作方式，为了使菜单组织更加有效，Photoshop 使用了子菜单模式。此类菜单命令的共同点是在其右侧有一个黑色的小三角形。

2. 不可执行的菜单命令：许多菜单命令有一定的运行条件，当命令不能执行时，菜单命令呈现灰色。例如，对 CMYK 模式的图像而言，许多滤镜命令不能执行。因此，要执行这些命令，必须清楚这些命令的运行条件。

3. 带有对话框的菜单命令：在 Photoshop 中，多数菜单命令被执行后都会弹出对话框，只有通过正确地设置这些对话框，才可以得到需要的效果，此类菜单的共同点是其名称后面带有省略号。

2.1.2 工具箱

工具箱位于工作界面的左侧，是 Photoshop 工作界面重要的组成部分，包括选择、绘图、编辑、文字等共 40 多种、上百个工具，使用这些工具可以完成绘制、编辑、观察、测量等操作。

2.1.2.1 查看工具

要使用某种工具，直接单击工具箱中该工具图标，将其激活即可。通过工具图标，可以快速识别工具种类。

另外，Photoshop 还具有自动提示功能，当不知道某个工具的含义和作用时，将光标放置于该工具图标上 2 秒钟左右，屏幕上即会出现该工具名称及操作快捷键的提示信息。

2.1.2.2 显示隐藏的工具

工具箱中的许多工具并没有直接显示出来，而是以成组的形式隐藏在右下角带小三角形的工具按钮中。按下此类按钮保持 1 秒钟左右，即可显示该组所有工具。此外，也可以使用快捷键来快速选择所需工具，按 Shift + 该组快捷键 ，还可以在工具组之间快速切换。

2.1.2.3 切换工具箱的显示状态

Photoshop CS6 工具箱有单列和双列两种显示模式（见图2-3、图2-4）。单击工具箱顶端的 区域，可以在单列和双列两种显示模式之间切换。当使用单列显示模式时，可以有效节省屏幕空间，使图像的显示区域更大，以方便操作。

图2-3 工具箱的单列模式

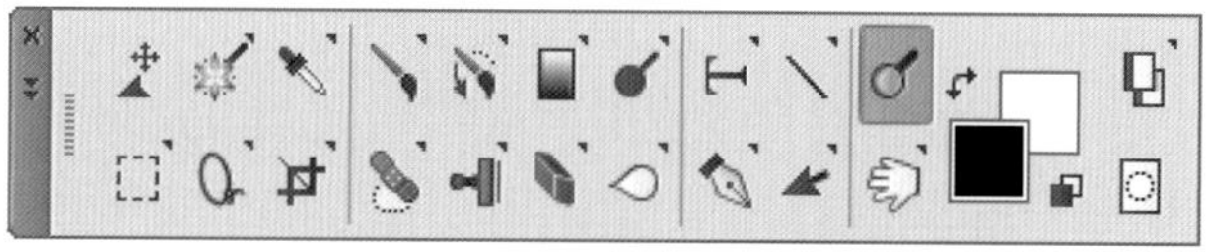

图2-4 工具箱的双列模式

2.1.3 工具选项栏

每当在工具箱中选择了一个工具后，工具选项栏就会显示出相应的工具选项，以便对当前所选工具的参数进行设置。工具选项栏显示的内容随选取工具的不同而不同。

工具选项栏是工具箱中各个工具功能的延伸与扩展，通过适当设置工具选项栏中的选项，不仅可以有效增加工具在使用中的灵活性，而且能够提高工作效率。

2.1.3.1 显示或隐藏工具选项栏

执行菜单【窗口】命令下的【选项】命令，可以显示或隐藏工具选项栏。

2.1.3.2 移动工具选项栏的位置

单击并拖动工具选项栏最左侧的 图标，可以移动它的位置（见图2-5）。

图2-5 工具栏选项

2.1.4 面板

面板是 Photoshop 的特色界面之一，共有 21 块之多，默认位于工作界面的右侧。它们可以自由地拆分、组合和移动。通过面板，可以对 Photoshop 图像的图层、通道、路径、历史记录、动作等进行操作和控制。

面板作为 Photoshop 必不可少的组成部分，增强了 Photoshop 的功能并使其操作更为灵活多样。大多数操作高手能够在很少使用菜单命令的情况下完成大量的操作任务，就是因为频繁使用了面板的强大功能。

2.1.4.1 选择面板

通过选择菜单【窗口】命令下【工作区】命令里的【基本功能（默认）】或【CS6 新增功能】、【绘画】、【摄影】、【排版规则】等命令来呈现面板，还可以直接选择【窗口】命令下相应的面板选项命令。

2.1.4.2 展开和折叠面板

在展开的面板右上角的三角按钮 上单击，可以折叠面板。当面板处于折叠状态时，会显示为图标状态（见图2-6）。

图2-6 折叠后的面板

当面板处于折叠状态时，单击面板组中一个面板的缩略图，可以展开该面板（见图2-7）。展开面板后，再次单击缩略图，可以将其设置为折叠状态。

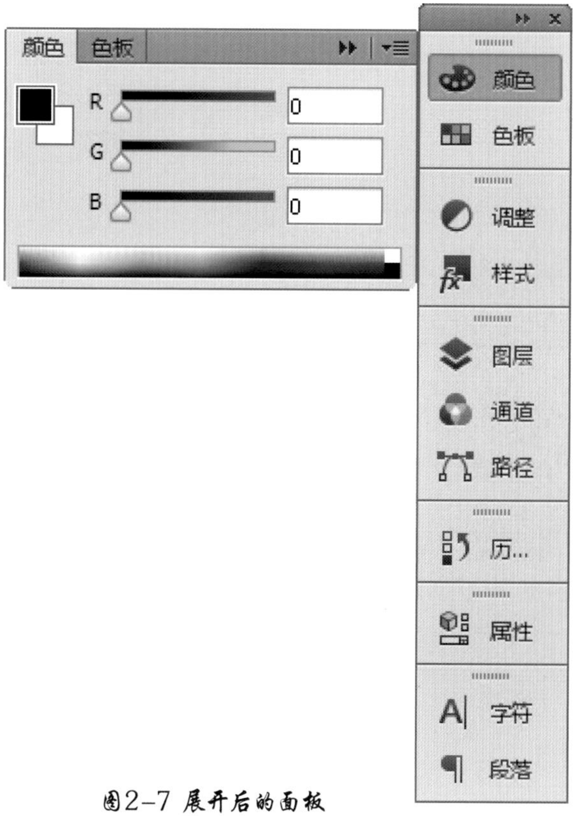

图2-7 展开后的面板

2.1.4.3 拉伸面板

将光标移动至面板底部或左右边缘处，当光标呈现 ↔ 或 ↕ 形状时，单击鼠标并上下或左右拖动鼠标，可以拉伸面板（见图2-8）。

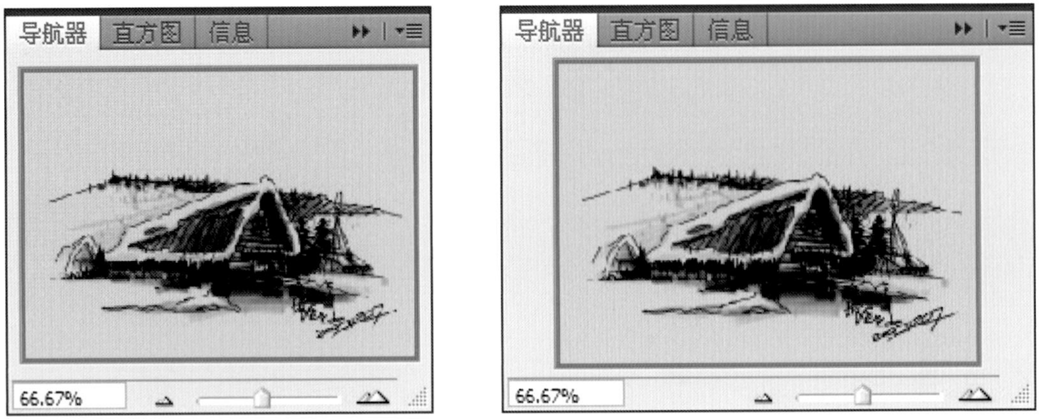

图2-8 拉伸面板

2.1.4.4 分离与合并面板

1. 将光标移动至面板的名称上，单击并拖至窗口的空白处，可以将面板从面板组中分离出来，使之成为浮动面板（见图2-9）。

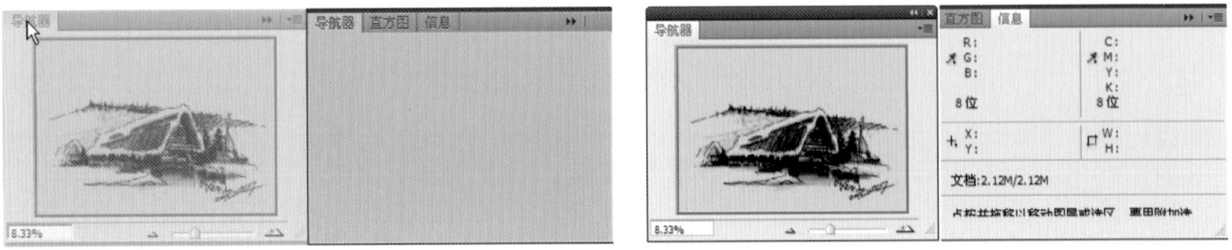

图2-9 分离面板

2. 将光标移动至面板的名称上，单击并将其拖至其他面板名称位置，释放鼠标左键，可以将该面板放置在目标面板中（见图2-10）。

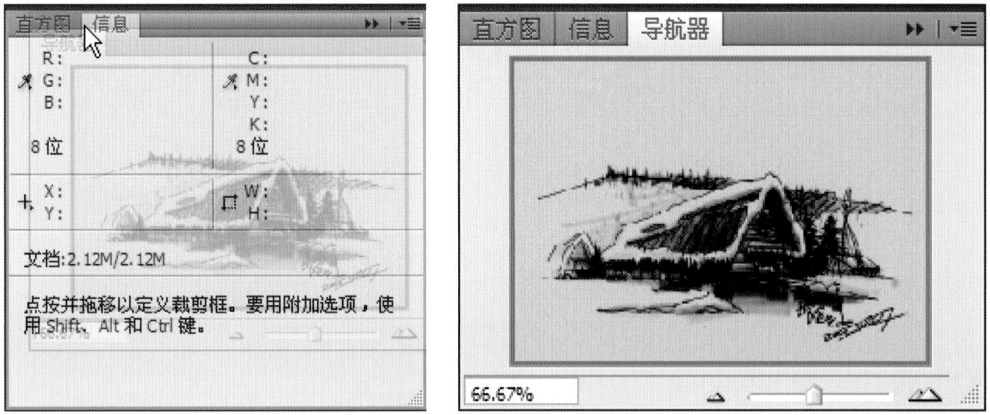

图2-10 合并面板

2.1.4.5 链接面板

将光标移动至面板名称上，按住鼠标左键将其拖至另一个面板下，当两个面板的连接处显示为蓝色时，释放鼠标可以将两个面板链接（见图2-11）。面板链接后，当拖动上方的面板时，下面的链接面板也会相应地移动。

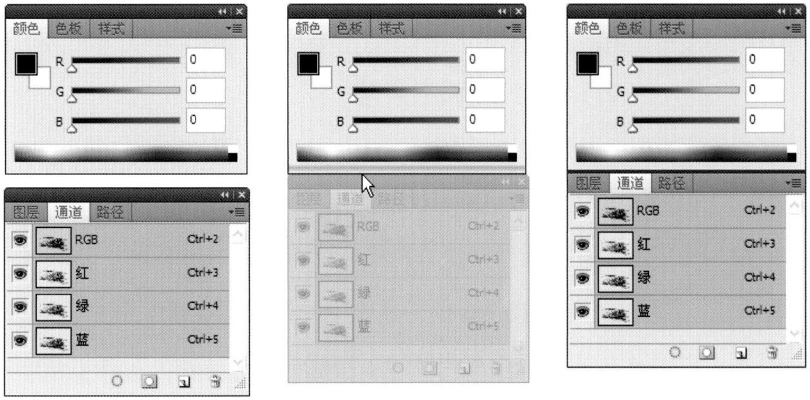

图2-11 链接面板

2.1.4.6 最小化或关闭面板

1. 单击面板上的按钮 ◂◂，可以最小化面板（见图2-12），再次单击，可以还原。

2. 单击面板右上角的关闭按钮，可以关闭面板。

3. 运用【窗口】菜单中的命令也可以显示或关闭面板。

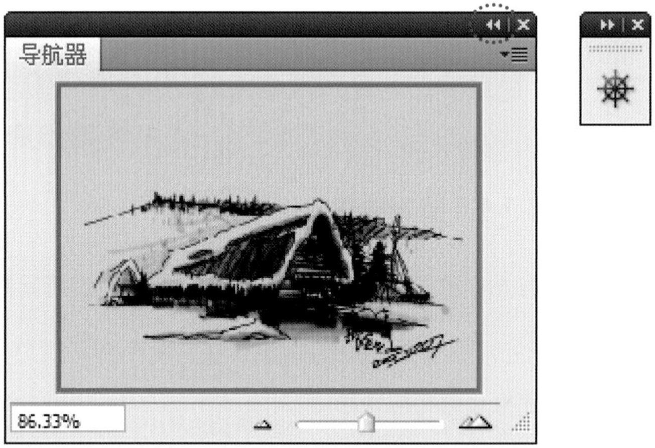

图2-12 最小化面板

2.1.4.7 打开面板菜单

1. 单击面板右上角的按钮 ▾≡，可以打开面板菜单。面板菜单中包含了当前面板的各种命令。

2. 在任一面板上方名称位置单击鼠标右键，可以打开面板的右键菜单，选择【关闭】命令，可以关闭当前的面板；选择【关闭选项卡组】命令，可以关闭当前的面板群组；选择【折叠为图标】命令，可以将当前面板组最小化为图标；选择【自动折叠图标面板】命令，可以自动将展开的面板最小化。

2.1.5 状态栏

状态栏位于界面的底部，用于显示鼠标指针的坐标位置以及所选择元素的提示信息，如当前文件的显示比例和文件大小、当前使用工具等信息。单击状态栏中的按钮 ▶，可以打开快捷菜单，在菜单中可以选择状态栏中显示的内容（见图2-13）。

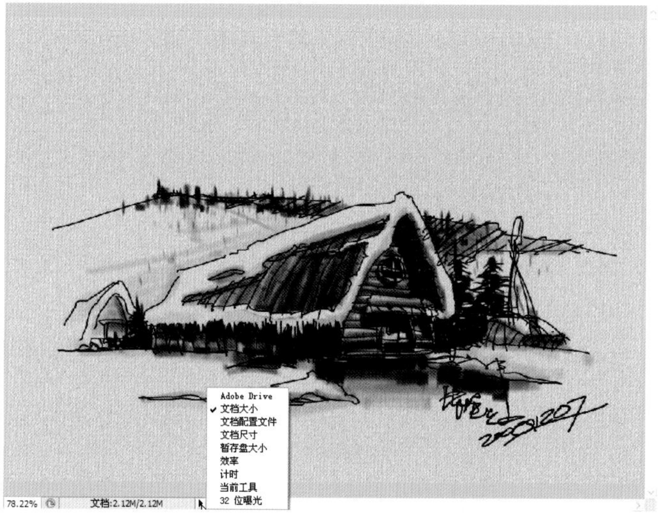

图2-13 状态栏快捷菜单

1. 文档大小：显示图像中数据量的信息。选择该选项后，状态栏中会出现两组数字，左边的数字表示合并图层的文件大小，右边的数字表示没有合并图层和通道时的文件近似大小。

2. 文档配置文件：显示图像所使用的颜色配置文件的名称。

3. 文档尺寸：显示图像的尺寸。

4. 暂存盘大小：显示系统内存和 Photoshop 硬盘暂存的信息。选择该选项后，状态栏中会出现两组数字，左边的数字表示为当前正在处理的图像分配的内存量，右边的数字表示可以使用的全部内存容量。如果左边的数字大于右边的数字，Photoshop 将启动硬盘作为虚拟内存。

5. 效率：显示执行操作实际花费时间的百分比。当效率为 100% 时，表示当前处理的图像在内存中生成，如果该值低于 100%，则表示 Photoshop 正在使用硬盘暂存，操作速度也会变慢。

6. 计时：显示完成上一次操作所用的时间。

7. 当前工具：显示当前使用的工具名称。

8. 32 位曝光：用于调整预览图像，以便在计算机显示器上查看 32位/通道高动态范围（HDR）图像的选项，只有文档窗口显示 HDR 图像时该选项才可以使用。

◆提示：在状态栏上单击鼠标左键，可以查看图像信息。

2.1.6 图像窗口

图像窗口是 Photoshop 显示、绘制和编辑图像的主要操作区域。它是一个标准的 Windows 窗口，可以对其进行移动、调整大小、最大化、最小化和关闭等操作。图像窗口的标题栏中，除了显示当前图像文档的名称外，还有图像的显示比例、颜色模式等信息。

2.2 设置合理的性能

Photoshop 各项性能均在菜单【编辑】下【首选项】命令里的【性能】命令中设置（见图 2-14）。

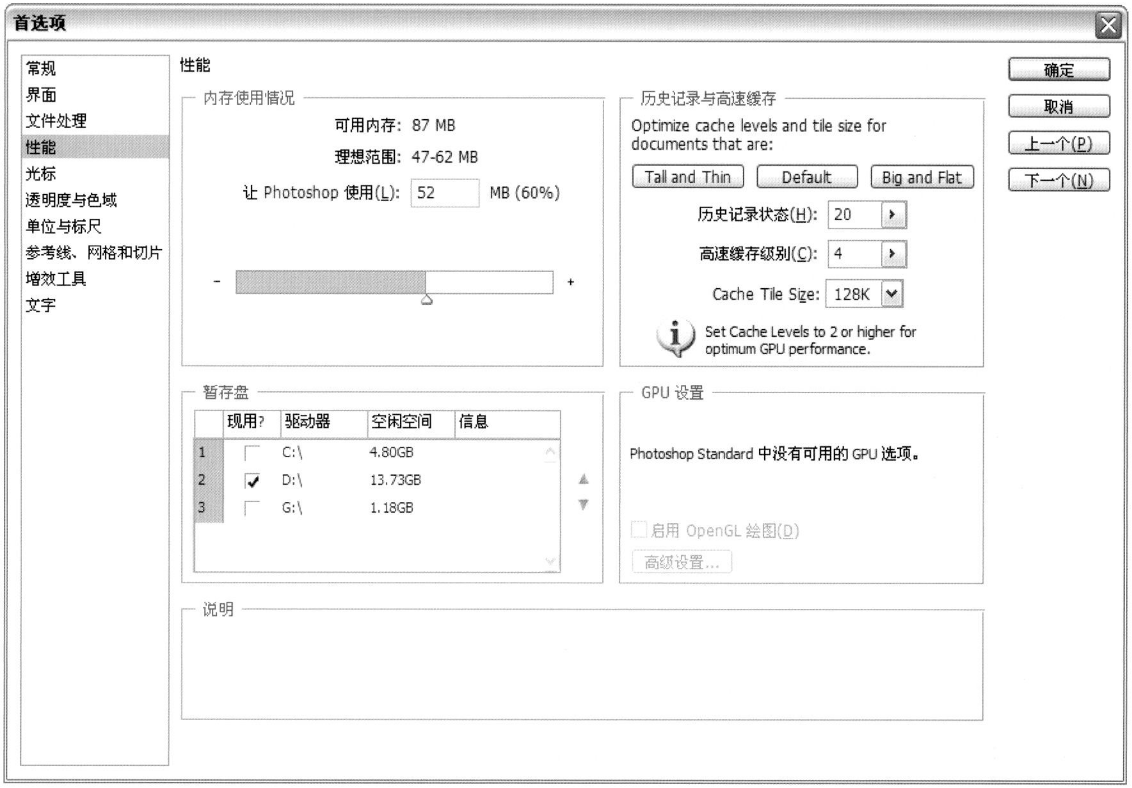

图2-14 Photoshop 的各项性能设置

2.2.1 设置内存比例

在【内存使用情况】选项中，清晰地展现了可用内存是多少、理想的内存是多少，用滑竿移动可设置允许 Photoshop 使用的内存百分比。如果是只打开单一 Photoshop，可将数值设为 80%，即把 80% 左右的物理内存都供给 Photoshop 使用。如果习惯同时打开多个软件，这样做的结果会使其他软件的运行变得非常困难，特别是像 3ds Max、SketchUp 等软件。

2.2.2 设置暂存盘

Windows 操作系统中用虚拟内存（又叫交换文件，即 Win386.swp）来解决物理内存不足的问题，基于 Windows 操作系统的 Photoshop 也是如此。两者不同的是，Photoshop 的暂存盘完全受 Photoshop 的控制而不受操作系统的控制，所以需要合理分配，以免互相干扰。如果暂存盘的可用空间不够，Photoshop 就无法处理、打开图像，因此应将【暂存盘】中的第一暂存磁盘设定成和 Windows 虚拟内存磁盘完全不同的磁盘分区，或者将空闲空间最大的磁盘定义为第一暂存盘。

2.2.3 设置历史记录状态

与历史记录面板相对应，【历史记录状态】记录着操作的每一步，并可随时恢复前一步骤，但这种方便功能是以消耗系统资源为代价的，如果内存不多，就应减少历史记录步数。默认为 20 步，可根据需要和机器配置选择。

2.2.4 设置高速缓存级别

选择的高速缓存级别越高，则屏幕重绘速度越快，需要消耗的磁盘空间或内存就越大。因此，将【高速缓存级别】设置成 1 或 8，其图像质量没有影响，影响的只是屏幕刷新速度，视觉上并无太大影响。

2.3 清理内存和字体

2.3.1 及时清理内存

在运行返回、剪切、复制以及历史面板中的所有操作时，都要将一部分数据先存放到内存中，一旦内存溢出，计算机的处理速度就会减慢。因此选择菜单【编辑】下的【清理】命令，清除内存中的有关数据，将原来被占用的内存空间释放出来，就有更多的资源可用，自然就提高了计算机的处理速度。

◆提示：清理操作将不能还原。

如果长时间的操作速度极慢或系统提示内存不足拒绝工作，这多半是由于内存溢出造成的，它往往导致你的工作半途而废，虽然不易根治，但只要关闭 Photoshop 再次启动，问题即可得到解决，最有效的办法还是预防为主，即不要长时间地运行 Photoshop，对文件的保存也要经常进行。

还有一种情况，系统提示非法操作或死机，大多数时候是因为对系统不太了解的用户对 Photoshop 进行了超出其能力范围的操作，这种情况往往会导致硬盘上虚拟内存文件占用的空间不能得到释放，即名为“~PST5124.TMP”的文件，这就要求用户及时检查磁盘分区并及时清理它们。

2.3.2 清理无用或较少使用的字体

由于 Photoshop 在启动时需要载入字体列表，并生成预览图，如果字体所安装的字体较多，启动速度就会大大减缓，启动之后也会占用更多的内存。因此，想要提高 Photoshop 的运行效率，对于无用或较少使用的字体应及时删除。

2.4 新建图像也有讲究

打开 Photoshop 后是一片空白，需要新建图像用来绘图。大家可不要小看“新建图像”这个步骤，也是有一些讲究的。

新建图像的方式可以使用菜单【文件】下的【新建】命令，快捷键为 Ctrl+N，也可以按住 Ctrl 键双击 Photoshop 的空白区（所谓空白区就是既没有图像也没有面板的地方），将会出现【新建】对话框（见图2–15）。

图2–15 新建对话框

2.4.1 名称

就是图像储存时用户定义的文件名，可先在【名称】后面输入，也可在以后保存的时候再输入。

2.4.2 宽度、高度和分辨率

1. 如果在【预设】中选择 A4、A3 或其他和印刷、打印有关的预设，【宽度】、【高度】会转为厘米，印刷、打印的【分辨率】会自动设为 300。

◆**提示：一张全开纸（A0）对折切开，得到的两片纸称为 A1，A1 再对折切开称为 A2，以此类推。A4 就是对折切开 4 次后的大小。还有一种 B 类分割法，与此类似。**

2. 如果选择 640x480 像素这类的预设，【分辨率】则为 72，【宽度】、【高度】单位是像素。【宽度】和【高度】可以自行输入，但在输入前应先注意单位的选择是否正确，避免把 640 像素输入成 640 厘米。

3. 【分辨率】一般应为“像素/英寸”。

◆**提示：作为建筑师的图纸或效果图，幅面如果在 A1 以上，分辨率宜根据计算机的内存配置情况设置为 120~150 之间，以免影响运算速度。**

2.4.3 颜色模式

在【颜色模式】中一共有五种颜色模式可供选择，默认为【RGB 颜色】模式。如果是印刷、打印用途可选择【CMYK 颜色】模式；其余用途选择【RGB 颜色】模式即可。而如果用【灰度】模式，图像中就不能包含色彩信息；【位图】模式下图像只能有黑白两种颜色。

【颜色模式】后面的【位数】默认为 8 位，建议至少选择 16 位或 24 位。如果颜色模式选择【位图】的话，【位数】只能是 1 位。

◆**提示：如果不是平面设计工作，建议还是选用 RGB 颜色模式绘制图形，再根据需要转化**

为其他的颜色模式。

2.4.4 背景内容

在【背景内容】中一共有 3 种颜色选择，默认为【白色】。【白色】选项是指图像建立以后的默认颜色；【背景色】选项需要参照 Photoshop 现在所设置的背景颜色；【透明】选项将出现表示透明图层的棋盘格画面。

2.4.5 高级

【颜色配置文件】选择【不要对此文档进行色彩管理】；【像素长宽比】为【方形像素】。方形就是正方形，长宽比为 1∶1 的。有些 DV（数码摄像机）的像素不是正方形，而是各种不同长宽比的长方形。

2.4.6 储存预设

如果手工输入了一些非预设的内容，比如把宽度设为 800 像素，高度设为 600 像素。如果这些设定在原先的预设选项中不存在的话，【储存预设】的按钮就可以使用了。所谓储存预设就是把现在的一些设定保存下来，下次就直接可以从预设列表中找到，避免重复输入。储存的内容可以包括分辨率、背景内容、颜色模式、色彩配置文件、色彩通道数（位深度）、像素长宽比例。

2.5 选择正确的颜色模式

在 Photoshop 中，将图像中各种不同的颜色组织起来的一种方法，就称之为颜色模式。根据图像的用途，或是用于打印，或是用于印刷，或是用于网络，因此选择正确的颜色模式是非常重要的。

2.5.1 RGB 颜色模式

红、绿、蓝是光的三原色，所以这 3 种颜色叠加，能产生自然界中存在的任何颜色，包括青色、洋红、黄色和白色。RGB 图像可以说是一种真彩色图像。

由于混合 RGB 三种颜色可生成白色（即所有光线都传播到眼睛中），因此，红（R）、绿（G）和蓝（B）被称为加色。加色用于光照、视频和显示器，例如显示器通过红色、绿色和蓝色荧光体发射光线来生成颜色。

由于显示器、扫描仪等都是靠发光来显示的，就编辑图像而言，RGB 颜色模式是首选的颜色模式。RGB 模式同时也是属于颜色通道模式，它具有 3 个颜色通道，分别是 Red 通道、Green 通道、Blue 通道。

2.5.2 CMYK 颜色模式

CMYK 颜色模式是基于打印在纸张上的油墨对光线的吸收量，即未被吸收而反射的颜色。印刷制版业以及打印机等多采用的是 CMYK 模式，CMYK 代表的是印刷上用的 4 种油墨色，将这 4 种颜色的油墨混在一起来生成颜色被称为四色印刷。

从理论上说，纯的青色（C）、洋红（M）和黄色（Y）颜料混合在一起将吸收所有颜色的光，结果为黑色。因此，这些颜色又称减色。由于所有油墨都有杂质，因此，这 3 种油墨混合在一起实际上得到的是土棕色，必须再混合黑色（K）油墨才能得到纯黑色。

用 CMYK 模式打印图像，可尽量避免颜色失真，但 CMYK 模式下 Photoshop 的工作速度略慢一些。CMYK 模式也是属于颜色通道模式，但它具有 4 个颜色通道，分别是 Cyan（青）通道、Magenta（洋红）通道、Yellow（黄）通道和 Black（黑）通道。

◆提示：建议先用 RGB 模式编辑，再用 CMYK 模式打印，或者直到印刷前再进行转换。由于 RGB 模式转成 CMYK 模式时，图像会有一定的差异和损失，因此需要加以必要的校色、锐化和修饰。从 RGB 模式转成 CMYK 模式时，如果图像不止一个图层，Photoshop 会提示是否合并图层。

2.5.3 Lab 颜色模式

Lab 颜色模式是 Photoshop 内建的一种标准颜色模式，由 L、a、b 三个通道组成。L 表示照度；a 表示颜色从深绿（低亮度值）到灰（中亮度值），再到亮粉红色（高亮度值）；b 表示从亮蓝色（低亮度值）到灰（中亮度值），再到焦黄色（高亮度值）。

◆提示：处于第一位的是 Lab 颜色模式，第二位的是 RGB 颜色模式，第三位是 CMYK 颜色模式。Lab 模式定义的色彩最多，而且与光线及设备无关，处理速度与 RGB 模式一样快，比 CMYK 模式快几倍，在转成 CMYK 模式时色彩没有丢失或被替代。Lab 模式是作为 RGB 和 CMYK 模式之间的转色模式而存在的。

2.5.4 索引颜色模式

在索引彩色模式下，图像显示最多 256 种颜色，与灰度颜色模式不同的是，它的图像是彩色的。索引彩色模式下的图像，文件量非常小，非常适合在网络上发布。

2.5.5 灰度颜色模式

在灰度颜色模式下，图像具有 256 种灰度级别，即从黑（0）到白（255）。如果从灰度模式转化到 RGB 模式，原来 RGB 模式下的彩色是不能得到恢复的，此时图像的颜色值会参照灰度值转换过来。

2.6 标尺与参考线的作用

在菜单的上方或右侧，Photoshop 的某些版本增加了一些常用的项目，图标简洁明快，使操作更加便捷，其中包括显示参考线、网格、标尺（见图2–16）。

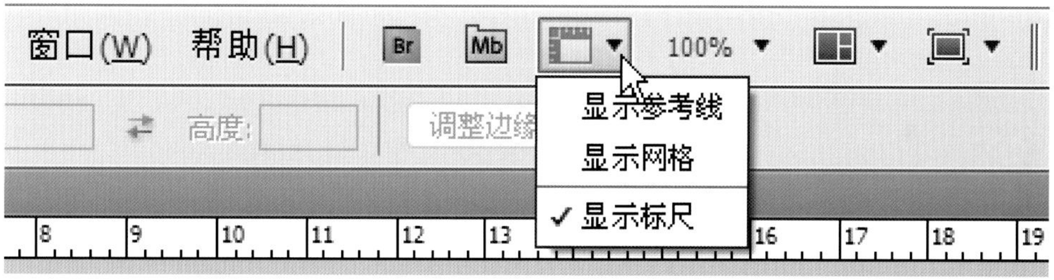

图2–16 界面中的参考线、网格、标尺图标

2.6.1 标尺的作用

选择菜单【视图】下的【标尺】命令，或直接输入快捷键 Ctrl+R，显示或隐藏标尺。显示标尺时，在图形文件的上方和左侧分别出现水平及垂直标尺，以帮助了解图面的大小。

◆提示：在标尺处右击，可选择标尺的显示单位。

2.6.2 参考线的作用

显示标尺之后，在标尺处按住鼠标左键可以拖拽出参考线（见图2-17）。若想删除参考线，将其拉回标尺处就可以了。或者使用快捷键 Ctrl+; 切换显示或隐藏参考线。

参考线的作用就是吸附，只是用来帮助定位，不会被打印出来。选择菜单【视图】下的【对齐到】命令，对齐到参考线，则绘制选区时即使鼠标离参考线有一定的距离，鼠标也会自动吸附到参考线位置。

另外，菜单【视图】命令下的还有【锁定参考线】、【清除参考线】、【新建参考线】（通过输入数值设定参考线位置）等命令也经常用到。

图2-17 标尺和参考线的应用

2.7 熟练掌握快捷键

熟练地使用快捷键可以起到事半功倍的效果，特别是用于 Photoshop 的操作。

2.7.1 自定义快捷键

从 Photoshop 8.0版本开始可以自定义快捷键了。选择下面两个命令，出现的是同一个对话框（见图2-18）。

选择菜单【编辑】下的【键盘快捷键】命令，快捷键为 Alt+Shift+Ctrl+K；或选择菜单【编辑】下的【菜单】命令，快捷键为 Alt+Shift+Ctrl+M。

在【键盘快捷键和菜单】对话框中，选择快捷键应用于对应的【应用程序菜单】、【面板菜单】、【工具】选项，修改原有快捷键或定义快捷键均可。如果自定义设定的快捷键与默认的快捷键有冲突，可点击【还原更改】或点击【删除快捷键】取消刚才的设置，也可以点击【接受并转移到冲突处】，替换快捷键。许多平时用不上的默认快捷键在键盘上的位置特别好，特别适合操作，就可以用此方法替换掉。同样一道命令，还可以设置多个快捷键，一般没有这个必要，容易引起混乱。

2.7.2 快捷键的识别

如果能做到牢牢记住并善于运用 Photoshop 的快捷键，不仅能提高操作速度，更主要的是熟练驾驭 Photoshop 的那种舒服的感觉，用一个字形容：爽！但 Photoshop 里面的快捷键非常之多，死记硬背当然是一个办法，但在应用过程中逐渐熟悉并记住快捷键是其根本。

图2-18 快捷键设置

2.7.2.1 工具

鼠标在工具的位置稍微停留片刻，将出现该工具的名称及快捷键。工具命令的快捷键只用一个字母键定义，工具组共用一个快捷键时，可同时按 Shift 键。

2.7.2.2 应用程序菜单

选择菜单命令，就会发现命令的右侧是其快捷键。程序菜单命令的快捷键多以 Ctrl、Alt、Shift 单独加其他键或者组合在一起后加其他键的形式出现。除了直接使用快捷键之外，还可以使用 Alt+字母键 的形式。例如【色阶】命令，除了【Ctrl + L】之外，还可以用【Alt + I + A+L】来实现，即 I 代表【图像】菜单、A 代表【调整】命令、L 代表【色阶】命令。

2.7.2.3 面板菜单

与程序菜单命令类似，一种是直接输入快捷键，另一种是调出面板的菜单命令，直接输入命令后面括号里的字母。

2.7.3 一点使用经验

一些没有在快捷键列表中出现的命令，但对工作却很有帮助。例如：

取消当前命令：Esc

工具栏命令参数设置：Enter

显示与隐藏面板：Shift + Tab

显示与隐藏工具栏、面板、参数栏：Tab

画框与画面同时缩放：Alt+Ctrl+“–”、Alt+Ctrl+“+”

使用其他工具时缩放图像显示比例：Ctrl+“–”、Ctrl+“+”

满画布显示图像：在【抓手工具】（H）上双击鼠标或 Ctrl+0

1：1 显示图像：在【缩放工具】（Z）上双击鼠标

填充前景色或背景色：Alt+Backspace 或 Alt+Delete 可填充前景色、Ctrl+Backspace 或 Ctrl+Delete 键可填充背景色。

复制图层：激活移动工具同时按住 Alt 键移动，即可复制图层。

在两个窗口间拖放拷贝，拖动时按住 Shift 键，图像拖动到目的窗口后会自动居中。

移动图层和选取框时，按住 Shift 键可做水平、垂直或 45° 角的移动；按键盘上的方向键，可做每次 1 像素的移动；按住 Shift 键再按键盘上的方向键，可做每次 10 像素的移动。

快速改变当前工具或图层的不透明度：1、2、3、4、5、6、7、8、9、0（数字键）。

在使用其他工具时，按住空格键，可穿透执行【抓手工具】（H）命令。

常用工具箱命令

第 3 章

工具箱位于工作界面的左侧，是 Photoshop 工作界面重要的组成部分，共有 40 多种、上百个工具可供选择，逐一介绍它们至少需要一整本书，但本书并非命令大全。本章将按五组进行分类讲解，分别是与选区相关、与笔刷相关、与矢量相关、与显示相关、与颜色相关，重点介绍建筑师最常用的工具命令及应用技巧。

工具箱命令是 Photoshop 最基本的命令，使用这些工具可以完成绘制、编辑、观察、测量的操作。本章结合建筑师在制图过程中的实例，使大家能够熟练掌握常用命令，特别是能够通过使用快捷键熟练操作。

2009.11.7.QCX.

3

单击工具箱顶端的 区域，可以在单列和双列两种显示模式之间切换，而 Tab 键则是工具箱的显示切换键。当使用单列显示模式时，可以有效节省屏幕空间，使图像的显示区域更大，以方便操作。

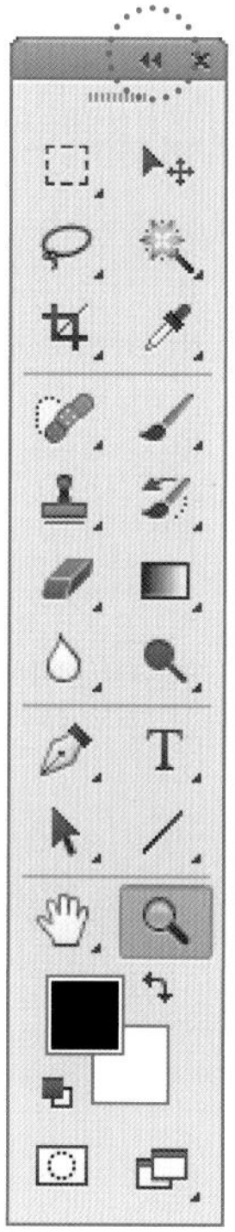

图3-1 工具箱

工具箱中所包含的工具不仅仅是人们看到的默认的单列或双列工具（见图3-1），凡是工具图标的右下角出现一个三角形的黑色小按钮，单击此按钮保持1 秒钟左右即可显示该组所有的隐藏工具，或通过按 Shift+工具组快捷键 的方式在该组各工具之间切换。

激活工具箱中的工具，该工具的工具选项栏相应出现在菜单下方，可调节相关的参数。系统会记住上一次设定的参数，如果需要恢复默认参数，右击选项栏上的工具图标，选择【复位工具】或【复位所有工具】（见图3-2），选择恢复所有工具的默认值，会出现提示框提示确认。

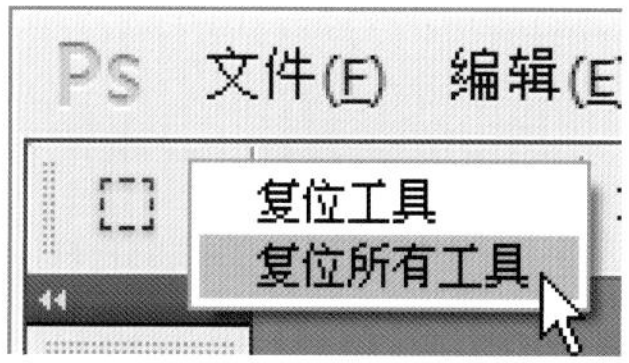

图3-2 复位工具

3.1 与选区相关

3.1.1 选框工具

由于 Photoshop 主要是对图层或选区进行操作，因此，【选框工具】是最常用的工具。选框工具组的快捷键为 M，分为【矩形选框工具】、【椭圆选框工具】、【单行选框工具】、【单列选框工具】（见图3–3），用于绘制选区。选区表现为顺时针转动的闭合蚂蚁线（见图3–4），该区域将是图像中当前唯一可编辑的区域，选区外的区域则不能编辑。

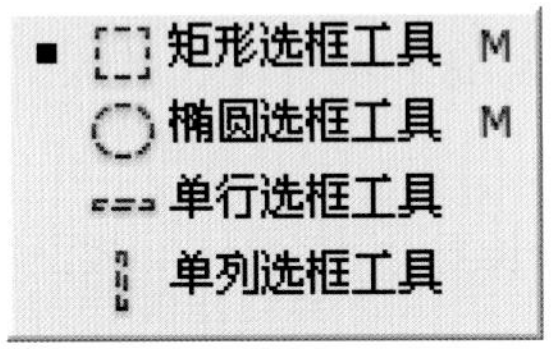

图3–3 选框工具

图3–4 选区的表现形式

3.1.1.1 选框工具的工具选项栏

激活【选框工具】中的一个工具，均出现工具选项栏（位于菜单的下方）（见图3–5）。

图3–5 选框工具的工具选项栏

1. 加减选区：左侧的四个图标分别表示【创建新选区】、【添加到选区】、【从选区中减去选区】、【获得与选区相交的选区】。

已有选区，再按住 Shift 键画选区，视为加一部分选区，与【添加到选区】用法相同。

已有选区，再按住 Alt 键画选区，视为减一部分选区，与【从选区中减去选区】用法相同。

已有选区，再按住 Shift 和 Alt 键画选区，视为只保留交集部分的选区，与【获得与选区相交的选区】用法相同。

2.【羽化】：消除选择区域的正常硬边界对其柔化，使区域边界产生模糊过渡，其取值范围在 0~255 pixels 之间。

3.【消除锯齿】：Photoshop 中的图像是由像素组成的，而像素实际上是正方形的色块，所以当绘制圆形或其他不规则选区时就会产生锯齿边缘。而【消除锯齿】的作用是在锯齿之间加入中间色调，从而在视觉上消除锯齿现象（见图3-6）。

4.【样式】：用来指定选区的长宽比或者尺寸。其中有三种设置：【正常】、【固定比例】和【固定大小】（见图3-7）。

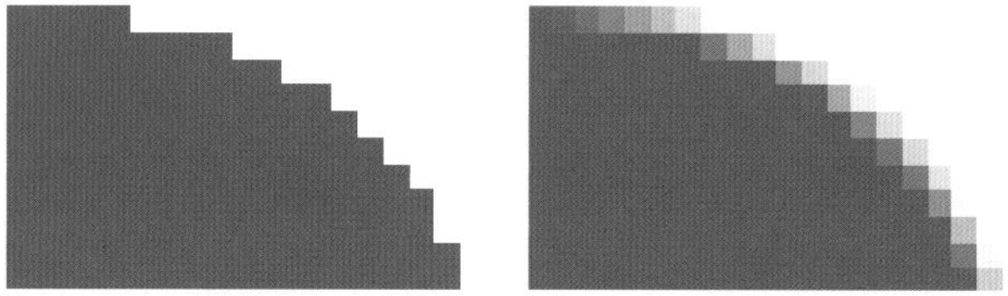

图3-6 消除锯齿前后的差别

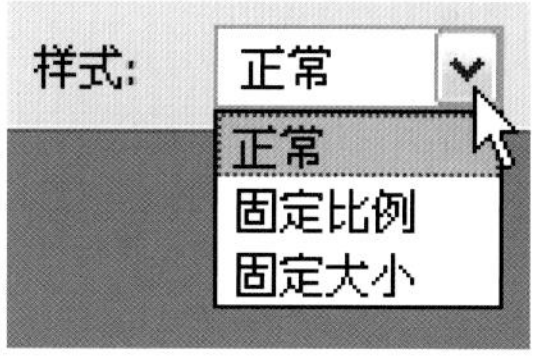

图3-7 选区的表现形式

3.1.1.2 选区的形状

1.如果需要绘制特定比例的选区，可借助【样式】中的设置。需要画一个正方或正圆时，只需按住 Shift 键即可。

2. 如果已有选区，再按住 Shift 键或 Alt 键或者同时按住 Shift 和 Alt 键画选区，可获得不同形状的选区（见图3-8）。

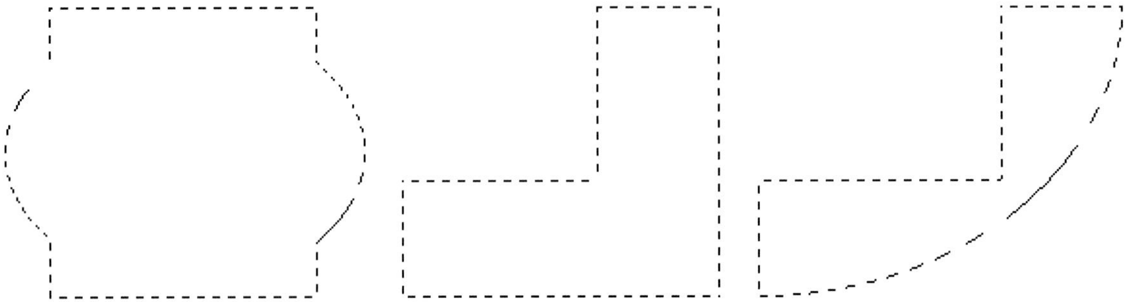

图3-8 选区的加选与减选

◆提示：在实际应用时往往需要参考线来辅助完成。

3.1.1.3 与选区相关的命令

取消选区，快捷键为 Ctrl+D；反选选区，快捷键为 Ctrl+Shift+I。

3.1.1.4 选区的应用技巧

要选取图层中的某一部分，可直接用【选框工具】圈住，再用【移动工具】移动，或者再按住 Alt 键完成复制。

3.1.2 套索工具

套索工具组的快捷键为 L，分为【套索工具】、【多边形套索工具】、【磁性套索工具】（见图3-9），用于绘制不规则选区。

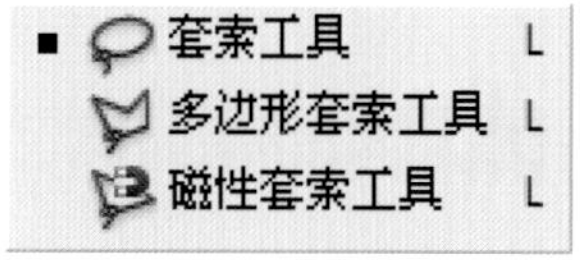

图3-9 套索工具

1.【套索工具】：通过按住鼠标左键一次性画出闭合选区，终点与起点不重合也会自动闭合，画出的是自由形状，不好控制，不常用。

2.【多边形套索工具】：通过选择多个点，用手动方式让终点与起点闭合形成闭合选区，比较常用。

3.【磁性套索工具】：按住鼠标左键，鼠标像是磁铁一样自动吸附到颜色相近的图像区域，终点与起点接触后松开鼠标，选区将自动闭合，一次性画出闭合选区。

3.1.2.1 套索工具的工具选项栏

激活【套索工具】中的任何一个图标，均会出现工具选项栏（见图3-10）。

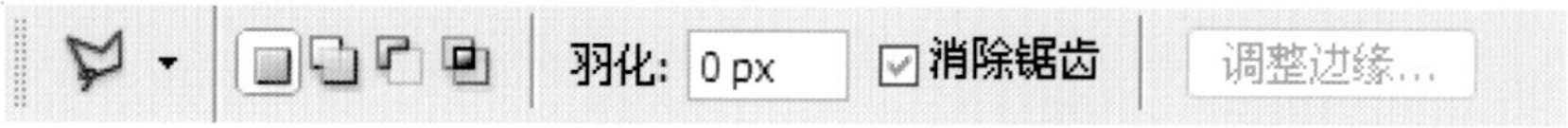

图3-10 套索工具的工具选项栏

用于加减选区的四个图标、【羽化】以及【消除锯齿】的用法与【选框工具】一致。

3.1.2.2 套索工具的适用对象

这几种【套索工具】一般是在选择不规则选区时常用的工具，各有优缺点。

【套索工具】适合建立简单选区，【多边形套索工具】适合建立简单的多边形选区，而【磁性套索工具】是自动对颜色相近的部分进行选择的，多少会有些误差。【磁性套索工具】设好参数后虽然比较智能，但可选参数太多，比较麻烦，准确率不够好，不如用【多边形套索工具】进行手工选择，虽然慢，但控制权在自己手中。在实际应用中，【多边形套索工具】的应用频率多于其他画选区的工具（见图3-11）。

图3-11 多边形套索的应用

3.1.2.3 套索工具的应用技巧

在用【套索工具】绘制选区的过程中，按 Delete 键可删除上一步所画的线段，直到剩下想要留下的部分。在选区接近闭合时，鼠标的形状变为 。

3.1.3 魔棒工具

魔棒工具组的快捷键为 W，分为【快速选择工具】 和【魔棒工具】，用于选取颜色相同或相近的区域。

3.1.3.1 魔棒工具的工具选项栏

激活【魔棒工具】，出现工具选项栏（见图3-12）。

图3-12 魔棒工具的工具选项栏

1. 【容差】范围默认值是 32，可根据图像的具体情况选择合适的数值。如果将【容差】设为 0，只选择完全一致的色彩。设置的容差参数值越高，越大范围的色彩相近像素将被选择（见图 3-13）。

图3-13 魔棒工具的应用

2. 【连续】：勾选该选项，可获得连续的、更加准确的选区。

3. 【对所有图层取样】：勾选该选项的话，色彩选取范围可以跨越所有可见图层，如果不勾选，魔棒只能在当前图层上起作用。

4. 用于加减选区的四个图标、【消除锯齿】的用法与【选框工具】一致。

3.1.3.2 加或减选择区域

与【选框工具】相同，按住 Shift 或 Alt 键或者同时按住 Shift 和 Alt 键为加或减或交叉选择区域。

◆小结：以上这三类选取工具都能混合运用。在绘制好选区的基础上，再用其他选取工具对已有选区进行相加、相减、交叉，获得新的选区，逐步做到自如控制。键盘的 Shift 键加选、Alt 键减选、两个键齐按为交集选区。

3.1.4 移动工具

【移动工具】的快捷键为 V，可将当前图层中的全部图像或选区内的图像移动到指定位置，操作时注意当前所在的图层。

3.1.4.1 移动工具的工具选项栏

激活【移动工具】，出现工具选项栏（见图3-14）。

图3-14 移动工具的工具选项栏

1. 勾选【自动选择】，分为【组】和【图层】两种，操作的组或图层为最近的且有像素的组或图层，而不是当前选定的组或图层。

2. 勾选【显示变换控件】，在图层内容周围显示定界矩形，移动顶点可改变图形的大小，具体的变换方法与【变换】命令相同。

3. 对齐与分布：位于后面的一组图标分别为各图层间的对齐与分布方式。

3.1.4.2 移动工具的应用技巧

按住 Alt 键拖动图像或图层，视为复制图像或图层。

将鼠标放在图像所在的位置，右击后出现几个重叠的图层名称，依次为从上至下重叠图层的名称，可根据需要进行选择，非常方便（见图3-15）。

图3-15 移动工具的应用

3.2 与笔刷相关

在 Photoshop 中，工具栏上的修复画笔、画笔、仿制图章、历史记录画笔、橡皮擦、模糊、减淡等工具，在使用前需先在【画笔面板】（快捷键为 F5）中定义笔刷的大小和形状等参数（见图3-16）。

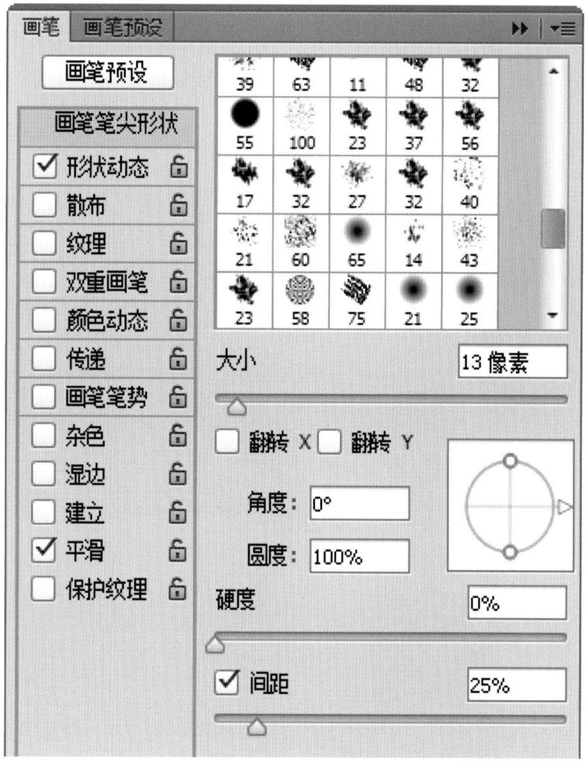

图3-16 画笔面板

设置大小不等、虚实不一的“笔头”，用这些笔头创造出一个又一个的神奇效果，从而令自己的设计非同凡响。也可按自己的意愿，设计一个个性化的画笔库。这部分是用 Photoshop 进行平面创作的必不可少的技能，作为建筑师应当适当熟练掌握。

3.2.1 画笔工具

画笔工具组的快捷键为 B，分为【画笔工具】、【铅笔工具】、【颜色替换工具】和【混合画笔工具】。

3.2.1.1 画笔工具的工具选项栏

激活【画笔工具】中的任何一个图标，均出现工具选项栏（见图3–17）。

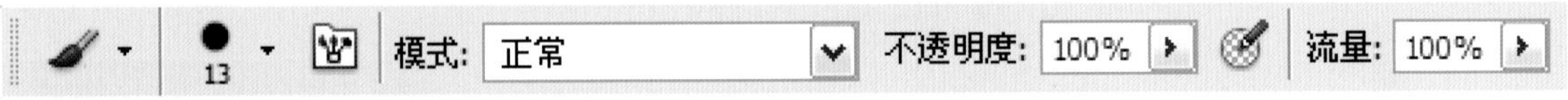

图3–17 画笔工具的工具选项栏

1. 【画笔】：在画笔右侧的下拉选单中可以选择画笔的粗细和形状（见图3–18）。也可以通过【画笔面板】设置画笔的粗细和形状。使用时可以通过“[”键和“]”键缩放笔刷尺寸，而颜色由工具栏内的前景色控制。

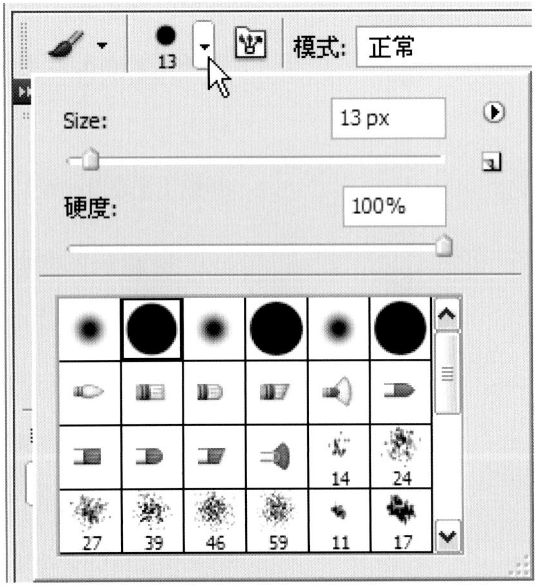

图3–18 画笔的粗细和形状

2. 【模式】：与图层混合模式的用法一致，除非需要特殊效果，可用默认值。请参见 4.4 节。

3. 【不透明度】：当该值为 100% 时，将完全覆盖；该值小于 100% 时，则呈现半透明状态。

4. 【流量】：该值决定颜色的饱和度和效果的强度。

3.2.1.2 画笔工具的使用步骤

选中【画笔工具】；指定前景颜色；设好画笔工具控制栏中的参数；选择合适的笔刷大小；移动鼠标在图像上直接绘制即可。

3.2.1.3 画笔工具的应用技巧

按住 Alt 键点击【画笔工具】则变为【吸管工具】。

3.2.2 橡皮擦工具

橡皮擦工具组的快捷键为 E，分为【橡皮擦工具】、【背景橡皮擦工具】和【魔术橡皮擦工具】。用法很简单，像使用画笔一样，按住鼠标左键在图像上拖动即可。当作用的图层为背景层时，相当于使用背景颜色的画笔，当作用于图层时，擦除后变为透明。

3.2.3 仿制图章工具

仿制图章工具组的快捷键为 S，分为【仿制图章工具】和【图案图章工具】，基本功能都是复制图像，只是复制方式不同，定义采样点和笔刷的大小、形状是仿制图章工具的关键。

【仿制图章工具】是以指定的像素为复制基准点，将该点周围的图像复制到任何地方；【图案图章工具】则是以预先定义的图像为复制对象进行复制。

3.2.3.1 仿制图章工具的工具选项栏

【仿制图章工具】和【图案图章工具】的工具选项栏略有不同（见图3-19、图3-20）。

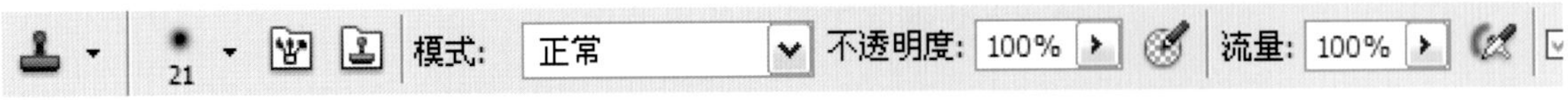

图3-19 仿制图章工具的工具选项栏

图3-20 图案图章工具的工具选项栏

【画笔】、【模式】、【不透明度】、【流量】等的参数控制与【画笔工具】类似。

3.2.3.2 仿制图章工具的使用

1. 调整控制栏中的参数，如画笔粗细、不透明度等，建议使用较柔和的笔刷，那样复制出来的区域周围与原图像可以比较好地融合。

2. 按住 Alt 键在所要复制的区域附近点取，选中复制起点后，松开 Alt 键，在图像其他位置拖动鼠标进行复制（见图3-21、图3-22）。

图3-21 使用仿制图章工具复制图案前

图3-22 使用仿制图章工具复制图案后

3.2.3.3 图案图章工具的使用

1. 用【矩形选框工具】选中图案（见图3-23），执行菜单【编辑】下的【定义图案】命令设定预复制的图案（见图3-24），注意定义的图案最好能四方连续；

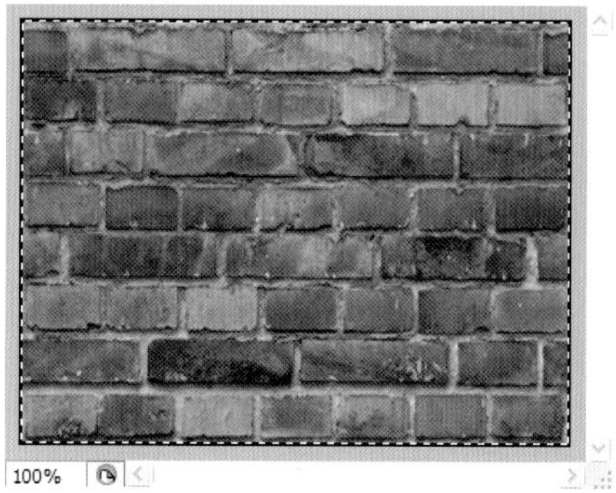

图3-23 定义图案

图3-24 给图案命名

2. 在控制栏中调整参数，可以在右侧的【图案】选项中通过下拉选单选择定义过的图案（见图3-25）；拖动鼠标在图像上的任意位置或由选区特定的位置进行复制（见图3-26）。

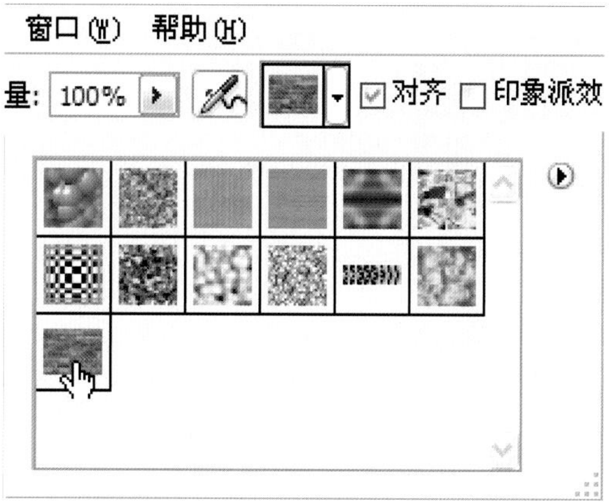

图3-25 选择图案

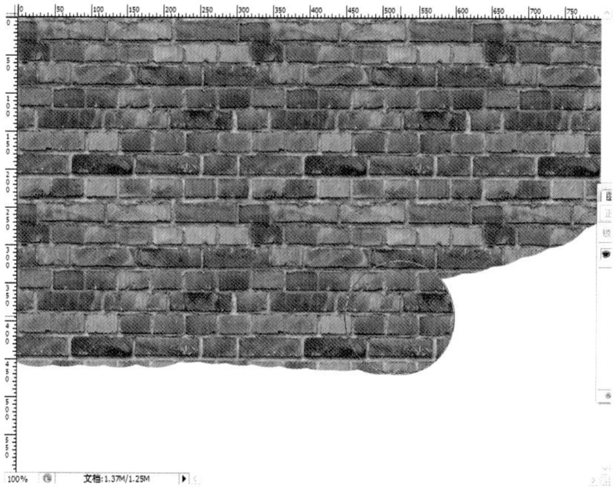

图3-26 使用图案图章工具复制图案

3.2.4 模糊工具

模糊工具组的快捷键原为 R，后为【旋转视图工具】的快捷键。命令分为【模糊工具】、【锐化工具】和【涂抹工具】，可选择【画笔】的形状、色彩的混合【模式】、画笔的压力【强度】及应用的图层（见图3-27）。

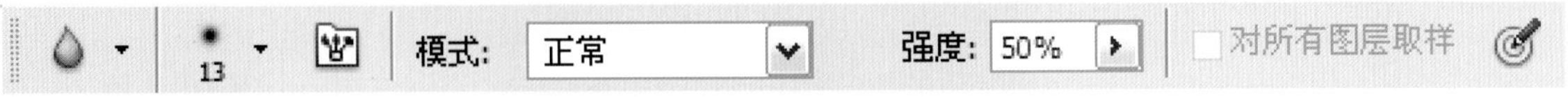

图3-27 模糊工具的工具选项栏

【模糊工具】：顾名思义，一种通过笔刷使图像变模糊的工具，它的工作原理是降低像素之间的反差。

【锐化工具】：与【模糊工具】相反，它是一种使图像色彩锐化的工具，即增大像素间的反差。

【涂抹工具】：使用时产生的效果好像是用干笔刷在未干的油墨上擦过，即笔触周围的像素将随笔触一起移动。

◆提示：不能应用于位图或索引颜色模式下。

3.2.5 减淡工具

减淡工具组的快捷键为 O，分为【减淡工具】、【加深工具】和【海绵工具】。

3.2.5.1 减淡和加深工具的工具选项栏

激活【减淡工具】或【加深工具】，出现工具选项栏（见图3-28）

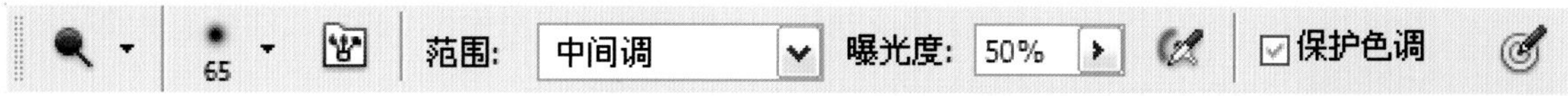

图3-28 减淡工具与加深工具的工具选项栏

【减淡工具】与【加深工具】是用于改变图像的亮调与暗调，是传统的暗室工作原理，胶片曝光显影后，经过部分暗化和亮化，改善曝光效果。通过选择笔刷、色调区域（阴影、中间调、高光区域）及曝光率，达到调整图像明暗的理想效果，对某一色调区域选择性地进行调整，其效果与效率是手工处理所望尘莫及的（见图3-29）。

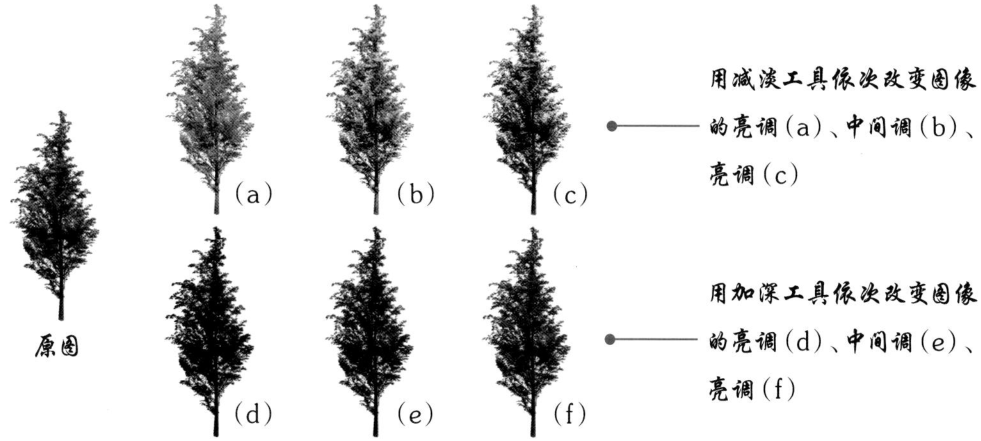

图3-29 改变图像的明暗区域

3.2.5.2 海绵工具的工具选项栏

激活【海绵工具】，出现工具选项栏（见图3-30）。

图3-30 海绵工具的工具选项栏

【海绵工具】是通过选择笔刷、作用模式（去色或加色）及流程压力来达到增加图像饱和度或降低图像饱和度的目的（见图3-31）。

图3-31 改变图像的饱和度区域

◆提示：如果图像为灰度模式，选择去色使图像趋于 50% 的灰度，选择加色则使图像趋于黑白两色。此命令不能应用于位图或索引颜色模式下。

此外，还有【历史记录画笔工具】（Y）和【污点修复画笔工具】（J）与笔刷有关，请自行测试其用法，不再赘述。

3.3 与矢量相关

在 Photoshop 中，矢量图形均可转为点阵图像。关于矢量图形和点阵图像请参阅 1.1 节的介绍。

3.3.1 文字工具

文字工具组的快捷键为 T，分为【文字工具】、【直排文字工具】、【横向文字蒙板工具】和【直排文字蒙板工具】。

3.3.1.1 文字工具的工具选项栏

激活【文字工具】或【直排文字工具】，出现工具选项栏，可设置字体、样式、大小、消除锯齿、对齐方式、颜色、文字变形等，与 Microsoft Office Word 的用法类似（见图3–32）。

图3–32 文字工具的工具选项栏

3.3.1.2 矢量文字图层

选择【文字工具】T、【直排文字工具】↓T，确定字体、大小及颜色后，用鼠标点击确定某个位置，输入文字，形成矢量文字图层，双击该图层可重新编辑文字（见图3–33）。

在【图层面板】上右击选择【格栅化文字】命令，或选择菜单【文字】下的【格栅化文字图层】命令，可将矢量文字图层转化为普通图像图层（见图3–34）。

图3–33 矢量文字图层

图3–34 普通图像图层

3.3.1.3 文字选区

选择【横向文字蒙板工具】和【直排文字蒙板工具】，在输入文字后，不会产生新的图层，文字处于浮选状态，是一个选区，可以填充颜色，也可以储存为通道，以备做特殊处理（见图3-35）。

图3-35 文字选区

3.3.1.4 字符与段落面板

选中文字后，单击工具选项栏中的按钮，出现【字符段落】面板，可继续修改文字字体、字型、字号、字间距、行距、对齐方式、缩进方式等参数（见图3-36、图3-37）。

图3-36 字符面板

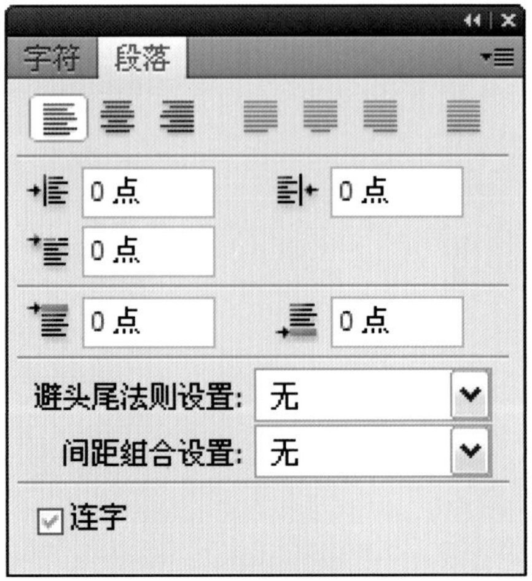

图3-37 段落面板

3.3.1.5 创建变形文字

选中文字后，单击工具选项栏中的按钮 ，出现【变形文字】面板，可在【样式】选项里选择现成的变形样式，制作出多种变形效果（见图3-38）。

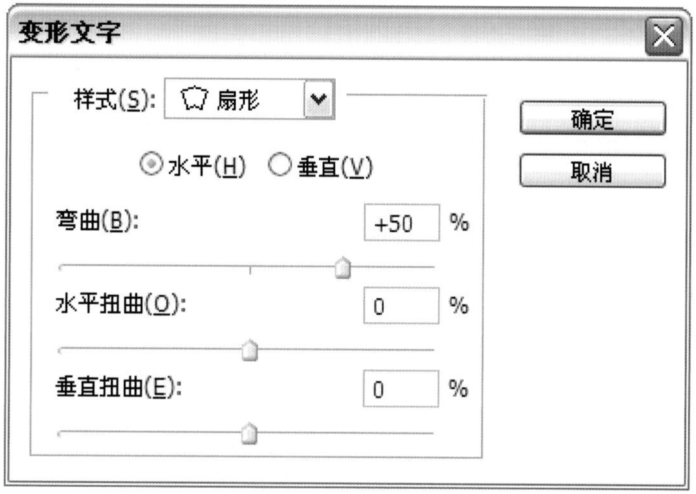

图3-38 变形文字

◆***提示：用文字工具框一个框之后输入文字可在该区域内自动换行。***

3.3.2 直线工具

直线工具组的快捷键为U，分为【矩形工具】、【圆角矩形工具】、【椭圆工具】、【多边形工具】、【直线工具】和【自定义形状工具】。在使用这些工具之前，需先确定所要绘制的是【形状图层】、【路径】还是【填充像素】，以确定所绘制的图形将在【图层面板】中以崭新的“形状”图层形式创建，还是在【路径面板】中以路径的形式创建，或者直接在当前层中创建图像。

◆提示：在直线工具的应用中涉及路径的概念，形状图层本身就会形成路径，路径和选区之间可以相互转换，有了选区，就可以转换为图层了。

3.3.2.1 绘制形状图层

1. 当前状态为【形状图层】时，选择【直线工具】中的一种工具，图形画好后会自动形成“形状”图层，不必新建图层。

“形状”图层是矢量化的图像，在图层面板上右击选择【格栅化图层】命令，或选择菜单【图层】下【格栅化】下的【形状】命令，可将矢量图层转化为普通图像图层。

2. 图层【样式】存在于控制栏右侧，单击下拉选单，选择一种图层【样式】后，用【圆角矩形工具】或【椭圆工具】可绘制出精美的按钮（见图3-39、图3-40）。

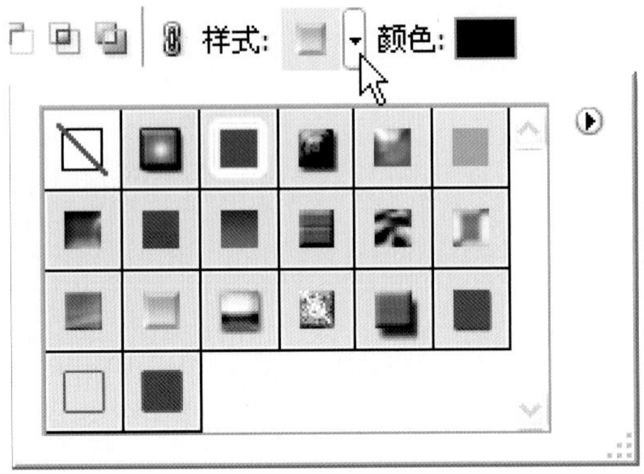

图3-39 图层样式面板

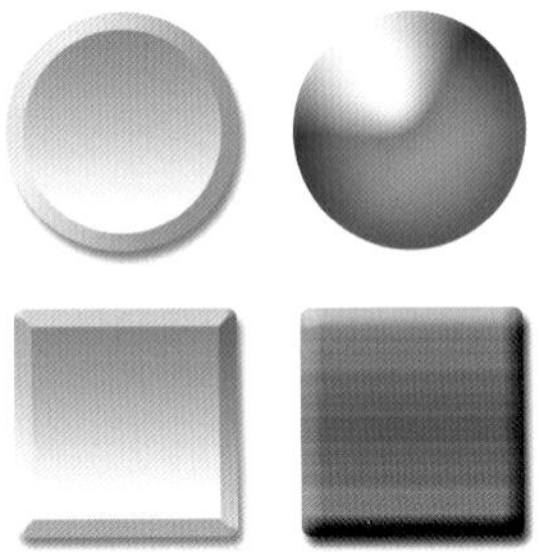

图3-40 制作按钮

3.3.2.2 绘制路径

当前状态为【路径】时，选择【直线工具】中的一种工具，绘制出的图形不会形成独立的图层，而只是一个路径。绘制出的路径，可以通过【路径选择工具】进行编辑，也可以将路径转化为选区及通道加以利用。

3.3.2.3 填充像素

当前状态为【填充像素】时，选择【直线工具】中的一种工具，可以直接绘制出完整的图像，但不会形成独立的图层，实际应用时最好先建立图层。

3.3.2.4 多种形状

在【自定形状工具】中还有很多种很有意思的绘图工具。

1. 单击控制栏上工具种类右侧的下拉选单，出现工具选项控制，可对绘制图形的大小、比例、形状进行控制（见图3-41）。

2. 单击【形状】选项，出现形状图案，单击下拉选单，出现各种形状图案（见图3-42）。单击右侧按钮，选择【全部】，出现更多的形状图案。

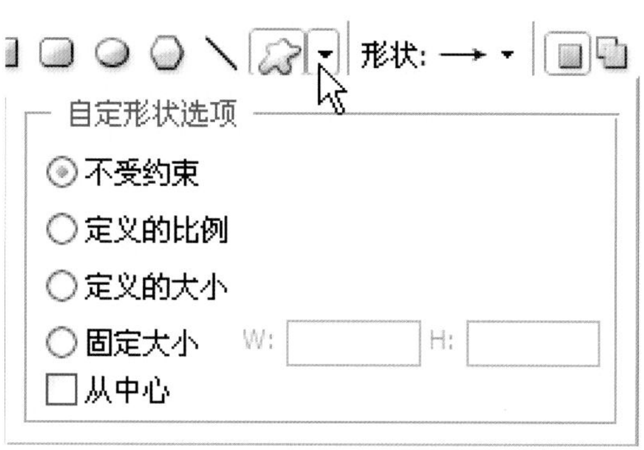

图3-41 改变自定形状选项

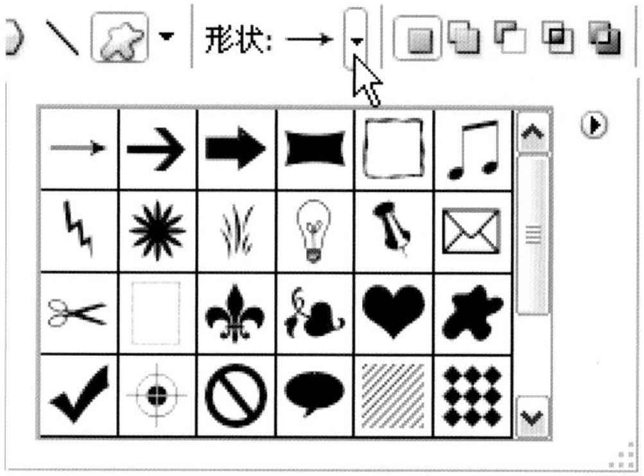

图3-42 形状种类

3.3.3 钢笔工具

钢笔工具组的快捷键为 P，分为【钢笔工具】、【自由钢笔工具】、【添加锚点工具】、【删除锚点工具】和【转换点工具】。其中，【钢笔工具】和【自由钢笔工具】为绘制工具，可绘制曲线和直线，图形画好后会自动形成“形状”图层，不必新建图层；其他为编辑节点工具。

◆提示：钢笔工具也是与路径相关的工具，用钢笔绘制的路径可以是闭合的，也可以是非闭合的。没有填充或描边的路径不会被打印，这是因为路径是不包含像素的矢量对象。

3.3.3.1 钢笔工具的工具选项栏

激活【钢笔工具】，出现工具选项栏（见图3-43）。

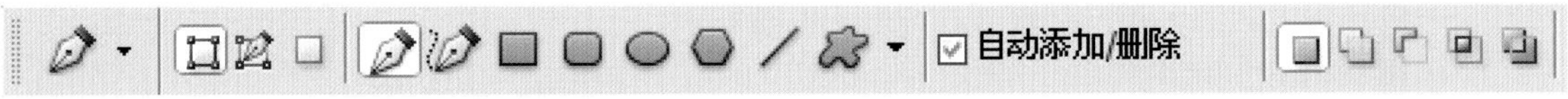

图3-43 钢笔工具的工具选项栏

3.3.3.2 钢笔工具的简单用法

1. 用【钢笔工具】描轮廓，绘制出闭合路径，形成“形状”图层（见图3-44）。用【转换点工具】将路径调整至平滑状态，路径节点不够时，用【添加锚点工具】增加节点，多余的节点用【删除锚点工具】去除。

2. 若将“形状”图层转化为选区，需要在【路径面板】中将路径转化为选择集。单击【路径面板】中的【将路径作为选区载入】按钮（见图3-45），这时的矢量蒙版变为选区。

3. 回到【图层面板】，将“形状”图层隐藏。回到图像层，就可以对图像进行编辑（见图3-46）。

图3-44 用钢笔工具绘制形状图层

图3-45 路径转化为选区

图3-46 编辑选区

3.3.3.3 使用钢笔工具应注意的问题

1. 路径节点数量要适当，节点不能太少，否则一些必要的细节会被生硬的直线所代替，配景看上去就会像是用剪刀粗粗剪下来的一样。

2. 应使路径与配景边缘相吻合。由于人为因素、图像质量或是配景边缘清晰度的影响，路径往往会偏离配景实际边缘线，为了避免出现白边现象，最好往里偏一些。

3.3.4 路径选择工具

【路径选择工具】的快捷键为 A，分为【路径选择工具】和【直接选择工具】。【路径选择工具】可选中路径并移动“形状”图层，【直接选择工具】可选中路径并编辑节点。

3.4 与显示相关

3.4.1 缩放工具

【缩放工具】的快捷键为 Z，是放大或缩小图像的显示比例。选择【缩放工具】后，可用鼠标直接在图像上窗选。默认为放大，按 Alt 键单击为缩小。

双击【缩放工具】图标，图像按 1:1 显示。

以下快捷键可在命令中穿透执行：

Ctrl+“+”：当前窗口图像放大一级，窗口大小不变；Ctrl+“–”：当前窗口图像缩小一级，窗口大小不变。

Ctrl+Alt+“+”：当前窗口图像和图像窗口同时放大一级；Ctrl+Alt+“−”：当前窗口图像和图像窗口同时缩小一级。

3.4.2 抓手工具

【抓手工具】的快捷键为 H，可在窗口内随意移动图像（前提是图像右侧及下方出现滚动条），双击【抓手工具】图标，图像按最适合比例显示。在其他工具状态下，按住空格键，视为【抓手工具】。

同在一组的【视图旋转工具】的快捷键为 R，在开启 OpenGL 时方可使用。

3.4.3 裁剪工具

裁剪工具组的快捷键为 C，分为【裁剪工具】、【透视裁剪工具】、【切片工具】和【切片选择工具】。

【切片工具】和【切片选择工具】主要用于处理 Web 图像。将图像中的矩形区域定义为切片时，Photoshop 将创建一个 HTML 表来包含和对齐切片。

【裁剪工具】可以对图像进行裁剪，重新设定图像的大小（见图3−47）。【透视裁剪工具】则可将裁剪范围按透视网格裁剪（见图3−48）。

图3−47 裁剪工具选项栏

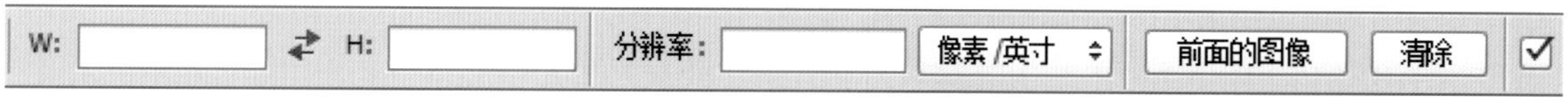

图3−48 透视裁剪工具选项栏

3.4.3.1 裁剪工具选项栏

1. 比例约束：可选择【不受约束】、【原始比例】、【1×1（方形）】或其他比例约束宽度、高度以及分辨率，裁剪后的图像将自动生成所设定的大小。

2. 【视图】：可选择【三等分】、【网格】、【对角】、【三角形】等方式显示裁剪区域。

3. 【删除裁剪像素】：勾选，在裁剪时将图层与画布（即背景层）同时裁剪；不勾选，裁剪时只对画布（即背景层）进行裁剪，而对图层无影响。

3.4.3.2 透视裁剪工具选项栏

1. 【宽度】【高度】【分辨率】：可以事先在控制栏中输入数值，用以设定图像裁剪后的大小及分辨率，裁剪后的图像将自动生成所设定的大小。

2. 【前面的图像】：是指使用最开始的图层中图像的长宽比裁剪。

3. 【清除】：将清除宽度、高度、分辨率的设定。

3.4.3.3 裁剪工具的应用

画出裁剪框后再进行调整，达到预想效果后，在框内双击或按回车键完成裁剪（见图3-49）。

3.4.4 更改屏幕模式

更改屏幕模式组的快捷键为 F，位于工具条的最下方（见图3-50），可在【标准屏幕模式】、【带有菜单栏的全屏模式】和【全屏模式】之间切换。或者连续按 F 键，在 3 种显示模式之间切换。

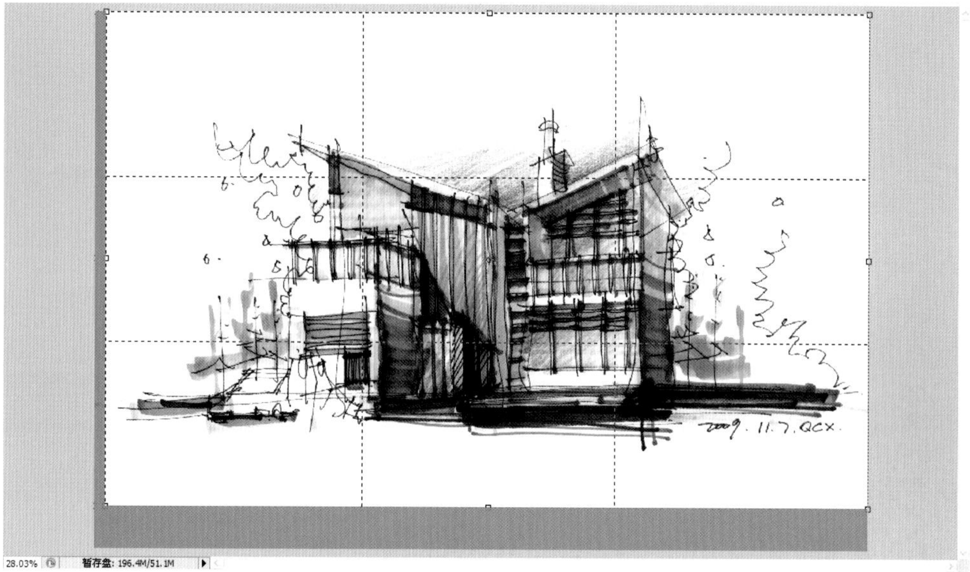

图3-49 裁剪工具的应用

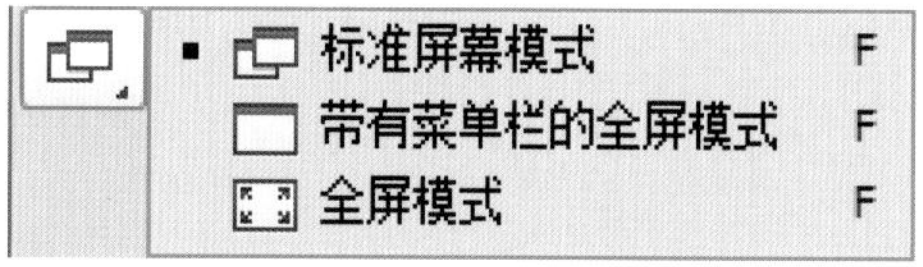

图3-50 更改屏幕模式

3.5 与颜色相关

3.5.1 前景色与背景色

Photoshop 使用前景色作为绘图、填充和选区描边的色彩，背景色则用于生成渐变填充并在图像的抹除区域中填充。一些特殊效果滤镜也使用前景色和背景色。

3.5.1.1 设置前景色与背景色的颜色

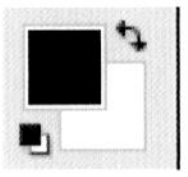

图3-51 前景色与背景色

默认的前景色是黑色，默认的背景色是白色（见图3-51）。

设置前景色或背景色的颜色，一般是单击前景色或背景色，出现【拾色器】，然后选择颜色。还可以展开【颜色面板】（快捷键为 F6），在【颜色】、【色板】和【样式】选项中选择颜色，就可以改变前景色了（见图3-52）。再有就是直接用【吸管工具】（I）在画面中吸取前景色。

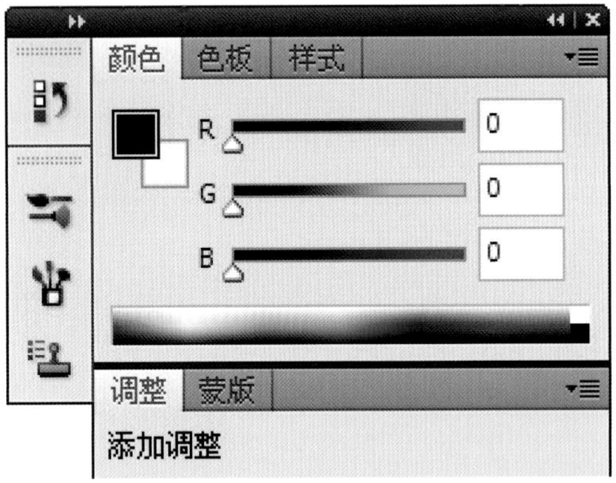

图3-52 颜色面板

3.5.1.2 前景色与背景色的快捷键

前景色与背景色的切换快捷键为 X，恢复默认颜色的快捷键为 D。

3.5.2 吸管工具

吸管工具组的快捷键为 I，分为【吸管工具】、【颜色取样器工具】、【标尺工具】和【注释工具】。

【吸管工具】：在图像上单击，吸管将吸取图像上的颜色并将其作为前景色。

【颜色取样器工具】：可吸取四处颜色并将颜色信息显示在【信息面板】（快捷键为 F8）上（见图3-53）。

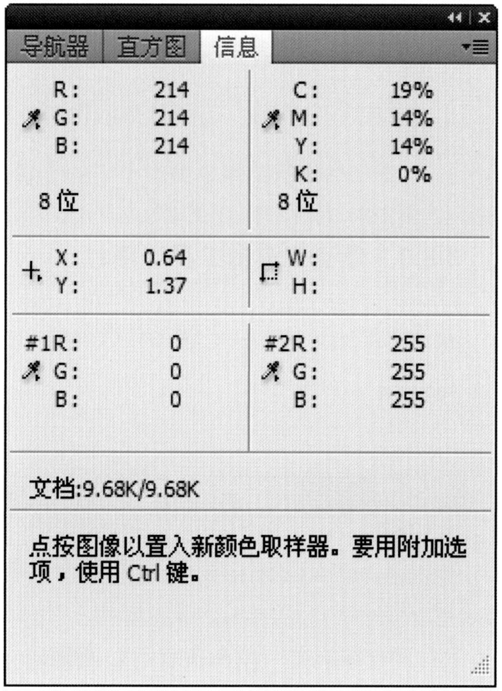

图3-53 信息面板

【标尺工具】：可以测量两点或两线段间的信息，并在【信息面板】上显示。画出第一条线段之后，按住 Alt 键可创建成一定角度的第二条度量线段；按住 Shift 键，限制标尺按 45° 增量移动。配合标尺、网格的使用，有利于进行精确绘制。

【注释工具】：可以添加文字附注。

3.5.3 渐变工具

渐变工具组的快捷键为 G，分为【渐变工具】和【油漆桶工具】。

【渐变工具】：可以创造出多种渐变效果，使用时，首先选好渐变方式和渐变色彩，然后拖拉线段的长度和方向来控制渐变效果。

【油漆桶工具】：为所单击的位置色彩相近并相连的区域填充颜色或图案，相当于用【魔棒工具】选择后执行菜单【编辑】下的【填充】命令。

3.5.3.1 渐变工具的工具选项栏

激活【渐变工具】，出现工具选项栏，可设置渐变的颜色、形式、色彩模式、不透明度等信息（见图3–54）。

图3–54 渐变工具的工具选项栏

1. 颜色编辑器：单击条状色彩出现【渐变编辑器】对话框（见图3–55），选择渐变形式和编辑渐变颜色是【渐变工具】最重要的部分。

在【渐变编辑器】对话框中预设了 15 种渐变形式，可根据需要选择，也可通过编辑颜色、不透明度、过渡范围等创建新的渐变形式。

单击位于颜色条下方的颜色色标，颜色处的色彩为色标的色彩，可单击颜色色块，出现颜色拾取器，选择不同的渐变颜色。移动色标，可编辑渐变颜色的过渡范围（见图3–56）。

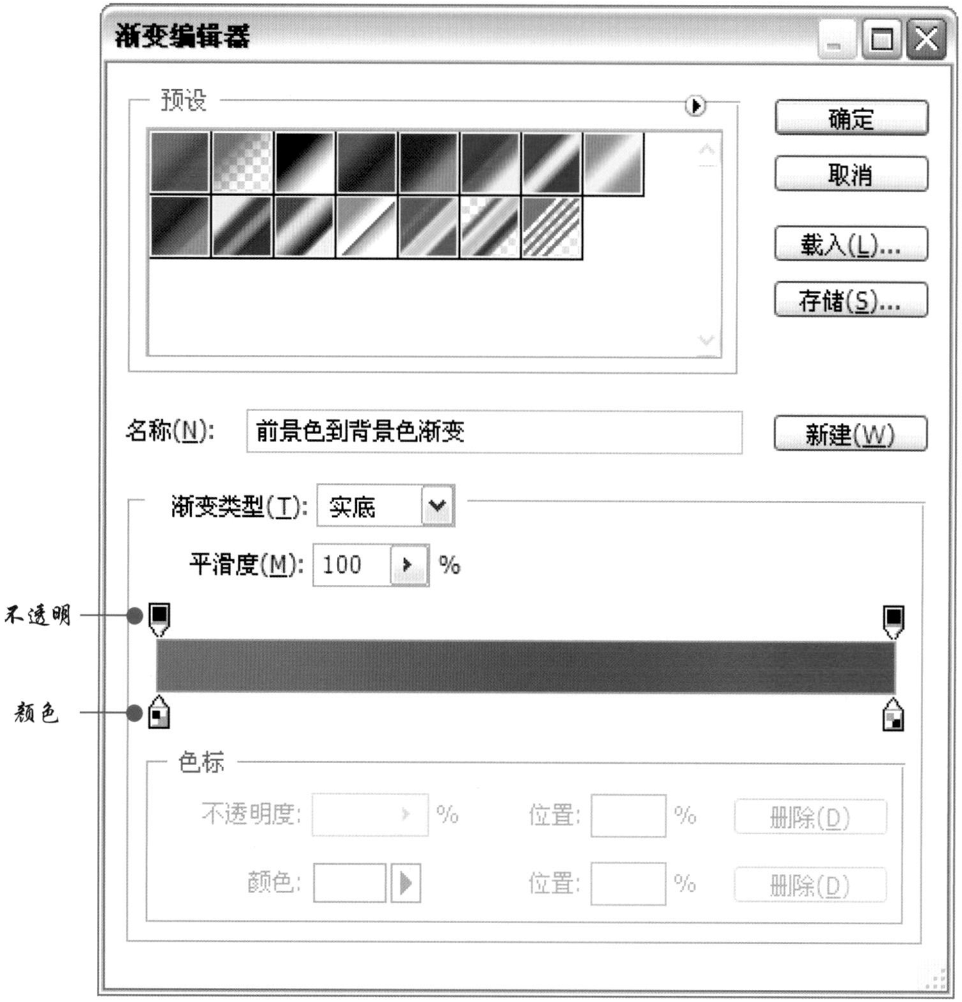

图3-55 渐变编辑器

单击位于颜色条上方的不透明度色标，可输入数值改变透明度。移动色标，可编辑不透明度的过渡范围（见图3-57）。

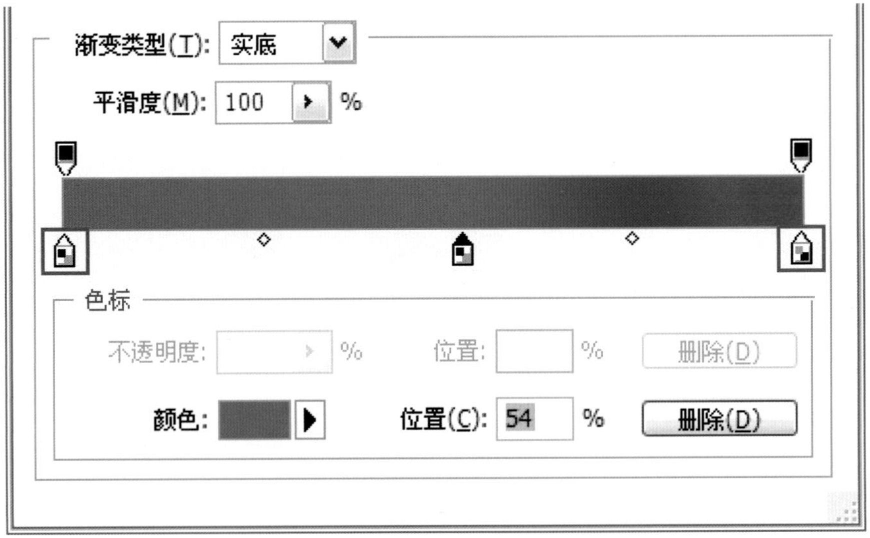

图3-56 渐变编辑器中的颜色色标

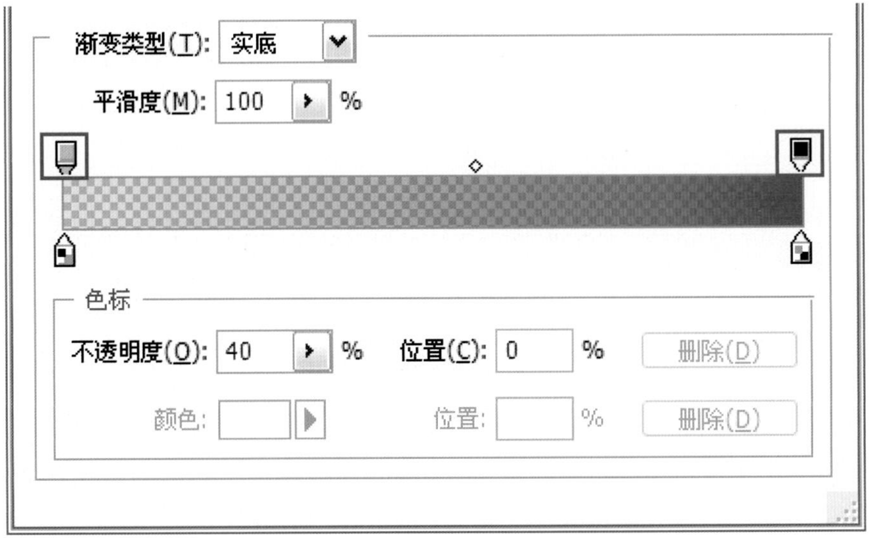

图3-57 渐变编辑器中的不透明度色标

2. 渐变种类：分为【线性渐变】、【圆形渐变】、【角度渐变】、【对称渐变】和【菱形渐变】5种（见图3-58），其中【线性渐变】是比较常用的（见图3-59）。

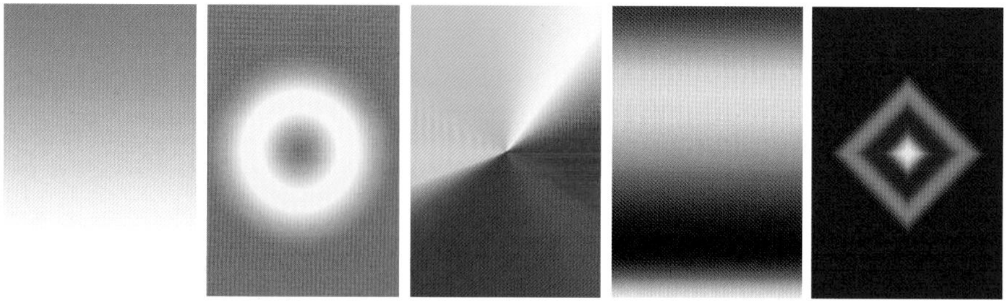

图3-58 渐变种类依次为线性渐变、圆形渐变、角度渐变、对称渐变和菱形渐变

图3-59 线性渐变的应用

◆提示：渐变工具不能用于位图、索引色模式的图像。

3.5.3.2 油漆桶工具的工具选项栏

激活【油漆桶工具】，出现工具选项栏，可设置颜色、色彩模式、不透明度、容差值、消除锯齿等信息（见图3-60）。

图3-60 油漆桶工具的工具选项栏

【油漆桶工具】的工作原理实际上是先用【魔棒工具】确定选区，再执行菜单【编辑】下的【填充】命令（见图3-61）。所填充的颜色可以是前景色或某种事先定义过的图案，定义图案的方法请参见 3.2.3.3 节中的介绍。

图3-61 油漆桶工具的应用

与图层相关的命令

第 4 章

合理地运用图层是 Photoshop 的核心技巧之一，所有的图片、文字、样式、调整都是以图层方式存在。使用图层便于对各种对象分别处理。

本章分为图层面板、调整图层、图层样式、图层混合模式、图层蒙版、图层菜单等六部分内容，围绕图层这一要素，结合实例进行讲解。本章是全书的重点内容之一，请大家熟练掌握。

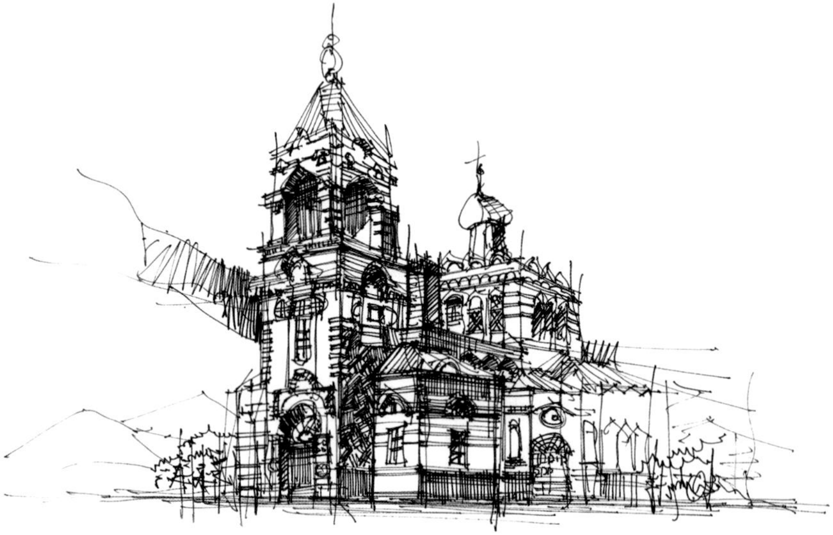

4

图层是 Photoshop 工作中最基本的组成部分。在这里所有的图片、文字、样式、调整都是以图层方式存在，这是因为使用图层便于对各种对象分别处理。

在某一图层中的对象能独立于另一图层的对象而移动，对单独的图层进行编辑、做效果处理，而其他图层并不受影响。

图层的使用可以让人们更加自由地编辑图像，特别是在处理复杂的图像时，就显得优势更加突出。图层有前后顺序，可自由命名，方便管理；可显示或隐藏图层；可锁住或解锁图层，以方便操作；可给图层以不同的混合模式，或不同的透明度，以达到不同的效果。

4.1 图层面板

默认状态下，【图层面板】、【通道面板】和【路径面板】同在一组，快捷键为 F7（见图4-1）。

图4-1 图层面板

4.1.1 图层类型

Photoshop 里的图层包括 5 种类型：背景图层、图像图层、文本图层、矢量图层、调整图层等。除了背景图层以外，可以为各种类型的图层添加图层样式、图层蒙板、剪贴路径来隐藏局部或添加效果。

每个图像只能有一个背景图层，不能修改它的排列顺序、混合模式和不透明度。在背景图层的右侧有一个标志 ，表示该图层是被锁定的。双击背景图层可将其转化为普通图像图层，其他图层可通过菜单【图层】命令下【新建】命令里的【图层背景】命令转化为背景图层。

4.1.2 图层面板的组成

在 Photoshop 中只可以编辑所选择的当前图层，显示为深灰色；单击图层名旁边的眼睛标志 ，可以隐藏或显示图层；如果有必要，可以将多个图层链接在一起，这在一次移动很多图层时非常有用。另外，还可以用拖曳的方式移动图层的排列顺序（见图4-2）。

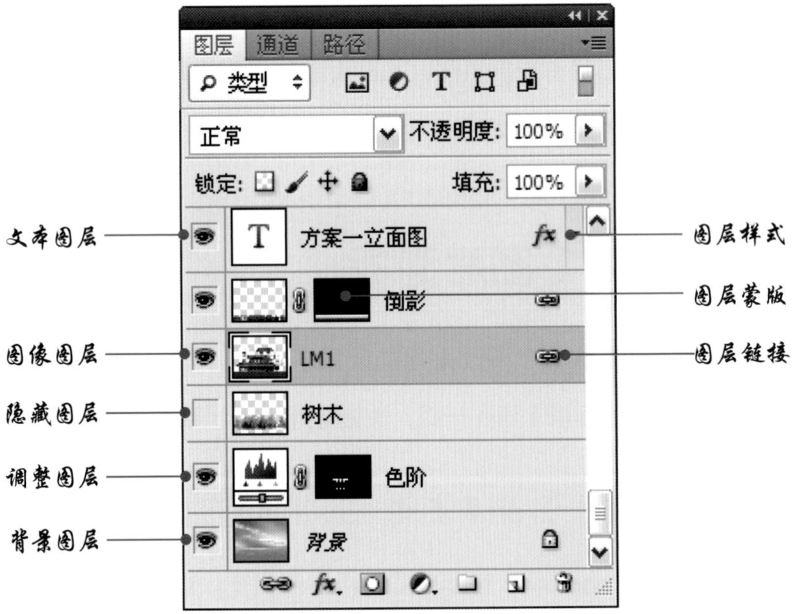

图4-2 图层面板的组成

4.1.2.1 位于图层面板下方的命令

1. 新建图层 ：在当前图层的上方创建新的图像图层。

2. 删除图层 ：删除选中的图层。

3. 创建新组 ：为了将图层分组管理而设立的组。

4. 创建新的填充或调整图层 ：确定当前图层或图层选区后，单击该按钮，出现调整命令，确定调整参数后会自动生成调整图层，与执行菜单【图层】下的【新建调整图层】命令一致。还可以通过双击调整图层，重新设定参数，便于之后反复修订。

5. 添加图层蒙版 ：确定当前图层或图层选区后，单击该按钮，用于控制图层中的不同区域如何被隐藏或显示，好处是将大量特殊效果应用到图层的同时，不影响素材自身。

6. 添加图层样式 ：在图层的内部增加各种效果，通过双击效果图层，可重新设定参数，如果将效果前的 关闭，图层效果虽然存在，但不应用。

7. 链接图层 ：按住 Ctrl 键单击图层，可加选图层，选择两个以上图层后单击链接图层按钮，图层的右侧会出现一个链锁标志，表示这几个图层已经被链接到一起了，不论谁是当前层，移动时将一起移动。

4.1.2.2 位于图层面板上方的命令

1. 锁定：分为【锁定透明像素】、【锁定图像像素】、【锁定位置】、【锁定全部】 4 种类型。

2. 填充：按百分比体现图层的显示程度。除了图像图层，不影响已应用于图层的任何图层效果。

3. 图层混合模式：默认为【正常】模式，选择不同的图层混合模式，将影响两个图层叠加后产生的效果。

4. 不透明度：按百分比体现图层的显示程度。不仅影响图像图层，还影响应用于图层的任何图层样式和混合模式。

5. 图层搜索：按类型、名称、效果、模式、属性、颜色搜索图层，快速找到所需图层。

4.1.2.3 图层面板的右键命令

在【图层面板】中的当前图层上右击，出现图层的右键命令，包括图层的属性、复制、删除、合并、格栅化、样式、链接等相关命令。

4.1.2.4 图层面板的扩展命令

单击【图层面板】右上方的按钮▾☰，出现图层的扩展命令，与图层面板的右键命令类似。

◆提示：Photoshop 中图层的原理与在 3ds Max 及 AutoCAD 里接触过的图层有相似之处，不同的是：在 Photoshop 中前面的图层中的图像会依次遮挡住后面图层中的图像，因为它们都是独立的单元，任意移动其中一层的位置和添加要素时，绝对不会影响到其他的图层。

4.2 调整图层

所谓调整图层，实际上就是用图层的形式保存颜色和色调调整，方便以后重新修改调整参数。有两种方法可以创建调整图层。一是确定当前图层或图层选区后，单击位于【图层面板】下方的【创建新的填充或调整图层】按钮 ，选择调整命令，弹出【调整面板】，共有 18 种调整方式可供选择。二是选择菜单【窗口】命令下的【调整】命令，可直接调出【调整面板】，直接单击调整图标即可，共有 15 种调整方式可供选择（见图4-3）。

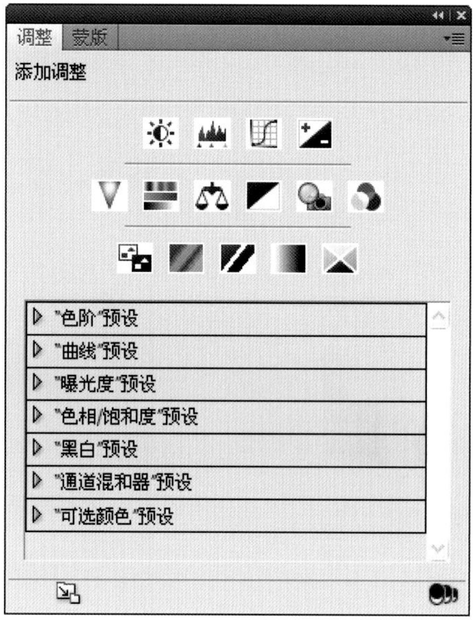

图4-3 调整面板

创建调整图层的优势是修改方便。如果感觉效果不满意，单击【图层面板】上的调整图标，【调整面板】中将呈现相应的调整对话框，可继续调整参数。

◆提示：如果调整效果是作用于某个图层而不是整个图像，需提取图层的轮廓后进行调整图层的创建。

4.2.1 色阶调整图层

通过修改图像的暗调区、中间色调区和高亮区的亮度水平，来调整图像的色调范围和颜色平衡（见图4-4）。

1. 暗调区：将左侧的暗调区滑块右移，将使图像趋暗。

2. 高亮区：将右侧的高亮区滑块左移，将使图像趋亮。

3. 中间色调区：将中间的滑块右移，暗调区与中间色调之间的像素增多，图像趋暗；将中间的滑块左移，中间色调与高亮区之间的像素增多，图像趋亮。

创建【色阶调整层】与执行菜单【图层】下【新建调整图层】命令里的【色阶】命令一致，常用于修正曝光不足或曝光过度的图像，同时也可对图像的对比度进行调节。

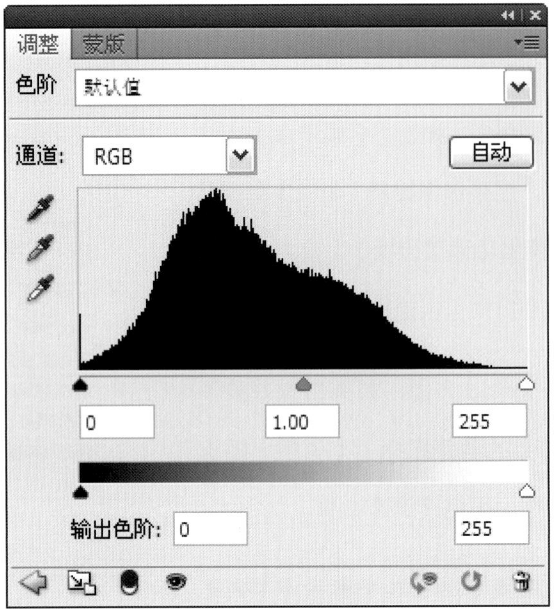

图4-4 色阶对话框

在调整图像色阶之前，首先应仔细观看图像的“山”状像素分布图，“山”高的地方，表示此色阶处的像素比较多，反之，就表示像素较少了。如果“山”分布在右边，说明图像的亮部较多，可将暗调区滑块向右移；“山”分布在左边，说明图像的暗部多，可将高光区滑块向左移；“山”分布在中间，说明图像的

图4-5 原图

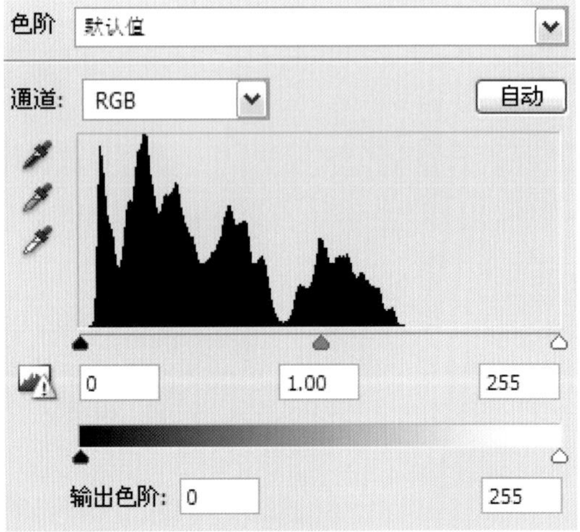

图4-6 原图的色阶

中间色调较多，缺乏亮光和暗部细节，整个图像看上去比较灰，缺少色彩和明暗对比度，可将暗调区滑块和高光区滑块同时向中间移动（见图4-5~图4-9）。

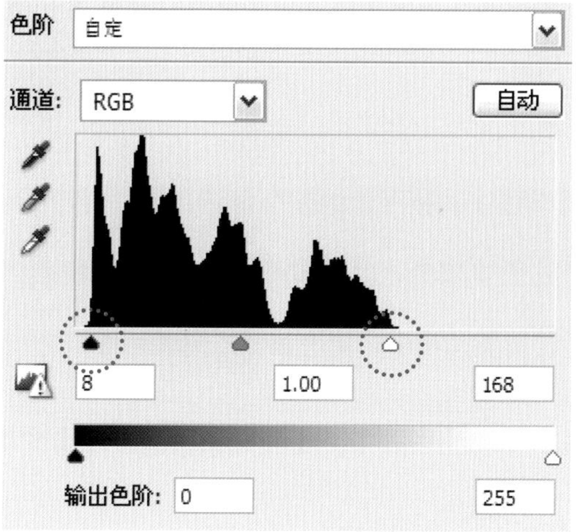

图4-7 调整色阶

图4-8 调整色阶后的效果

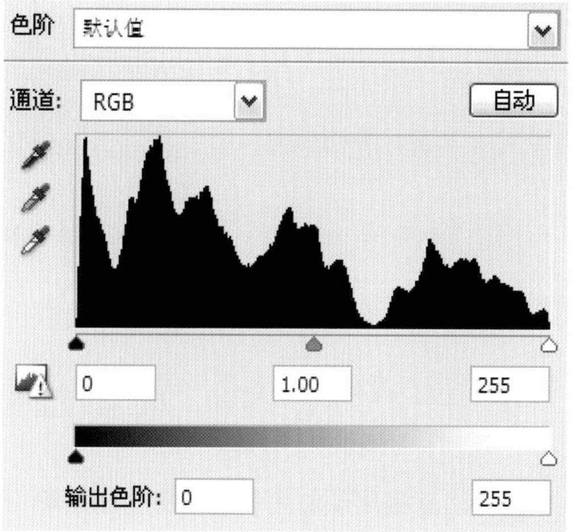

图4-9 调整后的色阶

◆提示：如果不需要创建调整图层，可直接执行菜单【调整】下的【色阶】命令，快捷键为Ctrl+L。还有【自动色阶】命令，快捷键为 Shift+Ctrl+L，不需要输入任何参数即可完成图像的调整，虽然非常省事，但有时会导致调整后的图像色彩不平衡，比如某一块区域颜色过暗或过亮。

4.2.2 曲线调整图层

与【色阶】命令类似，同样可以调整图像的整个色调范围。但与【色阶】命令不同的是，【曲线】命令将图像的色调范围分成了 4 部分，并最多可添加 14 个控制点，而且可以微调到 0~255 色调之间的任何一种亮度级别，因而更加精确、更为细致（见图4-10）。

创建【曲线调整层】与执行菜单【图层】下【新建调整图层】命令里的【曲线】命令一致。需注意以下几点：

1. 当输入与输出值保持一致时，图像灰度值分布和强度均无变化。

2. （控制点为一点）当输入小于输出时，图像灰度值经曲线调整后，亮度会下降。适合高光区域层次丰富，画面偏亮，暗部缺乏层次变化的图像。

3. （控制点为一点）当输入大于输出时，图像灰度值经曲线调整后，亮度提高。适合图像偏暗、亮部缺乏层次变化的图像。

4. 控制点可两点、多点，通过实践慢慢体会。

5. 可直接用【曲线】对话框中的铅笔 在坐标区域内画出一个形状，就代表了曲线调节后的形状。

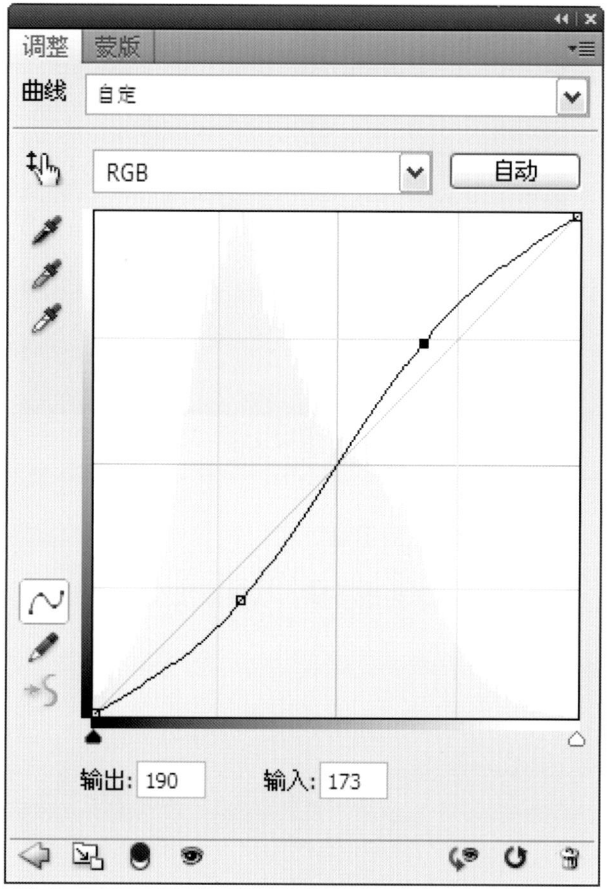

图4-10 曲线对话框

对于较暗的图像，可以将控制曲线向上弯曲，图像亮部层次被压缩，暗调层次被拉开，整个画面亮度提高。这种曲线适合调整画面偏暗，亮部缺乏层次变化的图像（见图4-11、图4-12）。

图4-11 原图

图4-12 较暗的图像调整

对于较亮的图像，可以将控制曲线向下弯曲，图像的暗调分布层次被压缩，亮调层次被拉开，整个画面亮度下降。这种曲线适合调整画面偏亮、暗部缺乏层次变化的图像（见图4-13、图4-14）。

图4-13 原图

图4-14 较亮的图像调整

对于画面较灰，缺乏明暗对比的图像，可以多点控制，拉开中间调层次，使整个画面对比度加强，图像反差加大（见图4–15、图4–16）。

图4–15 原图

图4–16 缺乏对比度的图像调整

◆提示：如果不需要创建调整图层，可直接执行菜单【调整】下的【曲线】命令，快捷键为Ctrl+M。

4.2.3 色彩平衡调整图层

【色彩平衡】命令可以简单快捷地调整图像阴影、中间调和高亮各区的色彩成分，并混合各色彩达到平衡。不过它只能做粗略的调整，精确调整图像中各色彩的成分，还是需用【曲线】或【色阶】命令。

【色彩平衡】命令调整的是补色间的关系。滑块两侧的颜色正好互为补色，绿色的补色是洋红，黄色的补色是蓝色，红色的补色是青色（见图4–17）。

创建【色彩平衡调整层】与执行菜单【图层】下【新建调整图层】命令里的【色彩平衡】命令一致。

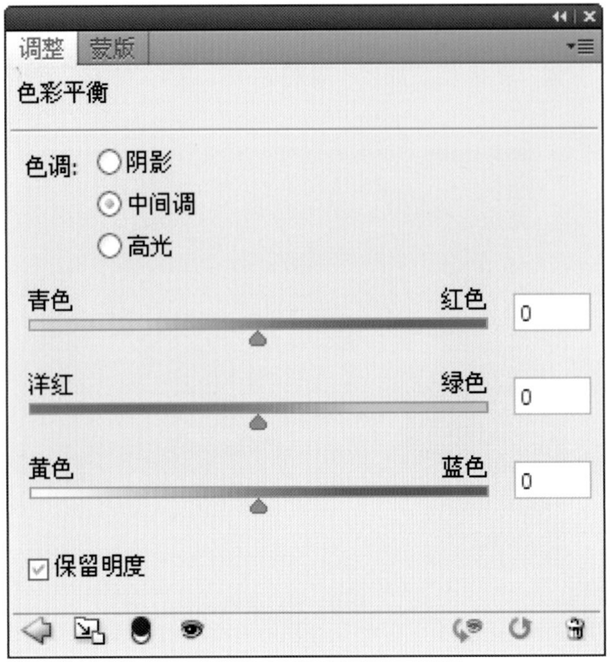

图4-17 色彩平衡对话框

图像中一种颜色的减少，必然导致它的互补色增加，绝对不可能有一种颜色和它的补色同时增加或减少的情况，这正是调节原理所在。例如，可以通过为图像增加红色或黄色使图像偏暖，当然也可以通过为图像增加蓝色或青色使图像偏冷。在调整的过程中还要注意的是，可以在同一个对话框中通过指定某一特定的区域，如阴影、中间调或高光区域（默认为中间调），使画面看起来更加自然，并且更加符合我们的要求（见图4-18~图4-21）。

◆提示：如果不需要创建调整图层，可直接执行菜单【调整】下的【色彩平衡】命令，快捷键为 Ctrl+B，还有【自动色彩】命令，快捷键为 Shift+Ctrl+B。

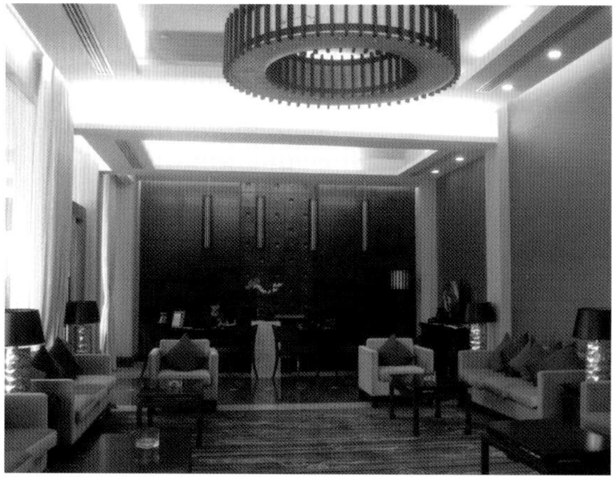

图4-18 原图

图4-19 调整色彩平衡后的效果

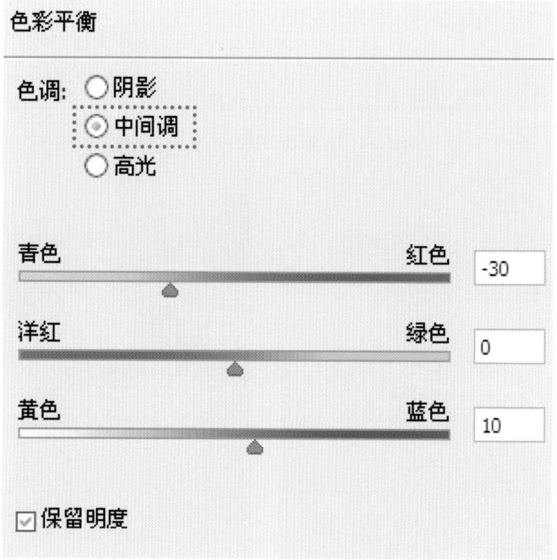

图4-20 中间调区域的色调调整

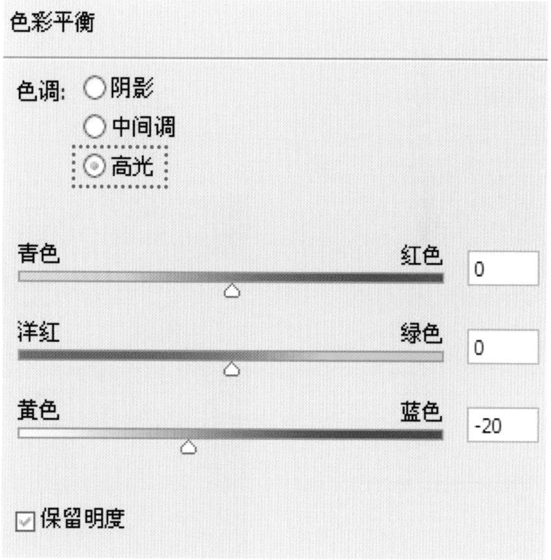

图4-21 高光区域的色调调整

4.2.4 亮度/对比度调整图层

【亮度/对比度】命令能一次性对整个图像做亮度和对比度的调整。它不考虑原图中不同色调区亮度和对比度的差异，对图像中任何色调区的像素都一视同仁。所以它的调节虽然简单，却并不准确（见图4-22~图4-24）。

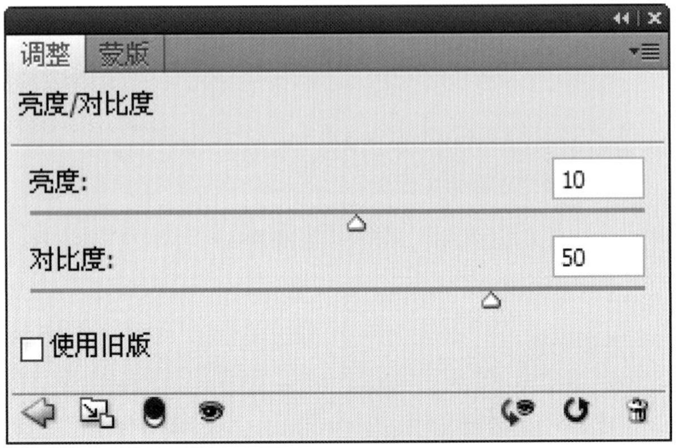

图4-22 亮度/对比度对话框

图4-23 原图

图4-24 调整亮度/对比度后的效果

创建【亮度/对比度调整层】与执行菜单【图层】下【新建调整图层】命令里的【亮度/对比度】命令一致。

◆提示：如果不需要创建调整图层，可直接执行菜单【调整】下的【亮度/对比度】命令，还有【自动对比度】命令，快捷键为Alt+Shift+Ctrl+L。

4.2.5 色相/饱和度调整图层

【色相/饱和度】命令能调整图像的色相、饱和度和亮度（见图4-25）。

图4-25 色相/饱和度对话框

1. 色相：就是颜色，即红、橙、黄、绿、青、蓝、紫。

2. 饱和度：就是颜色的鲜艳程度，颜色越浓，饱和度越大；颜色越浅，饱和度越小。

3. 亮度：就是明亮程度。

创建【色相/饱和度调整层】与执行菜单【图层】下【新建调整图层】命令里的【色相/饱和度】命令一致（见图4-26、图4-27）。

图4-26 原图

图4-27 调整色相/饱和度后的效果

◆提示：如果不需要创建调整图层，可直接执行菜单【调整】下的【色相/饱和度】命令，快捷键为 Ctrl+U。

4.2.6 照片滤镜调整图层

照片滤镜是一个与摄影有关的名词，通过模拟相机镜头前滤镜的效果来进行色彩调整。在【照片滤镜】命令中已经预设了多个【滤镜】，可以直接选择。有些名词可能会使你云山雾绕的，但不要紧，选中【预览】即可浏览使用滤镜的效果。【颜色】和【浓度】也是可调节的，如果不希望通过添加颜色滤镜来使图像变暗，请确保选中了【保留明度】（见图4-28）。

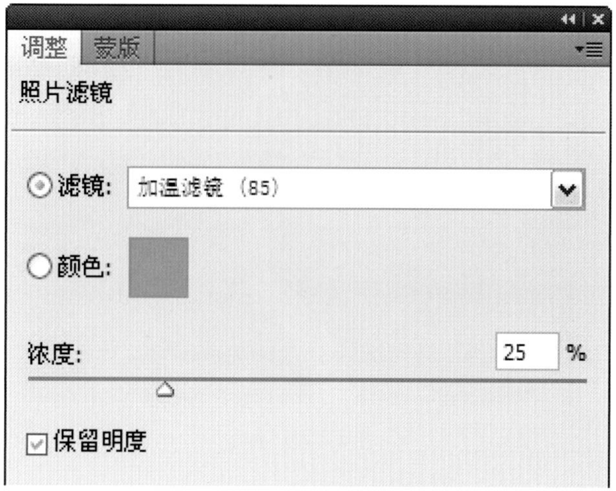

图4-28 照片滤镜对话框

1. 【加温滤镜(85)】和【冷却滤镜(80)】：是用来调整图像中白平衡的色温转换滤镜。如果图像是使用色温较低的光（微黄色）拍摄的，则【冷却滤镜(80)】使图像的颜色更蓝，以便补偿色温较低的环境光。相反，如果照片是用色温较高的光（微蓝色）拍摄的，则【加温滤镜(85)】会使图像的颜色更暖，以便补偿色温较高的环境光。

◆提示：照片偏蓝，色温就高，照片偏红，色温就低。

2. 【加温滤镜(81)】和【冷却滤镜(82)】：是光平衡滤镜，适用于对图像的颜色品质进行较小的调整，属于色温补偿滤镜。【加温滤镜(81)】使图像变暖（变黄），【冷却滤镜(82)】使图像变冷（变蓝）。

3. 色彩补偿滤镜：包括多达 14 种的色彩补偿滤镜，主要用于精确调节照片中轻微的色彩偏差。

创建【照片滤镜调整层】与执行菜单【图层】下【新建调整图层】命令里的【照片滤镜】命令一致（见图4-29~图4-31）。

图4-29 原图

图4-30 调整照片滤镜后的效果

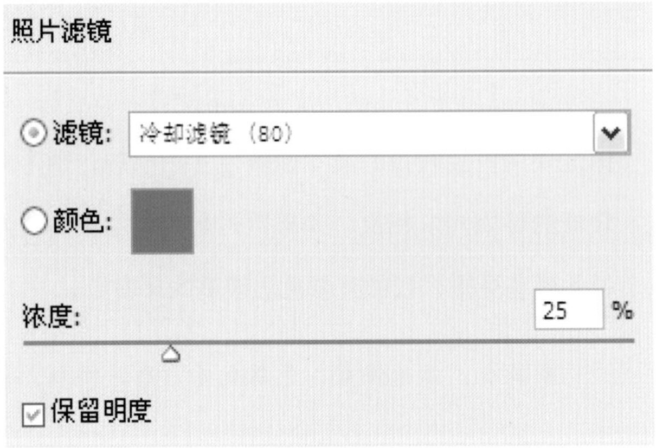

图4-31 照片滤镜中的冷却滤镜

◆提示：除了以上 6 种调整命令之外，还有纯色、渐变、图案、黑白、可选颜色、通道混合器、渐变映射、曝光度、阈值、色调分离等，读者可以自行测试，不再赘述。

4.2.7 调整图层的综合应用

所谓调整图层，实际上就是用图层的形式保存颜色和色调调整，方便以后重新修改调整参数。添加调整图层时，会自动添加一个图层蒙版，以方便控制调整图层作用的范围和区域（见图4-32）。

图4-32 调整图层表现为图层蒙版

调整图层除了具有调整命令的功能之外，还具备图层的一般属性，如不透明度、图层混合模式等。改变不透明度和图层混合模式可以改变调整图层的作用程度，也可以双击图标，弹出图像调整命令对话框，直接改变调整参数。

下面通过一个例子说明调整图层的具体用法。

1. 打开一张扫描的图像文件（见图4-33）。菜单【文件】下【自动】命令里的【Photomerge】命令，可将一张图片的多张扫描稿自动拼合为一个图像文件，非常方便和智能，大家可以试一下。

2. 单击【图层面板】中的按钮，为整个画面添加【色阶调整图层】，在【调整面板】中设置色阶的参数（见图4-34），通过单击按钮将【调整面板】折叠，方便观察画面的整体效果。

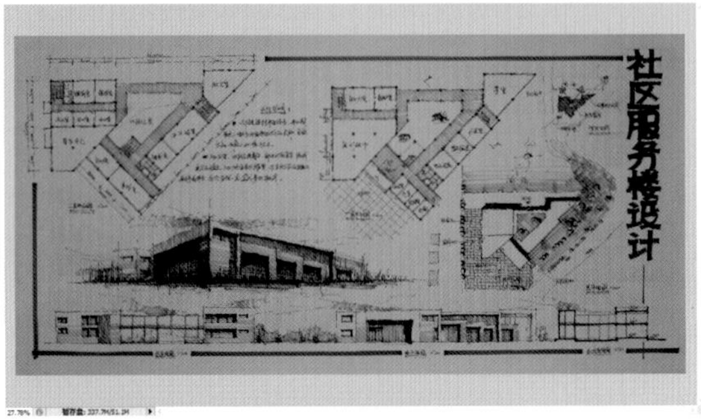

图4-33 原图

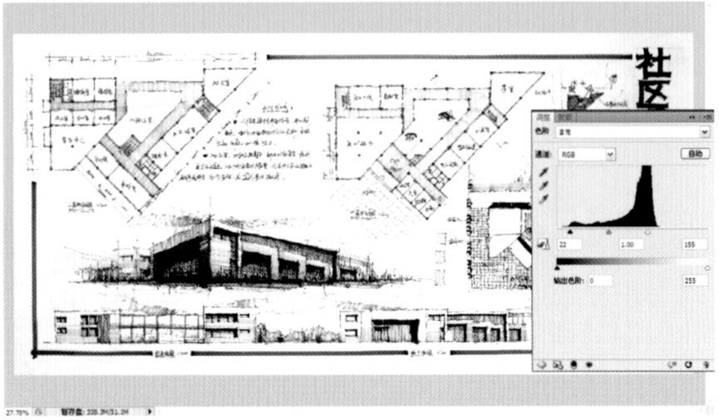

图4-34 调整面板中的色阶参数

3. 画面看起来扫描的痕迹很重，色彩不均匀，特别是两边。如果继续调整“色阶1”调整图层中的参数，恐怕会出现曝光过度。

在“色阶1”调整图层的上面再创建一个色阶调整图层，即“色阶2”（见图4-35）。单击“色阶2”调整图层的图层蒙版缩略图，进入图层蒙版的编辑状态，选择【画笔工具】（B），设置前景色为黑色或白色。用黑色画笔涂抹，表示消除“色阶2”调整图层对该区域的影响，用白色画笔涂抹，表示添加“色阶2”调整图层对该区域的影响（见图4-36）。需要提醒大家的是，【画笔工具】选项栏中的【不透明度】参数需要根据画面效果不断做出调整，最终的目的是使画面看起比较均匀（见图4-37）。

4. 继续添加【色阶调整图层】，提高画面的亮度（见图4-38）。添加一个图层，填充浅黄色，将图层混合模式改为【正片叠底】模式，【不透明度】改为 70%（见图4-39），具体方法参见 4.4.4 节。

图4-35 创建“色阶2”调整图层

图4-36 编辑图层蒙版

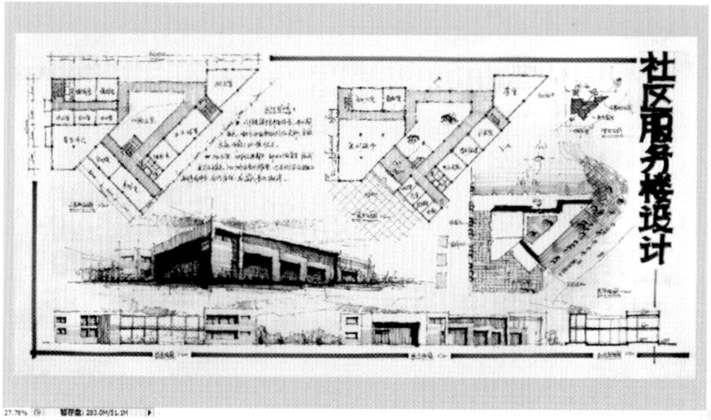

图4-37 统一画面的色调

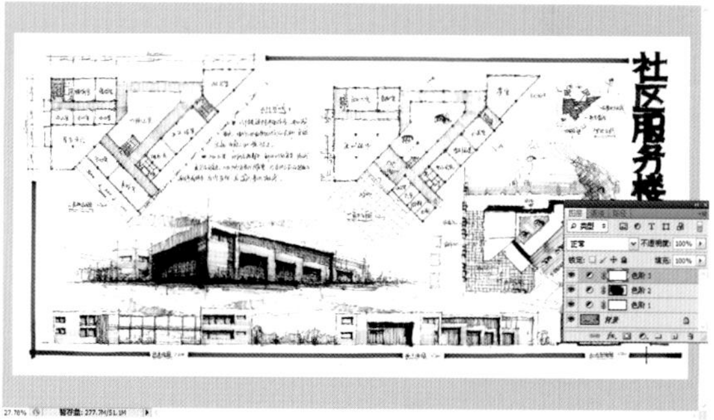

图4-38 提亮画面

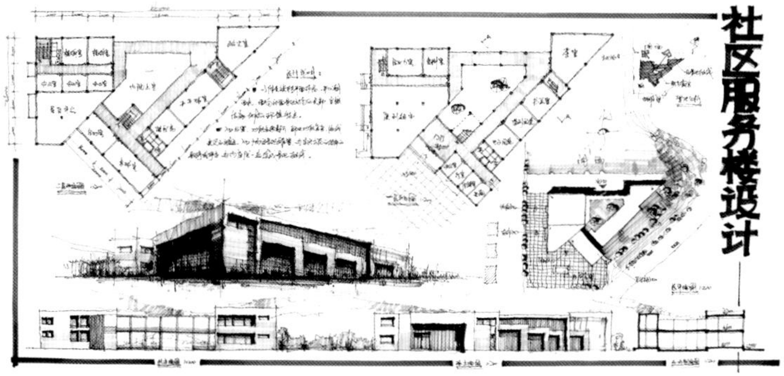

图4-39 统一色调

4.3 图层样式

确定当前图层后，单击位于【图层面板】下方的【添加图层样式】按钮 fx.，或执行菜单【图层】下的【图层样式】命令，出现多种图层样式，选择图层样式，为图层增加自动效果。

当应用了一个图层效果时，在【图层面板】中相应图层名称的右侧出现图标 fx，表示这一图层包含有自动效果。单击右侧的小三角，可收起或展开具体应用的自动效果。如果将效果前的眼睛图标关闭，图层效果虽然存在，但在图面上不显示（见图4-40）。

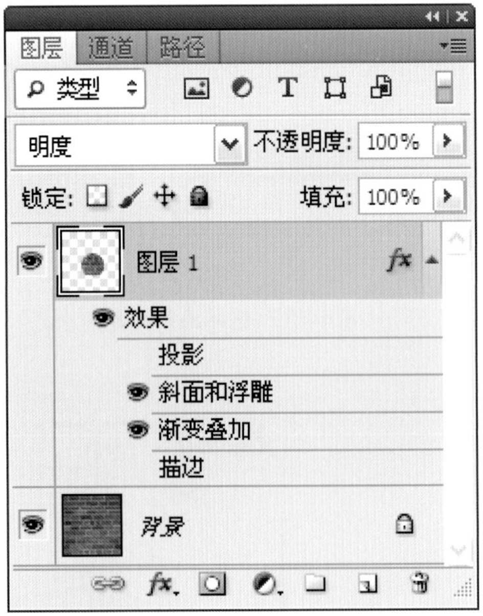

图4-40 图层面板中的图层样式

图层样式命令不能作用于背景层和图层组中，如果要在背景层上添加效果，可双击背景层，先将背景层转化为普通图层。

4.3.1 投影效果

给图层元素配加一个阴影（见图4-41）。

图4-41 图层样式中的投影效果

选择不同的【混合模式】，会产生不同阴影效果。这里的【混合模式】与图层的混合模式类似，参见 4.4 节中的介绍。阴影的颜色也可以修改，默认为黑色。【不透明度】值越大，阴影颜色越深。【角度】、【距离】、【扩展】、【大小】等参数影响阴影的方向及形状。

◆提示：内投影效果使图层元素看起来像是陷入背景似的，参数与投影类似，不再赘述。

4.3.2 外发光效果

加一个任意颜色的光辉围绕在图像元素的边缘之外（见图4-42）。画激光或幻影之类的效果，非常有用。其中的【杂色】选项会使图像边缘出现噪点。

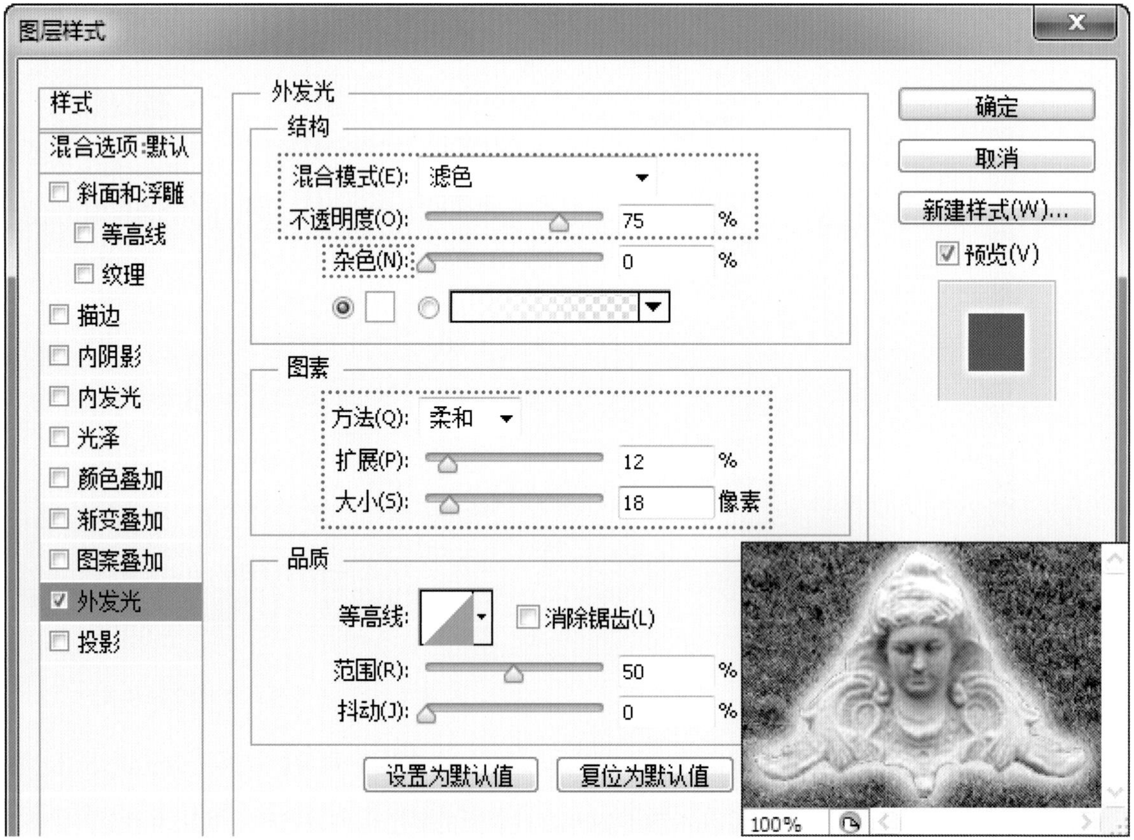

图4-42 图层样式中的外发光效果对话框

◆提示：内发光效果与外发光相对，参数与外发光类似，不再赘述。

4.3.3 斜面和浮雕效果

斜面和浮雕效果的样式共有 4 种，分别为【外斜面】、【内斜面】、【浮雕效果】、【枕状浮雕】、【描边浮雕】，配合【平滑】、【雕刻清晰】、【雕刻柔和】 3 种方法，可获得不同效果。默认状态下为【内斜面】样式的【平滑】效果（见图4–43）。

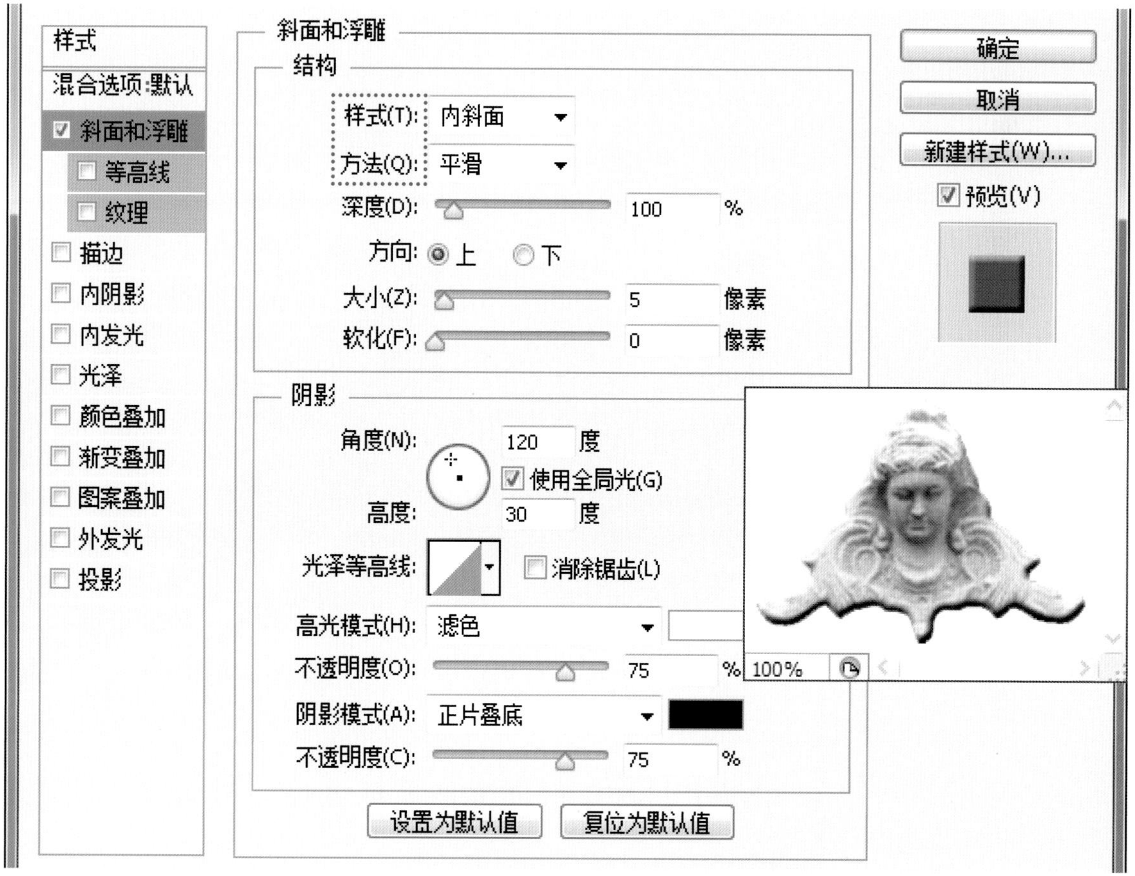

图4–43 图层样式中的斜面与浮雕效果对话框

如果选择【等高线】或【纹理】应用，将增强斜面与浮雕效果（见图4-44）。

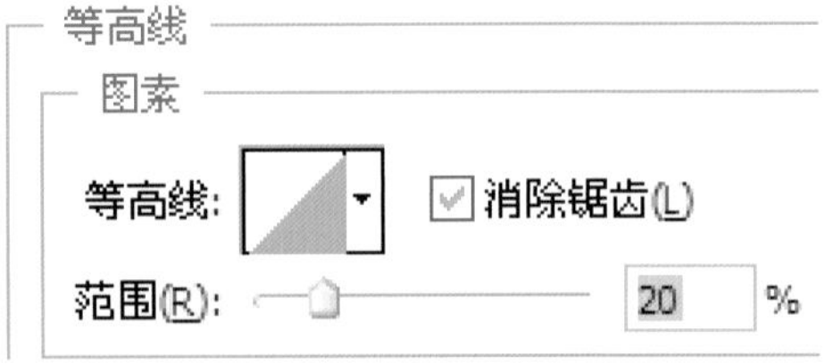

图4-44 斜面与浮雕效果的等高线参数

1. 等高线：将【范围】的参数值调小，斜面和浮雕效果更加明显。

2. 纹理：选择不同的图案进行斜面和浮雕效果的处理。

柔和亲切的【投影效果】和富有立体感的【斜面与浮雕效果】是排版中非常常见的修饰手法之一，需要提示大家的是，阴影方向应尽可能采用人眼习惯的右下方向（见图4-45）。

图4-45 投影效果和斜面与浮雕效果的应用

4.3.4 渐变叠加效果

通过调整【混合模式】、【不透明度】、颜色【渐变】等方式，渐变【样式】（线性、圆形、角度、对称、菱形）、【角度】及【缩放】可获得不同的效果，其中【混合模式】为【正常】，【不透明度】为 100% 时原图层将不可见，与【渐变工具】（G）用法类似（见图4-46、图4-47）。

图4-46 图层面板中的渐变叠加效果

图4-47 投影效果和渐变叠加效果的应用

4.3.5 描边效果

通过定义边框的【大小】、【位置】、【混合模式】、【不透明度】、【填充类型】及其颜色，给图像描上一个边框（见图4-48）。

图4-48 图层样式中的描边效果对话框

【填充类型】分【颜色】、【渐变】、【图案】 3 种类型。也就是说，边框可以是某种颜色、某种渐变，可选择颜色渐变的【样式】（线性、圆形、角度、对称、菱形）、渐变的【角度】及渐变的过渡情况（见图4-49），也可以是某种图案。

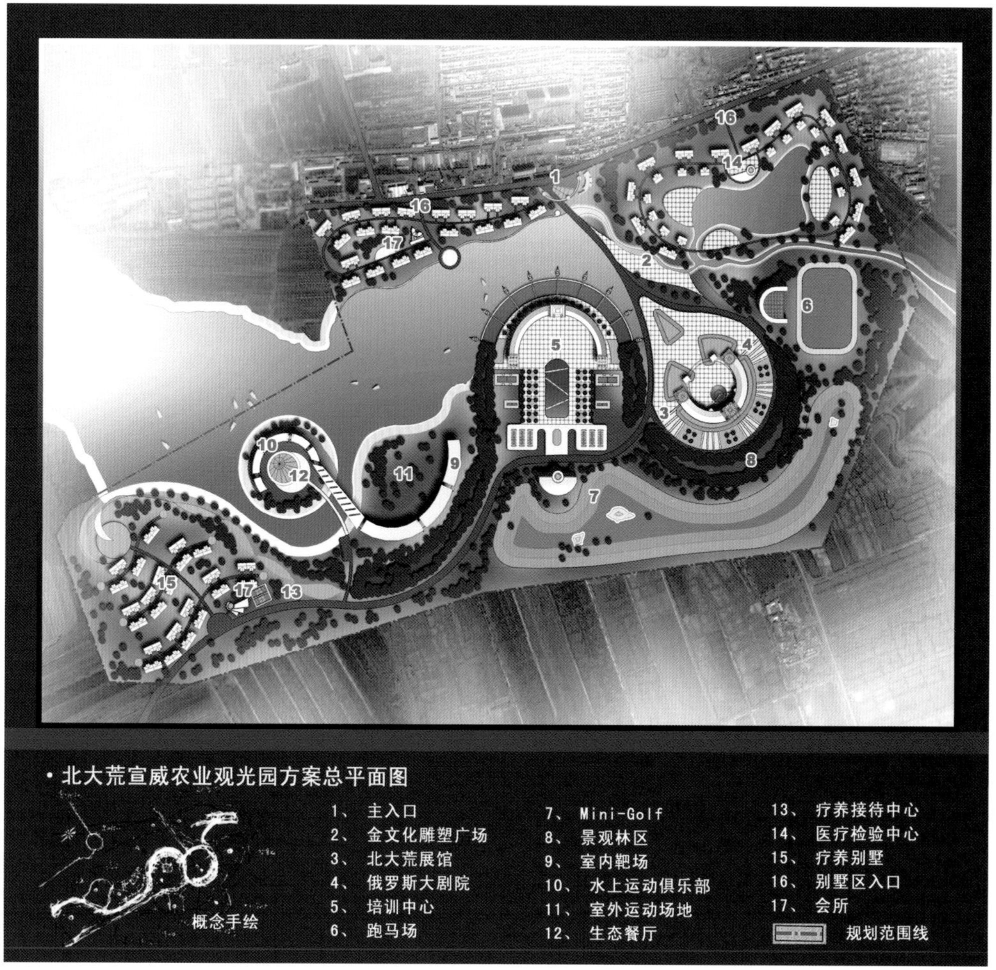

图4–49 图层样式中的渐变描边效果

◆提示：图层样式里各种效果的使用技巧，最好通过多练习获得。只有熟练地掌握这些命令，才能制作出丰富多彩的效果来。由于这个选项具有可以重新设定参数的功能，增加了编辑的弹性，所以如果感觉效果不理想，可以通过双击，重新设定参数，反复实验，直至效果令人满意。

◆提示：如果想要清除图层样式，执行菜单【图层】下【图层样式】下的【清除图层样式】命令，或者在【图层面板】上的图层处右击，在弹出的菜单中选择【清除图层样式】命令。当然，将图层中效果图标前的 关闭，也可以达到在画面上不显示图层样式的效果。

图层样式效果也可以复制、粘贴。在已经执行了图层样式效果的图层上，执行菜单【图层】下【图层样式】下的【复制图层样式】命令，之后在另一个没有图层样式效果的图层上执行【粘贴图层样式】命令。在【图层面板】上的图层处按右击也可完成此类操作。

4.4 图层混合模式

在【图层面板】中列出的混合模式默认状态下为【正常】，单击下拉列表有多种模式可供选择（见图4-50）。这种混合模式在 Photoshop 中的许多地方都可见到，其原理是相同的，使用的方法也基本一样。

还有一点值得注意的是，图层混合模式里的选项将会受到图像的色彩模式影响，比如在 Lab 颜色模式下的图层混合选项列表中，【变暗】、【颜色加深】等多个混合模式都是不可用的。如果选择其他的颜色模式，图层混合选项列表里的选项还会改变。

下面就简单介绍一下常用图层混合模式的使用方法，以及图层混合后的不同效果。

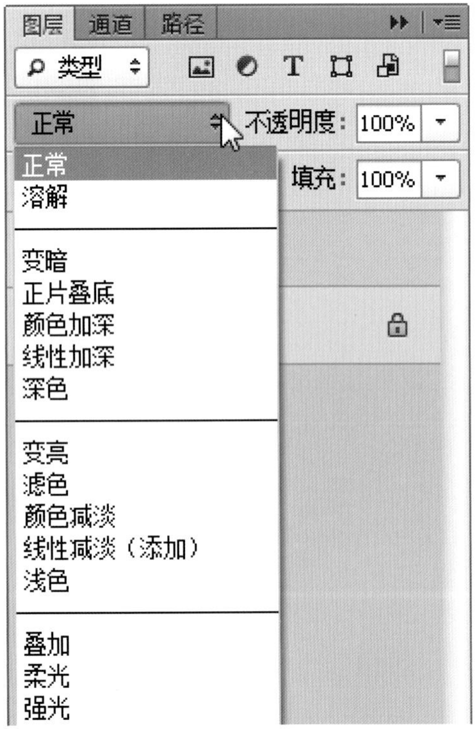

图4-50 图层混合模式选项

4.4.1 正常模式

它是系统默认的模式。当【不透明度】为 100%，这种模式没有什么效果，只是图层将背景覆盖而已。选择【不透明度】为一个小于 100% 的值，则会露出背景图案。

如果在处理【位图】颜色模式图像或【索引颜色】颜色模式图像时，【正常】模式就改称为【阈值】模式了，不过功能是一样的。

4.4.2 溶解模式

当【不透明度】为 100% 时，它不起作用，因此必须和不透明度配合。当【不透明度】小于 100%，逐渐溶解，部分像素消失，而且消失的位置是随机的，并在溶解的部分显示背景，形成两个层交互的效果。

4.4.3 变暗模式

在这种模式下，画面显示的颜色或者物体，都是两个层中颜色比较深的覆盖颜色浅的。在选取一些图像时，边缘经常会有一些淡淡的“毛边”，这时可以用这个模式，选择一种介于主图像颜色和“毛边”颜色之间的颜色，对其进行描绘，就可以精确选出我们需要的图像来。

4.4.4 正片叠底模式

这个选项可以产生比图层和背景的颜色都暗的颜色，用这个模式可以制作一些阴影效果。这里有一个常识，黑色和任何颜色混合还是黑色，而任何颜色和白色叠加，得到的还是该颜色（见图 4-51~图4-53）。

图4-51 正常模式

图4-52 正片叠底模式

图4-53 图层混合模式中的正片叠底模式

4.4.5 颜色加深模式

这个模式将会获得与【颜色减淡】相反的效果，图层的亮度减低，色彩加深。

4.4.6 线性加深模式

在这种模式中，通过查看每个通道中的颜色信息，减小亮度使背景变暗以反映混合色。白色混合后将不会产生变化。

4.4.7 变亮模式

这种模式仅当图层的颜色比背景的颜色浅时才有用，图层的浅色将覆盖背景的深色。

4.4.8 滤色模式

又称【屏幕】模式。有人说它是【正片叠底】模式的逆运算，因为它是将两个图层的颜色越叠加越浅。如果选的是一个浅颜色的图层，那它就相当于一个对背景漂白的漂白剂。这就是说，如果图层是白色的话，在这种模式下，背景的颜色将变得非常模糊（见图4-54、图4-55）。

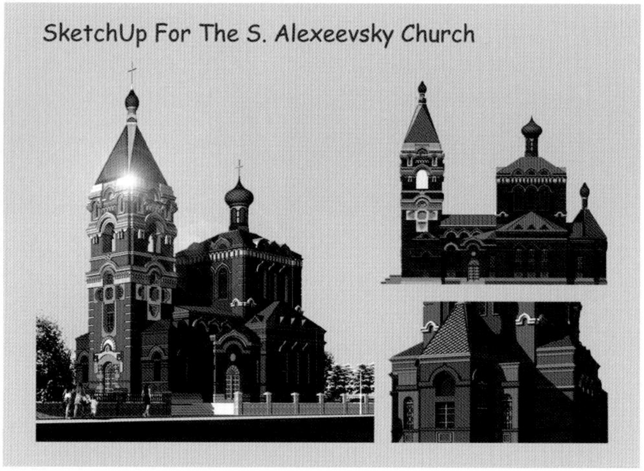

图4-54 滤色模式

图4-55 图层混合模式中的滤色模式

4.4.9 颜色减淡模式

使得图层的亮度增加，背景好像被漂白了一样，这个模式和【滤色】相类似，但它的效果比【滤色】更加明显。由于图层各部分的颜色不同，它有时会得到一些意想不到的效果。

4.4.10 线性减淡模式

在这种模式中，通过查看每个通道中的颜色信息，增加亮度使背景变亮以反映混合色，但与黑色混合后不会发生变化（见图4-56、图4-57）。

图4-56 正常模式

图4-57 线性减淡模式

4.4.11 叠加模式

其效果相当于对图层同时使用【正片叠底】和【滤色】两种操作，加深了背景颜色的深度，并且覆盖了背景中浅颜色的部分（见图4-58、图4-59）。

图4-58 正常模式

图4-59 叠加模式

4.4.12 柔光模式

它类似于将点光源发出的漫射光照到图像上。使用这种模式，会在背景上形成一层淡淡的阴影，阴影的深浅与两个图层混合颜色的深浅有关（见图4-60、图4-61）。

图4-60 正常模式

图4-61 柔光模式

4.4.13 强光模式

这种模式可以说是【柔光】的一种更为强烈的模式。颜色和【柔光】相比，或者更为浓重，或者更为浅淡，这取决于图层上的颜色亮度。

4.4.14 亮光模式

通过增加或减小对比度来加深或减淡颜色，具体取决于图层的颜色。如果图层颜色比 50% 灰色亮，则通过减小对比度使背景变亮。如果图层的颜色比 50% 灰色暗，则通过增加对比度使背景变暗。

4.4.15 线性光模式

通过减小或增加亮度来加深或减淡颜色，具体取决于混合色。如果图层的颜色比 50% 灰色亮，则通过增加亮度使背景变亮；如果比 50% 灰色暗，则通过减小亮度使背景变暗。

4.4.16 点光模式

其实就是替换颜色，具体取决于图层的颜色。如果图层的颜色比 50% 灰色亮，则替换比图层颜色暗的像素，而不改变比图层颜色亮的像素。如果图层的颜色比 50% 灰色暗，则替换比图层颜色亮的像素，而不改变比图层颜色暗的像素。

4.4.17 差值模式

这种模式是将图层和背景的颜色相互抵消，产生一种新的颜色效果。

4.4.18 排除模式

这种模式会产生一种图像反相的效果。

4.4.19 色相模式

这种模式似乎只对灰阶的图层有效，彩色图层在这种模式下会凭空消失。

4.4.20 饱和度模式

这个模式可以自己动手试一试，当图层为浅色时，会得到它的最大效果。

4.4.21 颜色模式

能够对图层颜色的饱和度值和色相值同时进行着色，而使背景颜色的亮度值保持不变。可以看成是【饱和度】模式和【色相】模式的综合效果。该模式能够使灰色图像的阴影或轮廓透过着色的颜色显示出来，产生某种色彩化的效果。这样可以保留图像中的灰阶，对于给单色图像上色和彩色图像着色都会非常有用（见图4-62~图4-64）。

4.4.22 明度模式

能够对图层颜色的亮度值进行着色，而保持背景颜色的饱和度和色相数值不变。其实就是用图层颜色中的“色相”和“饱和度”以及背景的亮度创建结果色。此模式创建的效果与【颜色】模式创建的效果相反。

◆提示：图层混合模式的应用，需要多做试验，这样才能对图层混合模式有一个真正的了解。

图4-62 正常模式

图4-63 颜色模式

图4-64 图层混合模式中的颜色模式

4.5 图层蒙版

图层蒙版是用于控制图层中的不同区域被隐藏或显示。通过应用蒙版，将大量特殊效果应用到图层的同时，不影响素材自身的像素。可以理解为通过蒙版将需要处理的部分之外的图像用一层“膜”保护起来。在蒙版技术中，一个重要的概念是黑色隐藏，而白色显示，灰色则实现部分隐藏，隐藏的程度取决于灰度值（255 相当于黑色，完全隐藏；0 相当于白色，完全显示）。

4.5.1 在图层的不透明区域建立图层蒙版

1. 在“广告”图层上，单击【图层面板】下方的按钮 ，添加图层蒙版（见图4-65）。

2. 用【画笔工具】（B）等工具修改蒙版区域，记住：使用白色绘制时，将向蒙版中添加像素；使用黑色绘制时，将从蒙版中减去像素。或者直接用【多边形套索工具】（L）绘制出需要保留的区域，反选（Ctrl+Shift+I），单击图层蒙版的缩略图，填充黑色（见图4-66）。这些操作都将不会影响图层本身图像的像素，对图层本身还可以进行其他操作，如不透明度的调整等。

图4-65 添加图层蒙版

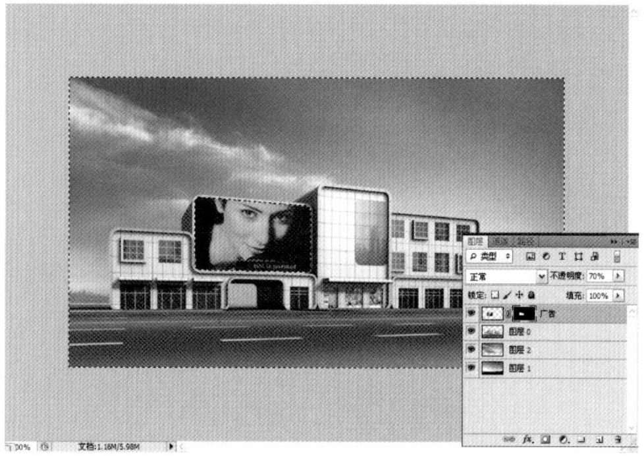

图4-66 编辑图层蒙版

4.5.2 在图层的选区部分建立图层蒙版

将一个草地纹理的图像复制进来，用【多边形套索工具】（L）绘制地面选区，或者在【通道面板】中提取地面选区，假设这个选区之前已经保存在【通道面板】里（见图4-67），然后在“草地纹理”图层上单击【图层面板】下方的添加图层蒙版按钮，处于蒙版状态的是白色区域（见图4-68）。关于通道与选区的关系，请参见 5.4 节的内容。

在实际工作中，用这种方法处理鸟瞰图中的草地纹理（见图4-69）。

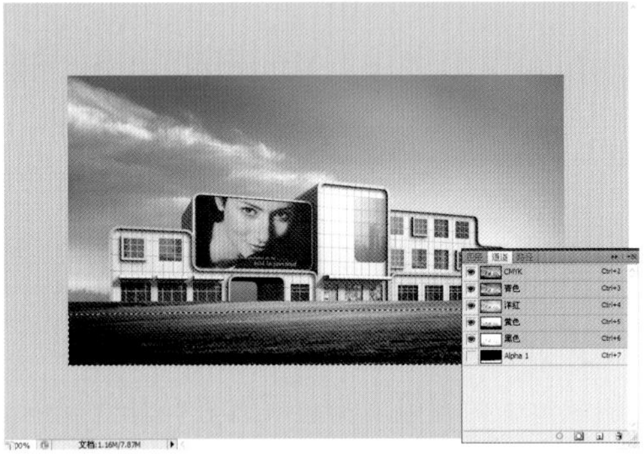

图4-67 在通道面板中提取选区

图4-68 添加图层蒙版

图4-69 鸟瞰图中的外围地面

◆提示：除了图层蒙版，还有一种快速蒙版，请参见5.3节的介绍。

4.5.3 图层蒙版与图层的链接与解除

新建的蒙版与图层是链接在一起的，可以同时移动或复制，也可以解除链接，或在效果已经达到的情况下删除蒙版。在删除时，先将蒙版与图层解除链接，再把蒙版拖到删除按钮。解除蒙版与图层的链接后，还可以单独移动图层，使图层受蒙版影响的区域变得不同（见图4-70、图4-71）。

图4-70 图层蒙版与图层解除链接

图4-71 单独移动图层

4.5.4 图层蒙版与通道的关系

图层蒙版在【通道面板】上表现为Alpha 通道（见图4-72），可将图层蒙版通过Alpha 通道转化为选区。一个图像最多可包含56 个通道，其中包括全色通道和Alpha 通道，均为8 位的灰度图像，能够显示256 种灰度。

◆提示：图层蒙版只能在图层上新建，在一般的背景层上是无法建立一个蒙版的。

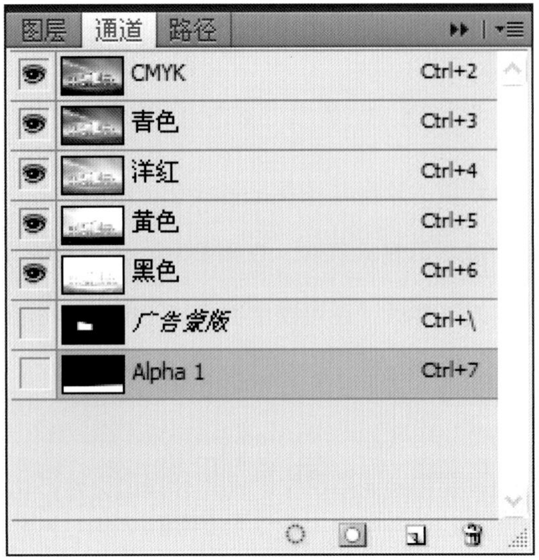

图4-72 图层蒙版与通道的关系

4.6 图层菜单

除了在【图层面板】上建立和管理图层之外，还可以通过菜单【图层】命令进行管理。

4.6.1 新建图层

选择菜单【图层】中的【新建】命令，包含以下命令。

1. 层（快捷键为 Ctrl+Shift+N）：建一个普通层。

2. 新建背景层：把背景层变为普通层，或在没有背景层时把某一层变为背景层。

3. 新建图层组：类似文件夹的设置层，用来管理层的。

4. 图层组来自链接的：把多个有链接的层一次性放入一个新建的图层组里。

5. 通过复制的图层（快捷键为 Ctrl+J）：把某一层的某一选取区域复制生成另一图层，位置不变。

6. 通过剪切的图层（快捷键为 Ctrl+Shift+J）：把某一层的某一选取区域剪切生成另一图层，位置不变。

4.6.2 排列图层

选择菜单【图层】中的【排列】命令，包含以下 4 个命令，用于调整图层顺序。

1. 置为顶层：快捷键为 Shift+Ctrl+] 。

2. 上移一层：快捷键为 Ctrl+] 。

3. 下移一层：快捷键为 Ctrl+[。

4. 置为底层：快捷键为 Shift+Ctrl+[，背景层除外。

4.6.3 对齐图层或选区

选择菜单【图层】中的【对齐链接图层】或【对齐选区】命令，用于调整链接图层之间的相互位置，如果绘制了选区，则是与选区的位置关系，如向上、下、左、右对齐，水平或垂直居中对齐等。

4.6.4 合并图层

选择菜单【图层】中的【向下合并】或【合并链接图层】，根据需要合并图层，以方便管理，快捷键为 Ctrl+E。如果没有链接层，显示的命令是【向下合并】，如果有链接层，显示的是【合并链接图层】。如果有隐藏的图层不需要合并，选择【合并所有可见层】命令，快捷键为 Shift+Ctrl+E。【合并所有的层】命令是将所有图层合并变为背景层。

4.6.5 保存与删除

1. 删除图案：如果是删除图层中的部分图案，即在当前层中，用任意选取工具画出选区，再按 Delete 键即可删除；如果是删除图层，即将当前图层拖动至【图层面板】上的删除按钮 上，即可删除图层。

2. 保存图像：第一次存盘时使用菜单【文件】下的【存储】命令，快捷键为 Ctrl+S，自定义文件名，文件格式可选；在第二次存盘时使用菜单【文件】下的【存储为】命令，快捷键为 Shift+Ctrl+S，文件格式可选。一般先保存一个 PSD 格式的文件，PSD 为带图层、通道及效果存储，方便修改，然后再另行保存一个如 JPG、TGA、TIFF 等格式的文件，用来交流、打印、印刷等。

4.6.6 格栅化图层

因为 Photoshop 里的一些命令只有将矢量图层格栅化之后才能执行，因此需要格栅化矢量图层，将文字、矢量图形等像素化，即转变成普通图像层。执行菜单【图层】下的【格栅化】命令，或在【图层面板】上的图层处右击【格栅化图层】命令。

执行完【格栅化】命令之后，原来文字图层转变为普通图像层，原来形状图层也转变为普通图像层。转变为普通图像层后，可以执行任意的命令，但如果需要将图案放大，或者需要改变文字内容等，则必须重新做起。

选择的技巧

第 5 章

快速、准确地做好选区是熟练运用好 Photoshop 的前提。不同的情况下，运用不同选择方式进行处理，是 Photoshop 的首要核心。

本章对选择的技巧进行了归纳，包括圈地式绘制选区、通过色彩获得选区、通过快速蒙版获得选区、利用通道功能转化为选区、利用图层蒙版获得选区、对选区边缘进一步处理、编辑选区时使用快捷键等七部分内容，有对前面章节的总结，也有新内容。

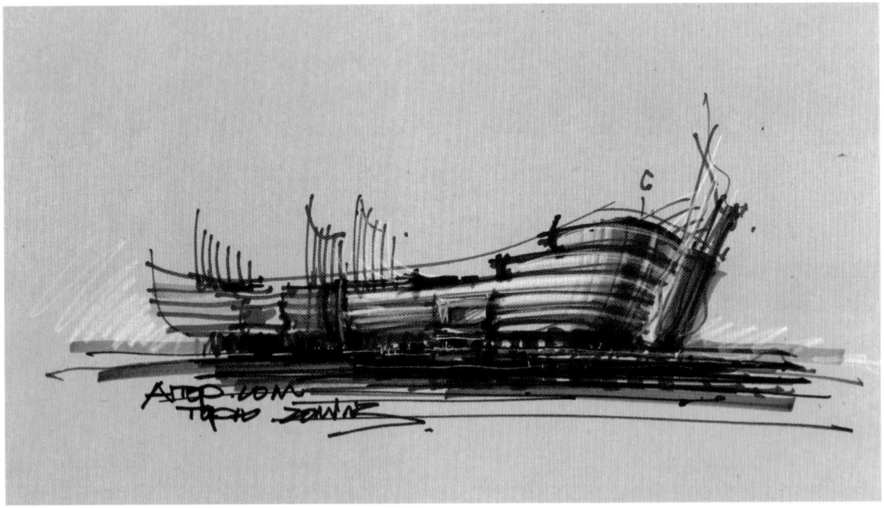

5

◆提示：不同的情况下，运用不同的选择方式进行处理，即选择的技巧，是 Photoshop 的首要核心。

5.1 圈地式绘制选区

适用于制作线条清晰、边缘平滑、简单的选择区域。

5.1.1 用选框工具绘制选区

通过【选框工具】中的【矩形选框工具】、【椭圆选框工具】结合加、减选获得选区，是最直接的通过绘制的方法获得选区的方式。如果要选取图层中的某一部分，可先直接用【选框工具】圈住，再用【移动工具】移动至精确位置，这样就不必小心翼翼地去绘制边缘选区。具体命令请参见 3.1.1 节中的介绍。

5.1.2 用套索工具绘制选区

通过【多边形套索工具】（L）结合加、减选获得选区，一步一步往下画，虽然慢，但控制权在自己手中，所谓“慢就是快”，这是最常用的通过绘制的方法获得选区的方式。具体用法请参见 3.1.2 节中的介绍。

5.1.3 用钢笔工具绘制选区

用【钢笔工具】（P）绘制选区的优势是可以完成任意形状的选区。先绘制一个大致的闭合路径，再进行路径的调整，直至达到平滑状态，还可增加或删除角点，更加自由和随心所欲。当然，用【钢笔工具】绘制出的是一个“形状”图层，需将“形状”图层在【路径面板】中转化为选区。具体命令请参见 3.3.3 节中的介绍。

◆**小结：以上 3 个工具都属于画选区，比较常用的是【套索工具】。绘制选区时，边缘轮廓一定要清晰，不能有“毛边”出现，不要带有原有图片上的背景色。**

5.2 通过色彩获得选区

用于图像边缘不确定、但有大面积色彩比较接近的区域。

5.2.1 用魔棒工具获得选区

通过【魔棒工具】（W）结合加、减选获得选区，其【容差】数值决定了获得的选区范围，是最直接的通过颜色获得选区的方式。具体命令请参加 3.1.3 节中的介绍。

5.2.2 用色彩范围命令获得选区

菜单【选择】命令下的【色彩范围】命令，是按照图像中颜色的分布特色自动生成选择区域（见图5–1）。

图5-1 用色彩范围命令获得选区

5.2.2.1 颜色容差

通过移动颜色容差滑标，调节选择集包容的色彩范围，预览中的白色区域会随着【颜色容差】值的增大而增大，说明有效的选择区域在扩大。也可通过选择【图像】选项，将鼠标变为吸管，吸取图像中的颜色后获得选区。

只有在【取样颜色】模式下，该选项才会被激活。数值越大，被选中的颜色范围越多。与【魔棒工具】的【容差】选项类似。

5.2.2.2 选择模式

【色彩范围】默认的选择模式为【取样颜色】，单击右侧的下拉选单，可对不同颜色或色彩区域进行选择（见图5-2）。

图5-2 色彩范围对话框中的选择模式

1. 取样颜色：按照颜色滴管在图像上采集的颜色样本进行选择。

2. 红色/黄色/绿色/青色/蓝色/洋红：用于选择图像中的红色/黄色/绿色/青色/蓝色/洋红区域。

5.2.2.3 显示区域

确定预览区域中显示的是【选择范围】还是原来的【图像】。一般先选择【图像】，在预览框中用吸管选择目标颜色，然后切换到【选择范围】模式，观察选区的形状，白色区域为选择区域，黑色区域为非选择区域。

5.3 通过快速蒙版获得选区

Photoshop 提供了两种编辑模式，即【以标准模式编辑】 和【以快速蒙版模式编辑】 ，按 Q 键进行切换（见图5-3）。两种模式的区别在于显示和编辑选择集的方式不同。

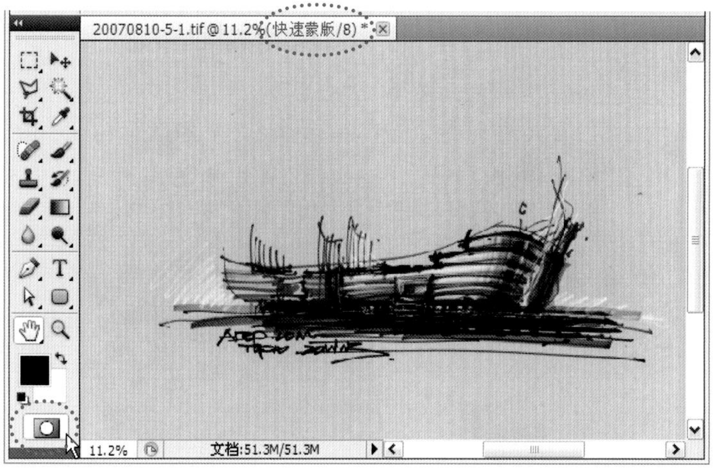

图5-3 以快速蒙版模式编辑

【以快速蒙版模式编辑】不仅可以对选择集进行编辑、修改、存储，它的优势还在于它不是用线条表示选择集，而是用灰度（黑的变化）去决定选择强度，可以用【渐变工具】（G）、【画笔工具】（B）、【橡皮擦工具】（E）等编辑工具以及【羽化】、【滤镜】命令来编辑，这样获得的选择集不是圈定出来的，而是“画”出来的，选择程度由通道的灰度值控制。

5.3.1 进入快速蒙版模式编辑

双击【以快速蒙版模式编辑】图标，出现【快速蒙版选项】对话框（见图5-4），色彩指示选项中默认为【被蒙版区域】，【颜色】中的色块是设置快速蒙版中指示色的颜色，默认是不透明度为 50% 的红色，颜色可调，是显示颜色，并不影响最后效果。进入【以快速蒙版模式编辑】后，当前层在【图层面板】上显示的是浅灰色（标准模式下当前层是深灰色，早期版本是蓝色），画出的显示颜色的部分代表非选择区域。

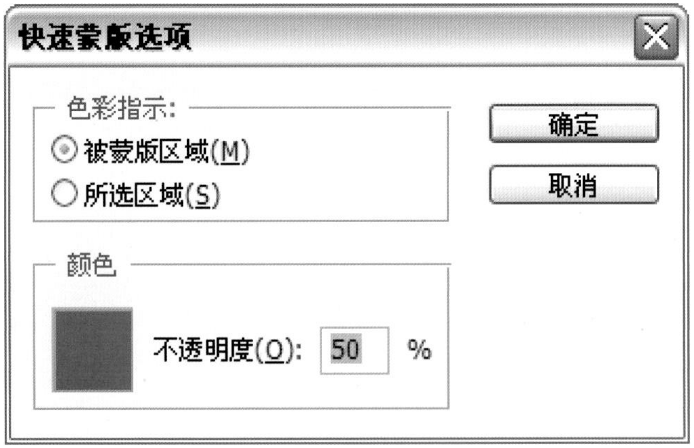

图5-4 快速蒙版选项

5.3.2 绘制渐变选择区域

蒙版是作为 8 位灰度通道（即 256 级）存放的，可用【渐变工具】（G）、【画笔工具】

（B）、【橡皮擦工具】（E）等编辑工具以及【羽化】、【滤镜】命令细调和编辑它们。在默认的状态下，画黑色会增加蒙版区域，减少选取范围，画白色与之相反，如果是某种灰色，便会根据灰度的深浅生成不同透明度的区域。

例如，选择【渐变工具】（G），此时的前景色为黑色，背景色为白色，渐变方式为前景色至背景色的【线性渐变】，至上而下拉直线，完成渐变（见图5-5）。

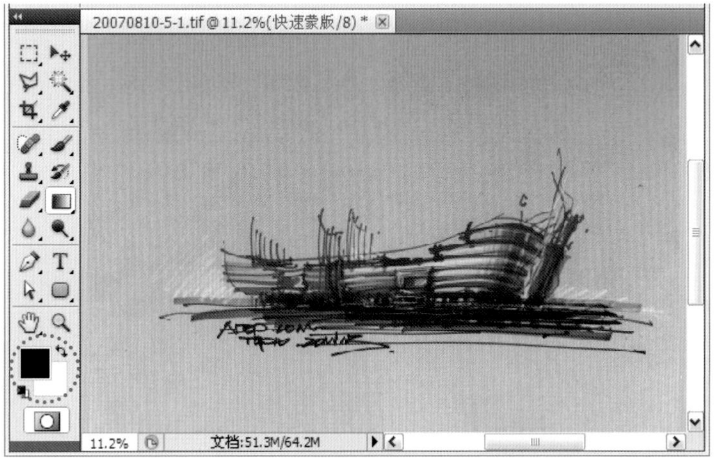

图5-5 绘制渐变选择区域

5.3.3 将所绘制区域转化为选区

按 Q 键进行切换，进入【以标准模式编辑】，看到了选区，此时的选区是渐变选区，接下来可以对选区内图像进行编辑了。

例如，在选区内改变色彩及明暗，或填充颜色，所发生的变化效果是以渐变的方式递增或递减。按 Shift+Ctrl+I 对选区进行反选，此时的选区也是渐变选区（见图5-6~图5-8）

图5-6 在渐变选区内调整色彩

图5-7 反选后仍是渐变选区

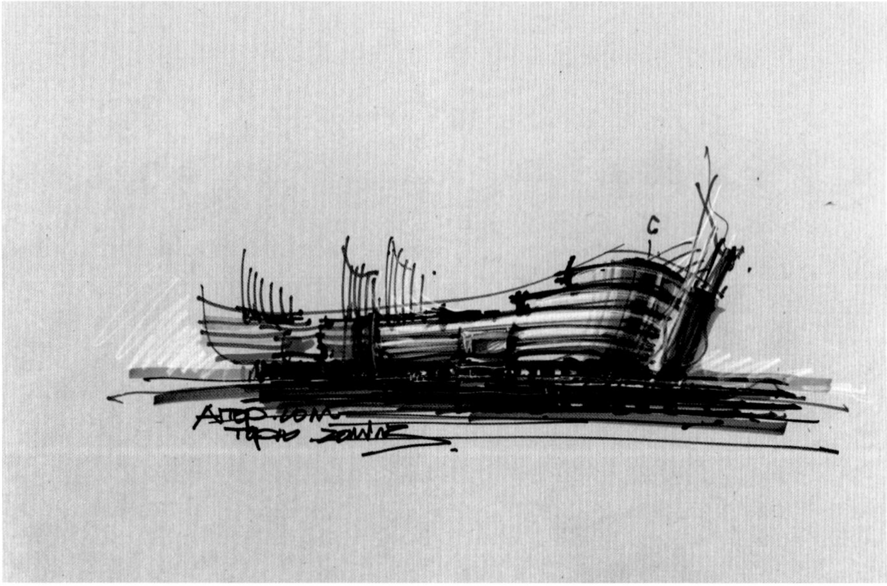

图5-8 变化效果以渐变的方式递增或递减

5.4 利用通道功能转化为选区

按快捷键 F7，【图层面板】选项右侧为【通道面板】选项。Photoshop 的通道功能分为颜色通道和 Alpha 通道。

5.4.1 图像自有的颜色通道

将图像按颜色分成不同的颜色通道。如果是 CMYK 颜色模式的图像，便分为 CMYK 四种颜色通道（见图5-9）；如果是 RGB 颜色模式的图像，便分为 RGB 三种颜色通道（见图5-10）。可以分别对每个颜色通道进行色阶、明暗、对比度的调整。

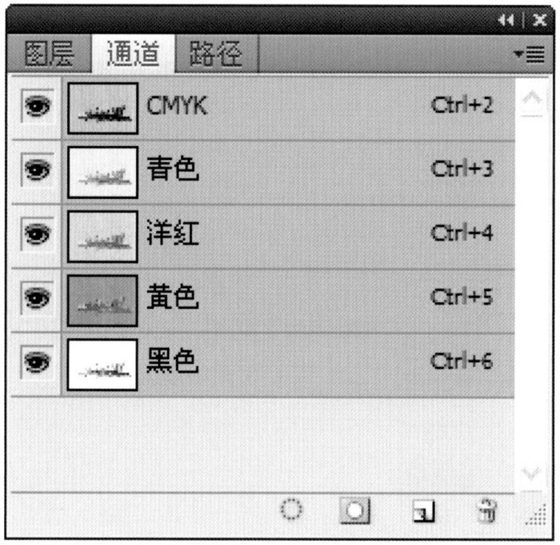

图5-9 CMYK 颜色通道

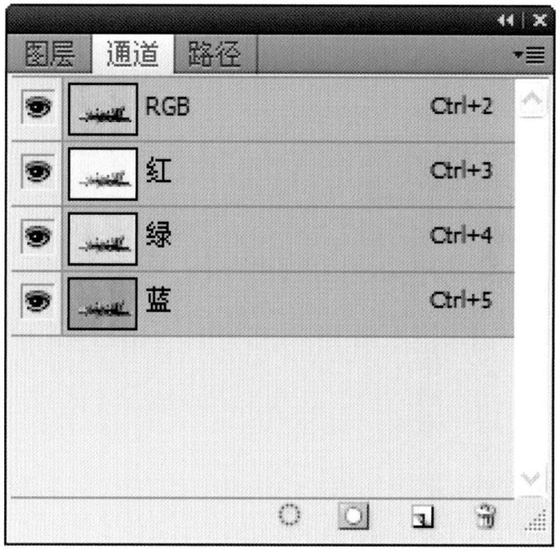

图5-10 RGB 颜色通道

5.4.2 绘制的选区保存为 Alpha 通道

在图像编辑过程中创建的新通道称 Alpha 通道，它存储的不是图像的色彩，而是选择区域。当查看通道时，选择区显示为白色，而遮罩区域显示为黑色（图像上被保护起来的部分）。

取得选区后，单击【通道面板】中的按钮 ，可以将选区转化为通道保存起来。当保存了一个 Alpha 通道后，该通道就被显示在【通道面板】中颜色通道的下方（见图5-11）。单击【通道面板】中的按钮 ，又可调出选区。也可以通过菜单【选择】命令下的【保存选区】、【载入选区】命令进行存储选区。

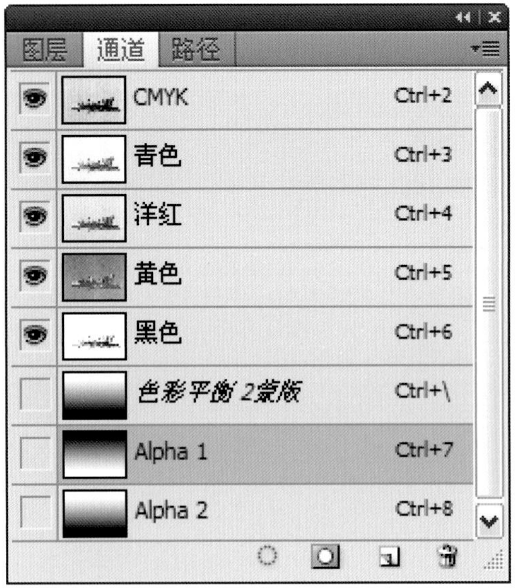

图5-11 绘制的选区保存为 Alpha 通道

由于 Alpha 通道是 8 位通道，它除了支持黑色及白色之外，还支持 254 种不同等级的灰色。这意味着，通道可以支持不同等级的透明度。

5.5 利用图层蒙版获得选区

5.5.1 蒙版表现为 Alpha 通道

绘制选区，确定当前图层后，在【图层面板】中单击按钮 即可添加【图层蒙版】。此时，在【通道面板】中表现为通道（见图5-12、图5-13）。

图5-12 图层蒙版

图5-13 通道面板

5.5.2 通道转化为选区

单击【通道面板】上的按钮 ，又可以将蒙版通过通道转化为选区（见图5-14）。

5.5.3 提取蒙版轮廓为选区

在【图层面板】中，按住 Ctrl 键单击图层蒙版缩略图，也可提取蒙版轮廓为选区（见图5-15）。

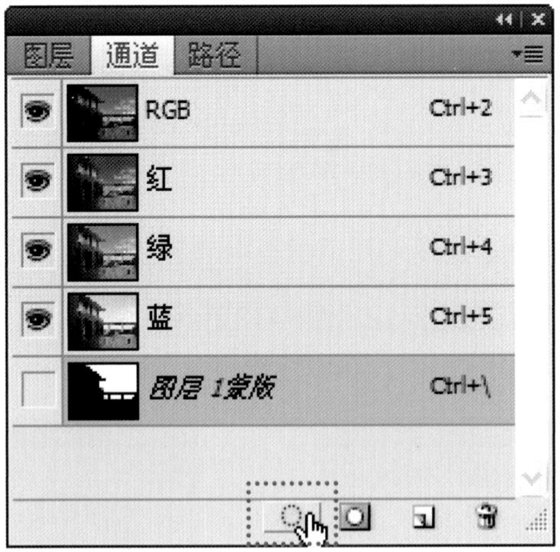

图5-14 通道转化为选区

图5-15 提取蒙版轮廓为选区

◆提示：图层蒙版的具体用法请参见 4.5 节中的介绍。

图层蒙版可以创建永久性蒙版，并可将其保存为 Alpha 通道，而快速蒙版是临时性的，取消选择后将消失。当然，快速蒙版回到【以标准模式编辑】状态后变为选区，还可以继续创建为图层蒙版。

5.6 对选区边缘进一步处理

因为从不同场景中剪切的配景在颜色、明暗度等方面都会不同，加上选择时的不慎，有时会产生不同程度的毛边，边缘也比较直。为了将剪切的配景融入到特定的场景中，也为了使合成后的图像更加精细、耐看，有时需要对配景的边缘进行进一步的处理。

【选择】菜单中提供了各种控制和变换选区的命令，可以更好、更快地创建和变换选区。

5.6.1 提取已有的选区

1. 全选：快捷键为 Ctrl+A 。

2. 取消选择：快捷键为 Ctrl+D 。

3. 重新选择：快捷键为 Shift+Ctrl+D 。

4. 反选：快捷键为 Shift+Ctrl+I 。

5. 提取选区：按住 Ctrl 键，单击图层，提取该图层轮廓为选区。

5.6.2 变换选区

如果感觉已经画好的选区太大或太小，可以通过菜单【选择】命令下的【变换选区】命令改变选区。【变换选区】命令可对选区进行自由变化，用法与菜单【编辑】命令下的【变换】命令类似。选择【变换选区】命令后，选区外围出现变换框，移动选区变换框的 8 个顶点，便可改变选区的大小。

5.6.3 调整选区的边缘

5.6.3.1 微调选区的边缘

建立选区后，选择菜单【选择】命令下的【调整边缘】命令（Alt+Ctrl+R），出现【调整边缘】对话框（见图 5–16）。这是 Photoshop CS5 之后版本新增的一项功能，可对选区轮廓进行【平滑】、【羽化】等操作，以改善选区边缘的品质；【视图】中有几种视图可供选择，观察视图建议选择【On Layers（L）】（背景图层），观察虚线选框建议选择【Marching Ants（M）】（闪烁虚线），编辑选区建议选择【Overlay（V）】（叠加）。具体应用方法如下：

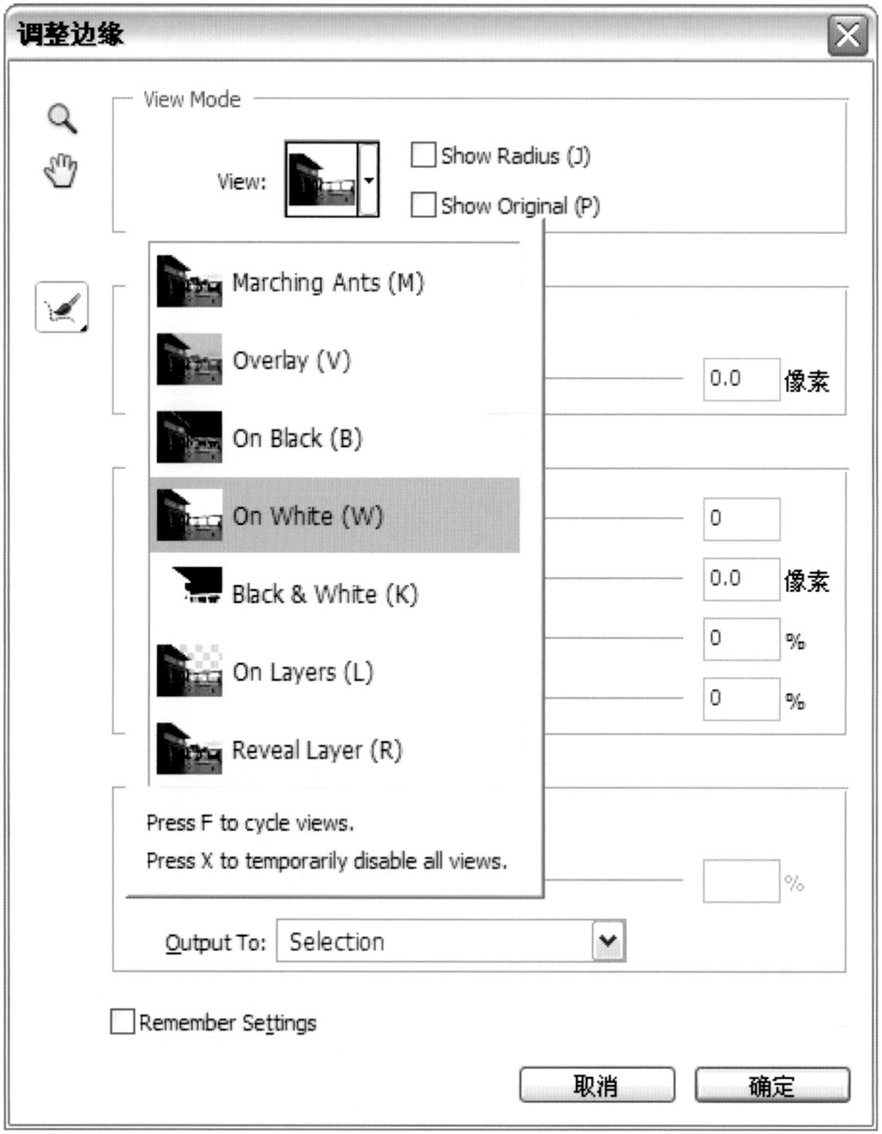

图5-16 调整边缘对话框中的视图种类

1. 先用【魔棒工具】（W）将背景选中，容差值为 30 左右，再反选（Ctrl+Shift+I），将背景以外的内容进行选择。

2. 打开【调整边缘】对话框，选择【Overlay（V）】（叠加），勾选【Show Radius（J）】（显示半径），调整【Smart Radius（P）】（智能半径）的数值，显示选区的边缘（见图5-17、图5-18）。

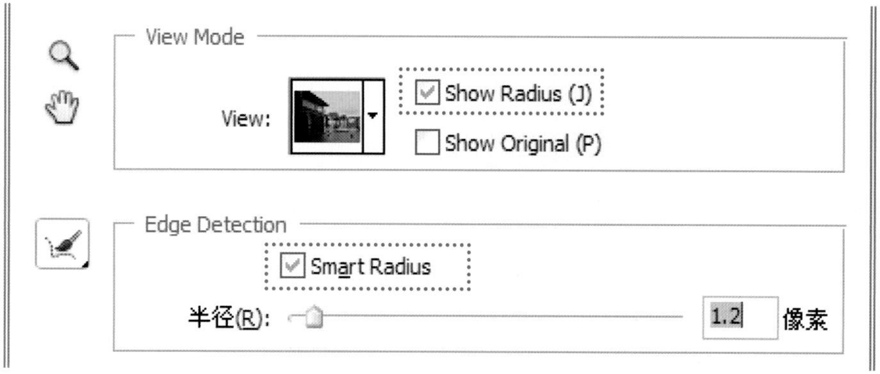

图5-17 智能半径参数

图5-18 显示智能半径区域

◆**提示：显示智能半径可以帮助我们很快找到选区的边缘，将没有删除的背景色找到，半径大小决定了色彩范围选取的大小。**

3. 用【调整边缘】对话框中的画笔按钮 ，沿着智能半径显示的区域擦除（见图5-19），单击【确定】按钮完成【调整边缘】命令，显示最终调整后的选区。

4. 拷贝选区内的图像至新的图层（Ctrl+J），将背景图层隐藏（见图5-20）。

图5-19 擦除

图5-20 抠像效果

5.6.3.2 修改选区的边界

要使选区的硬边缘更加光滑、柔和，也可使用修改选区边界或羽化功能。菜单【选择】命令下的【修改】命令中包括【扩边】、【平滑】、【扩展】、【收缩】和【羽化】 5 个命令，按要求输入数值即可。

1. 【扩边】、【平滑】、【扩展】和【收缩】是对现有选区边界的直接修改。

例如，选择菜单【选择】下【修改】命令里的【收缩】命令，该命令可以根据选择集的轮廓自动向内收缩一定宽度，收缩边界的宽度一般输入 1~2 个像素左右。注意观察，收缩的宽度不能太大，否则过分向内之后，会“吃掉”一部分图像。

2. 【羽化】命令是在选区边界和其周围的像素之间进行模糊处理，达到柔和边界的效果，但可能导致选区边缘的一些细节丢失。

例如，建立选区后，选择【羽化】命令（Ctrl+Alt+D），出现【羽化选区】对话框（见图5-21），输入羽化半径，该值决定了羽化后的边缘宽度，取值范围在 1~250 像素之间。数值越大，羽化过渡范围就越大。按 Delete 键删除选区内的图像，发现是否设置选区的羽化半径，带来的效果很不同（见图5-22、图5-23）。

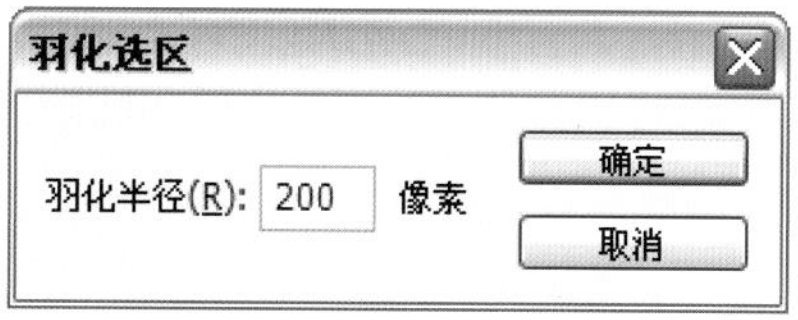

图5-21 羽化选区参数

图5-22 删除羽化前的选区内的图像

图5-23 删除羽化半径为200像素的选区内的图像

5.6.4 根据颜色增加选区

【扩大选取】和【选取相似】两个命令是根据已有选区内的颜色增加选区的范围。

1. 先在图像中选取一个区域。

2. 执行【扩大选取】命令，选择的是闭合区域。

3. 执行【选取相似】命令，选择的是整个图像中相似的颜色。

5.7 编辑选区时使用快捷键

5.7.1 与 Ctrl 键配合

Ctrl+D 是取消选区。

Ctrl+H 是切换选区的显示与隐藏，还可以用在路径的显示与隐藏上。

Ctrl+A 是全选。

按住 Ctrl 键，可以将【选框工具】切换到【移动工具】状态。

按住 Ctrl 键，单击【图层面板】上的图层，可提取该图层轮廓为选区。

5.7.2 与 Alt 键配合

按住 Alt 键，用【矩形选框工具】或【椭圆选框工具】，可以从中心绘制选区。

按住 Alt 键使用轮廓选择工具，是减去选区。

按住 Alt 键，从【磁性套索工具】功能切换到【自由套索工具】功能。

按住 Alt 键并单击，从【磁性套索工具】功能切换到【多边形套索工具】功能。

5.7.3 与 Shift 键配合

按住 Shift 键，用【矩形选框工具】或【椭圆选框工具】，可以将选框限制为方形或圆形。

按住 Shift 键使用轮廓选择工具，是添加选区。

5.7.4 与 Ctrl、Alt、Shift 键组合

按住 Shift 和 Alt 键，用【矩形选框工具】或【椭圆选框工具】绘制选区，限制选区形状并从中心绘制选区。

Ctrl+Alt+D 为羽化选区。

Ctrl+Shift+I 是将选区反选。

5.7.5 其他

按 Delete 键可以删除选区内的图像。

任何选区用←↑→↓方向键都可以使选区以像素为单位向该方向移动。

图像的编辑

第 6 章

图像的编辑是 Photoshop 的主要功能，是图像处理的基础。对选区或者背景层以外的图层进行自由变形，即放大、缩小、旋转和变形，是 Photoshop 最基本、最常用的功能。也可进行复制、粘贴、合成、修饰图像等操作，将几幅图像合成完整的、有明确意义的图像，让外来图像与创意很好地融合，天衣无缝。

本章包括复制与粘贴、图像的变换、倒影的制作、阴影的制作、合成与修饰等五部分内容。

6

6.1 复制与粘贴

6.1.1 复制与粘贴图层

1. 原地复制图层：将当前图层拖动至【图层面板】的创建按钮 上，视为原地复制图层。也可以选择菜单【图层】下【新建】命令里的【通过拷贝的图层】命令（Ctrl+J）来完成。

2. 移动复制图层：在【移动工具】状态下，按住 Alt 键移动图层，视为复制图层。

6.1.2 复制与粘贴图像

选择菜单【编辑】命令，出现【复制】命令及其相关命令。

1. 复制命令：与【粘贴】命令结合使用，快捷键为 Ctrl+C。使用前必须先有选区，然后再执行此命令。

2. 合并复制命令：在选区位置存在多个图层，执行此命令后，再执行【粘贴】命令时，将选区位置存在的多个图层合并后进行粘贴，快捷键为 Shift+Ctrl+C。

3. 粘贴命令：因复制的图像暂时存放在剪贴板内，所以必须粘贴一下才能完成复制，快捷键为

Ctrl+V。

4. 粘贴入命令：执行此命令时，必须先有选区，粘贴到选区中，快捷键为 Shift+Ctrl+V。

6.2 图像的变换

Photoshop 里变换图形形状的命令主要集中在菜单【编辑】命令下的【变换】命令和【自由变换】（Ctrl+T）中，实际是一个命令，不同的是：【变换】命令里包含 11 个子命令，而【自由变换】命令主要是依赖鼠标和键盘的操作。

执行【变换】或【自由变换】（Ctrl+T）命令时，均出现参数控制栏，可输入数值精确进行【缩放】、【旋转】、【斜切】等变换操作（见图6–1）。

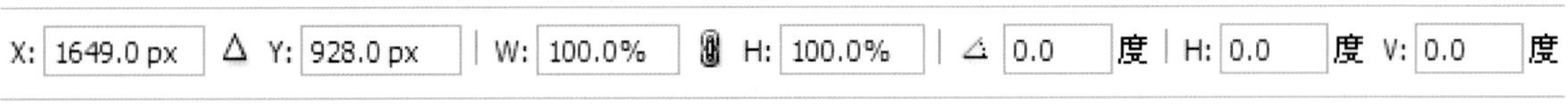

图6–1 变换命令的参数控制栏

6.2.1 缩放变换

执行【变换】命令下的【缩放】命令，或直接执行【自由变换】命令（Ctrl+T），出现变换控制框，有 8 个角点，移动光标至某角点，光标将显示为双箭头形状，拖动鼠标即可调整图像的大小（见图6–2）。

按住 Shift 键拖动 4 个角的角点是完成等比例缩放，在对人物、汽车等图层进行缩放时应特别注意此操作，否则会出现比例失调，影响画面效果（见图6–3）。

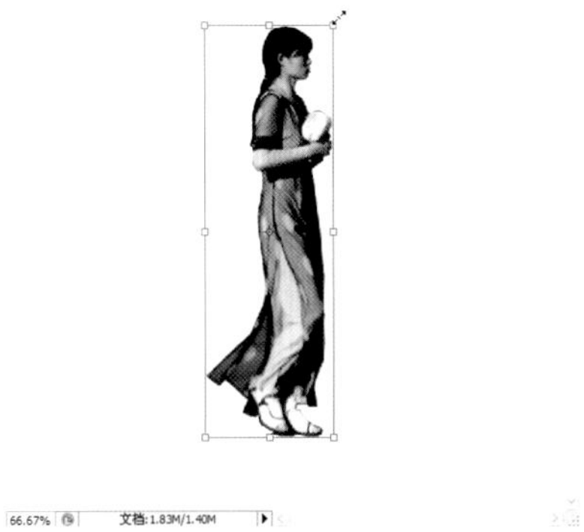

图6-2 缩放变换

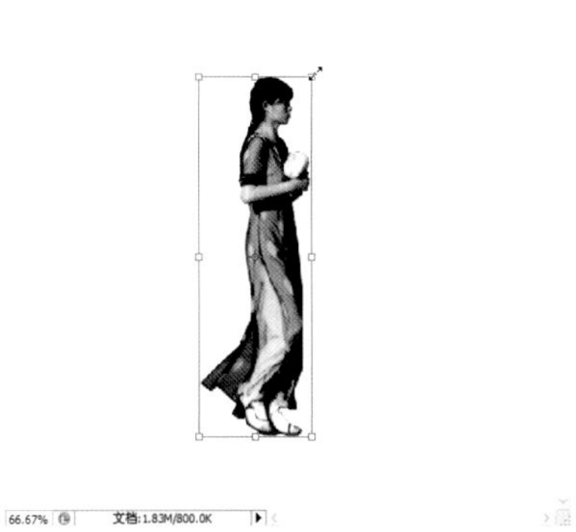

图6-3 按住Shift键拖动4个角的角点是等比例缩放

6.2.2 旋转变换

执行【旋转】命令时鼠标变成旋转图标，可拖动鼠标进行旋转。按住 Shift 键拖动，则每次旋转 15°（见图6-4、图6-5）。也可在参数控制栏中输入旋转角度完成精确旋转。还可选择【旋转 180 度】、【旋转 90 度（顺时针）】、【旋转 90 度（逆时针）】命令进行固定角度旋转。

图6-4 旋转变换

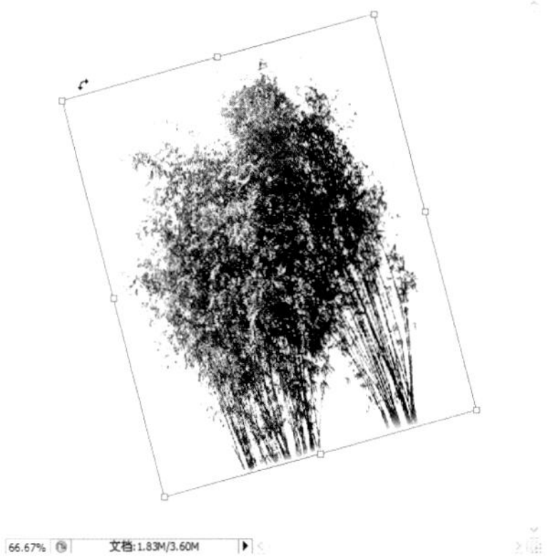

图6-5 按住Shift键拖动每次旋转 15°

6.2.3 斜切变换

执行【斜切】命令时，可以将图像进行倾斜变换。在该变换状态下，变换控制框的角点只能在变换控制框边线所定义的方向上移动，从而使图像得到倾斜效果（见图6-6）。

也可以在控制栏输入斜切角度，或按住 Ctrl+Shift 键并拖动变换框边框。

6.2.4 透视变换

使用【透视】命令时，拖动变换框的 4 个角点，拖动方向上的另一角点会发生相反的移动，得到对称的梯形，从而得到物体透视变形的效果（见图6-7）。

快捷方式：按住 Ctrl+Alt+Shift 键并拖动变换控制框角点。

图6-6 斜切变换

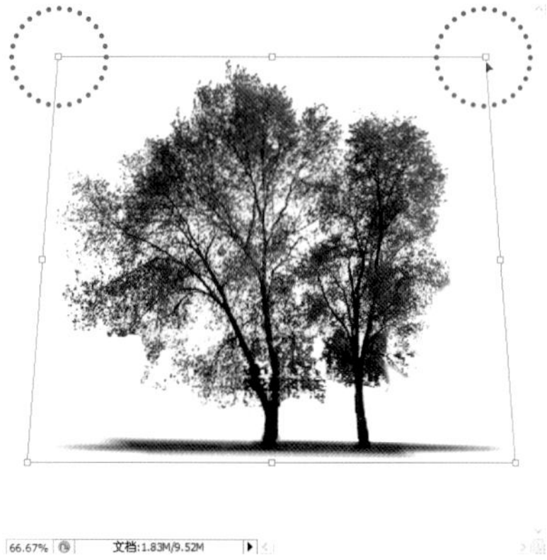

图6-7 透视变换

6.2.5 扭曲变换

【扭曲】命令可以任意拖动变换框的角点进行图像变换，但四边形任一角的内角角度不得大于180°（见图6-8）。

快捷方式：按住 Ctrl 键并拖动变换控制框角点。

图6-8 扭曲变换

6.2.6 变形变换

使用【变形】命令时，参数控制栏发生了变化，在下拉列表中有【扇形】等 15 种变形操作可供选择（见图6-9）。

默认为【自定】，可通过移动控制点自行进行变换操作，更加灵活实用（见图6-10）。

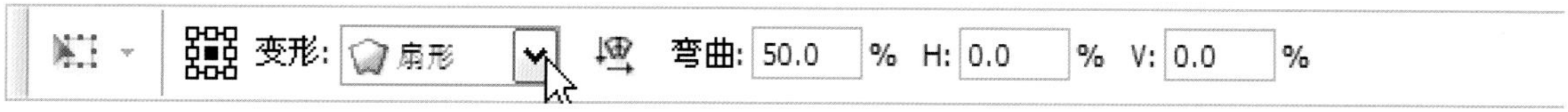

图6-9 变形变换的参数控制栏

图6-10 变形变换

6.2.7 翻转变换

【变换】命令中还包含了【水平翻转】和【垂直翻转】两个命令（见图6-11、图6-12）。

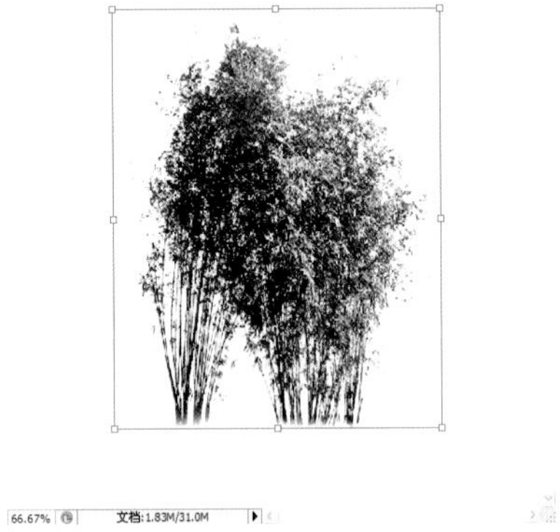

图6-11 水平翻转

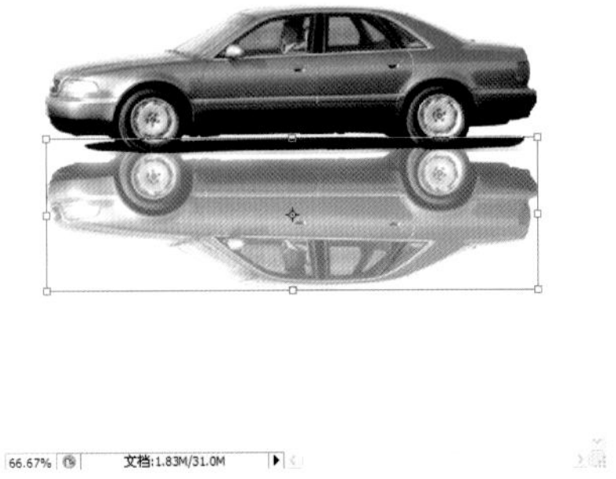

图6-12 垂直翻转

6.3 倒影的制作

根据与地面接触点的不同，制作倒影的方法大致分为两种：一种是人物、树木、路灯等，这类配景与地面只有一个接触点，制作时只需将原图像复制后垂直镜像；另一类是汽车、建筑、桌椅等，与地面的接触点有多个，不能简单地垂直镜像，还需要对倒影进行变形处理。

6.3.1 人物的倒影

用一个室内空间来说明一下人物的倒影是如何制作的。

1. 将“人物”配景拖曳到画面中，适当缩小（Ctrl+T），注意视平线的位置（见图6-13）。

2. 将调整好大小及位置的“人物”配景图层拖动到【图层面板】上的创建按钮 进行原地复制，对下一层的“人物”配景执行【垂直翻转】的操作，移动至下方位置，作为“人物倒影”图层（见图6-14）。

图6-13 确定人物配景的大小及位置

图6-14 垂直翻转后的人物倒影图层

3. 提取倒影轮廓为选区，在【图层面板】上单击 ，创建【图层蒙版】（见图6-15）。

4. 对这个图层蒙版进行精细处理。提取选区，用【渐变工具】 （G）在选区内添加黑白渐变，使配景产生与画面一致的反射衰减效果（见图6-16）。

5. 将“人物倒影”图层的【不透明度】调整为 20%（见图6-17、图6-18）。

图6-15 创建图层蒙版

图6-16 精细处理图层蒙版

图6-17 倒影图层的不透明度

图6-18 人物的倒影效果

6.3.2 汽车的倒影

1. 将"汽车"配景图层拖动到【图层面板】上的创建按钮 进行原地复制，对下一层的"汽车"配景执行【垂直翻转】的操作，移动至下方位置，作为"汽车倒影"图层（见图6-19）。

2. 先与"汽车"对好一个接触点，其他还没有接触上的点可通过进行【变形】、【扭曲】等变换操作获得（见图6-20）。

图6-19 垂直翻转后的汽车倒影图层

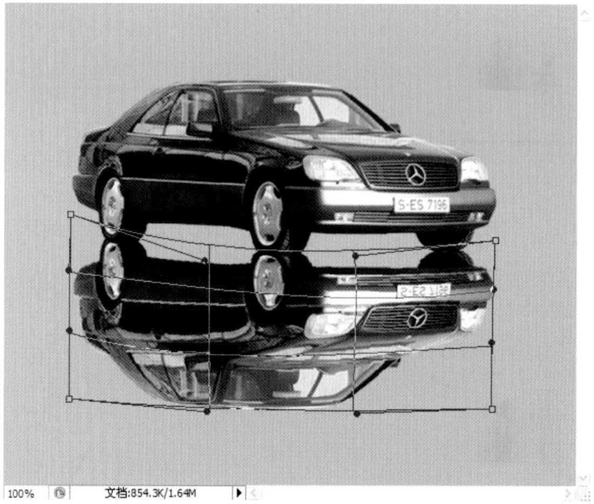

图6-20 汽车倒影的变形操作

3. 设置"汽车倒影"图层的【不透明度】。

4. 反射的衰减效果除了参照 6.3.1 节中的讲解之外，还可以通过【羽化】命令获得。先绘制选区，选择菜单【选择】下【修改】命令里的【羽化】命令（Ctrl+Alt+D），羽化值可设置得大一些（见图6-21）。出现羽化选区后，将羽化区域内的图像按 Delete 键删除即可（见图6-22）。如果发现衰减变化不明显，后退几步（Ctrl+Alt+Z），重新设置羽化值，直到满意。

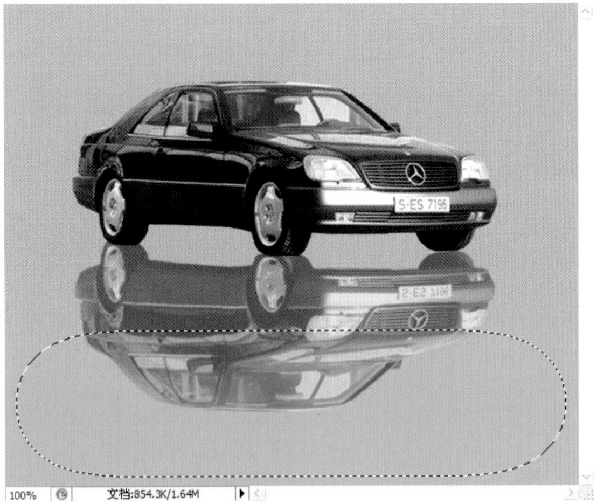

图6-21 汽车倒影的羽化范围

图6-22 汽车倒影的效果

5. 在【图层面板】中，将“汽车”图层和“汽车倒影”图层链接 或合并（Ctrl+E），以方便管理。

6.3.3 建筑的倒影

利用图像变换命令制作建筑的水面倒影是后期处理中常用的手法之一。

1. 由于缺乏水面倒影，使得原图不够真实。

2. 先用【魔棒工具】（W）将水面选中，再通过反选（Ctrl+Shift+I）将水面以外的区域选中（见图6-23）。

3. 将选区内的图像进行原地复制（Ctrl+J），执行【垂直翻转】的操作，移动至下方位置，作为“倒影”图层（见图6-24）。

图6-23 选中水面以外的区域

图6-24 垂直翻转后的倒影图层

4. 借助原有的水面选区，为“倒影”图层添加【图层蒙版】（见图6-25），并参照 6.3.1 节的做法绘制出倒影的反射衰减效果（见图6-26）。

图6-25 为倒影图层添加图层蒙版

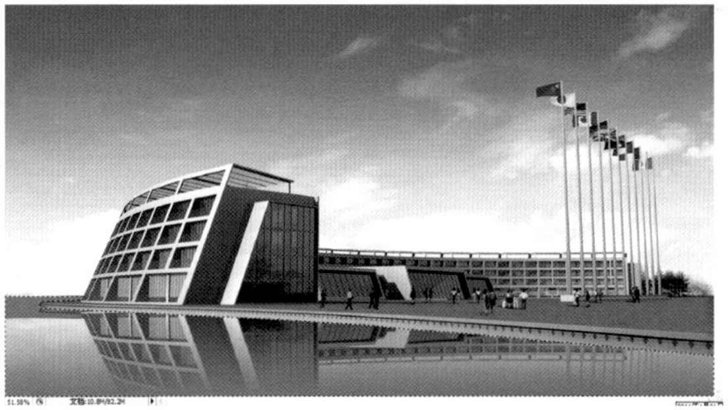

图6-26 倒影的反射衰减效果

5. 目前“倒影”图层中包含图像和蒙版，选中图像，再选择菜单【滤镜】下【模糊】命令里的【动感模糊】命令，使倒影图像呈现模糊效果（见图6-27、图6-28）。

6. 设置“倒影”图层的【不透明度】为 40%（见图6-29）。为了强化水面效果，在“倒影”图层的下一层添加一个水面纹理（见图6-30）。

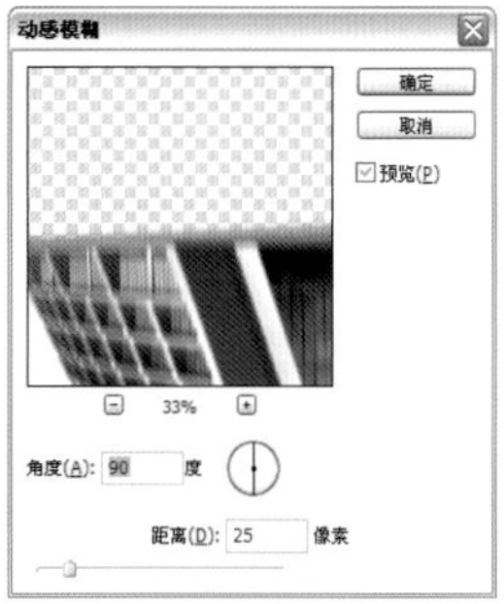

图6-27 动感模糊对话框

图6-28 动感模糊效果

图6-29 倒影图层的不透明度

图6-30 添加水面纹理后的效果

6.4 阴影的制作

在实际应用中，要特别注意阴影的方向、深浅与周围环境保持一致。阴影的细致程度也按远、中、近景区别对待，近景处应能看出细微变化。

6.4.1 人物的阴影

1. 原地复制“人物”图层作为“人物阴影”层（Ctrl+J）（见图6-31）。

2. 提取人物轮廓为选区，如前景色为黑色，按 Alt+Delete 进行填充，如背景色为黑色，按 Ctrl+Delete 进行填充。由于画面整体偏蓝色调，最好填充蓝黑色（见图6-32）。

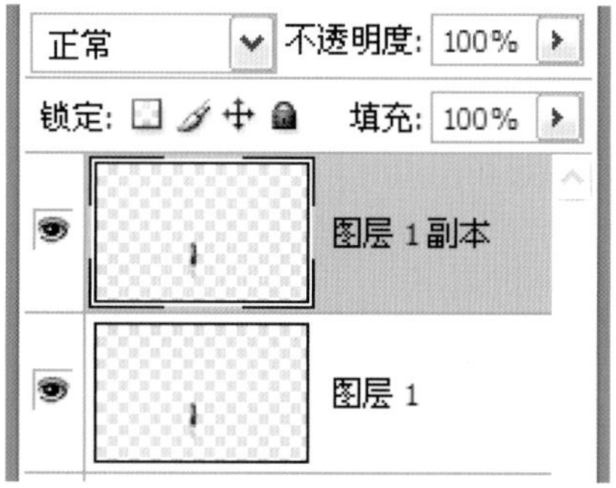

图6-31 复制后的人物阴影图层

图6-32 填充蓝黑色

3. 选择【变换】命令中的【扭曲】命令，按住中间的选取点，将阴影变形。根据画面整体的阴影效果适当【旋转】一下（见图6-33）。

4. 确定“人物阴影”图层移动至“人物”图层的下一层（Ctrl+[），设置【不透明度】为 60%（见图6-34）。

图6-33 人物阴影图层的变形效果

图6-34 人物阴影的不透明度

5. 选择菜单【滤镜】下【模糊】命令里的【高斯模糊】命令，为“人物阴影”图层柔化边缘（见图6-35、图6-36）。

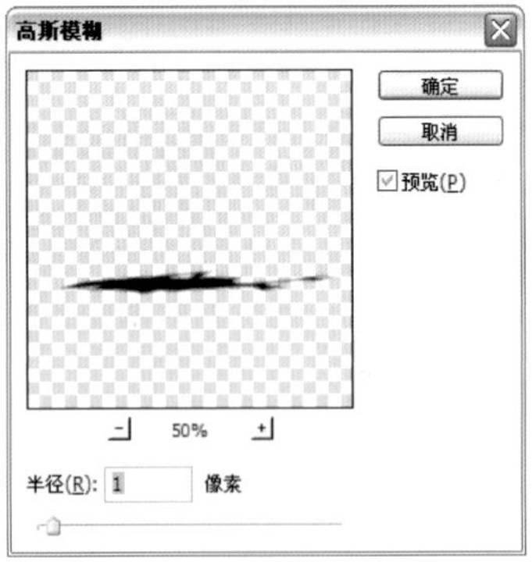

图6-35 高斯模糊对话框

图6-36 人物的阴影效果

6. 在【图层面板】中，将“人物”图层和“人物阴影”图层链接 或合并（Ctrl+E），以方便管理。

6.4.2 汽车的阴影

1. 原地复制“汽车”图层作为“汽车阴影”层（Ctrl+J）。提取汽车轮廓为选区，如前景色为黑色，按 Alt+Delete 进行填充，如背景色为黑色，按 Ctrl+Delete 进行填充。

2. 将“汽车阴影”图层移动至“汽车”图层的下一层（Ctrl+[），设置【不透明度】为 60%。

3. 选择【变换】命令中的【扭曲】命令，按住中间的选取点，将阴影变形（见图6-37）。

4. 选择菜单【滤镜】下【模糊】命令里的【动感模糊】命令，为“汽车阴影”图层柔化边缘（见图6-38）。

图6-37 汽车阴影图层的变形效果

图6-38 汽车的阴影效果

6.4.3 树木的阴影

1. 行道树的阴影。树木阴影的做法与人物和汽车的阴影制作方法是一致的，可参照 6.4.1 节的内容。需要提示的是，一般会将“树木”图层和“树木阴影”图层合并（Ctrl+E），以方便一起复制（见图6-39、图6-40）。

图6-39 树木和阴影图层合并后复制

图6-40 行道树的阴影效果

2. 前景树的阴影。先将树填充为黑色（见图6-41），选择【变换】命令中的【扭曲】命令，按住中间的选取点，将阴影变形，并根据画面整体的阴影效果适当【旋转】一下（见图6-42）。

再选择菜单【滤镜】下【模糊】命令里的【动感模糊】命令，使阴影图像呈现模糊效果（见图6-43）。设置适当的【不透明度】，并根据画面的需要进行【缩放】，放置前景地面位置（见图6-44）。

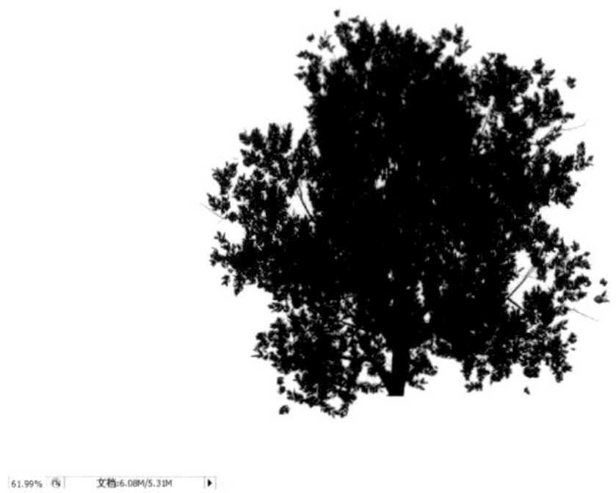

图6-41 填充黑色

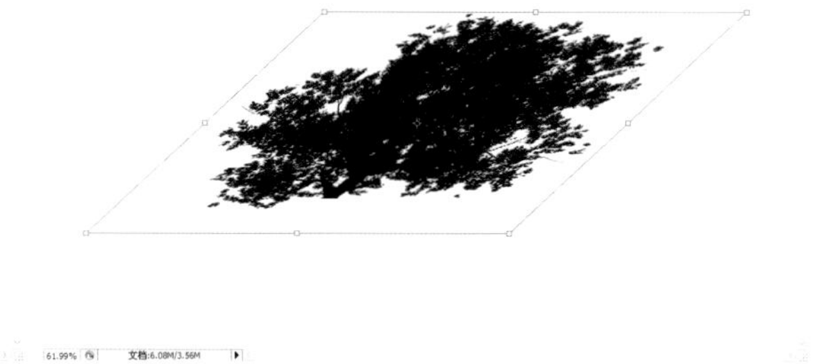

图6-42 扭曲变形

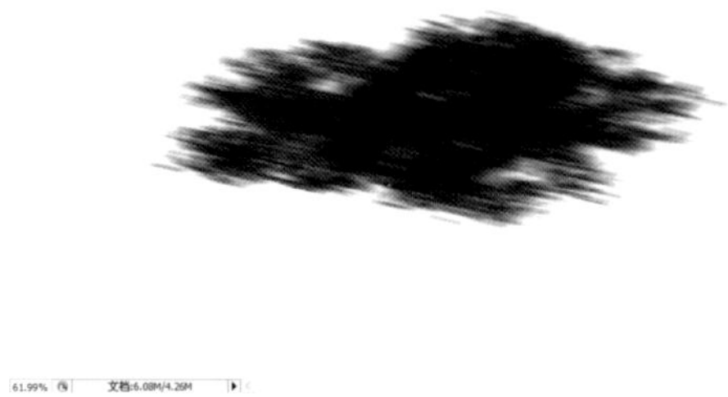

图6-43 动感模糊效果

图6-44 前景树的阴影效果

6.5 合成与修饰

6.5.1 合成天空

天空的表现对于画面的重要意义是不言而喻的。通过添加不同的天空背景，在色彩、亮度以及云彩大小、形状上予以丰富的变化，将为建筑营造出不同的氛围。一般不建议直接采用素材库中的天空图案，一是容易重复，二是不能因地制宜地表达意境。

1. 预备采用的天空图案（见图6-45、图6-46）。

图6-45 天空01素材

图6-46 天空02素材

2. 先将“天空01”放置在背景处（见图6-47）。根据画面中影子的投射方向，确定天空光照方向为从右往左照射，那么在添加天空背景素材的时候也要遵循这个规律，天空较亮的一方在画面的右侧，左侧的天空相对较暗。

3. 继续添加“天空02”，通过【缩放】命令适配大小及位置。选择【水平翻转】命令，从而改变天空的光照方向，使之与图面整体的光照方向一致（见图6-48）。

图6-47 添加天空01

图6-48 添加天空02

4. 给“天空02”图层添加【图层蒙版】，再用【渐变工具】(G)拉黑白渐变，使“天空02”左侧的部分出现渐变退晕（见图6-49、图6-50）。

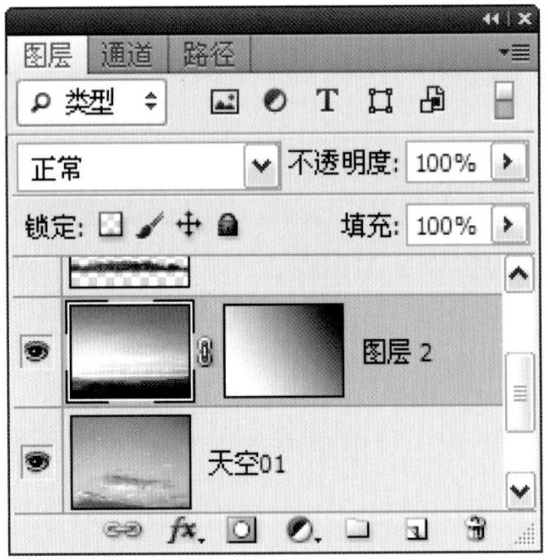

图6-49 添加图层蒙版

图6-50 图层蒙版效果

5. 或者可以和蓝白渐变的天空融合为一个新的天空（见图6-51、图6-52）。

图6-51 添加蓝白退晕

图6-52 与退晕效果融合

6. 天空中需要的某些素材包括月亮、云彩、树林等可以通过【羽化】命令进行融合。例如，将另一个素材中的树林图案选中后设置羽化值，执行复制命令（Ctrl+C），回到目前正在操作的文件中执行粘贴命令（Ctrl+V），放置在天空图案的上一层即可（见图6-53、图6-54）。

图6-53 选取后羽化

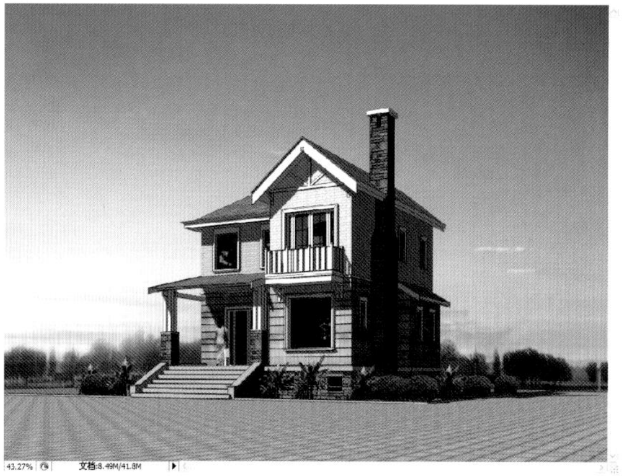

图6-54 复制羽化后的树林

6.5.2 画面融合

将建筑的色彩调整一下，使之能与整个环境相匹配。

1. 按住 Ctrl 键单击【图层面板】中的建筑图层，获得图像轮廓的选区，单击【图层面板】下方的建立调整层按钮 ，建立【照片滤镜】调整层（见图6-55、图6-56）。

图6-55 照片滤镜调整层

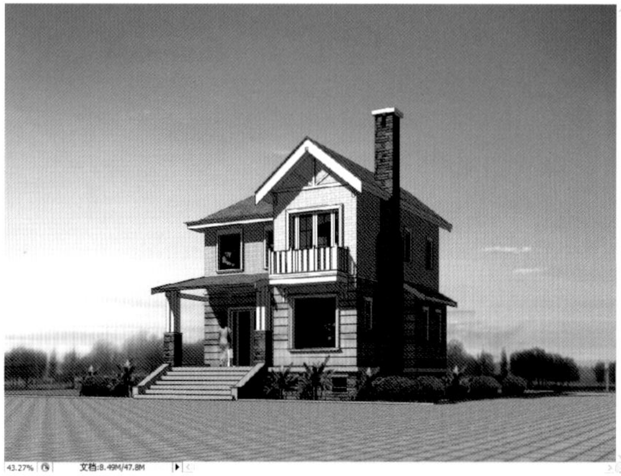

图6-56 添加照片滤镜效果

2. 由于该图是从 SketchUp 中直接输出为图像文件的，画面中缺少高光以及必要的退晕效果，可参照 9.4.2 节中的做法完成明暗面的修饰（见图6-57）。

将目前的成果保存为 PSD 格式。

图6-57 修饰明暗面

关于滤镜的应用

第 7 章

特效制作在 Photoshop 中主要由滤镜、通道及工具综合应用完成，如油画、浮雕、石膏画、素描、金属字等常用的传统美术技巧都可以由 Photoshop 特效完成，这是手工手段很难比拟的，因此掌握几个重要的滤镜功能很有必要。

滤镜虽好用，但不能滥用。用最基本的技术加上充分的想象力、创造力才是成功的关键，否则将画蛇添足。由于 Photoshop 的滤镜比较多，无法一一详细介绍，这里主要结合应用实例讲述一下比较常用的命令。

7

一些光怪陆离、变换万千的特殊效果，一个简单的命令就可完成，这就是 Photoshop 中的滤镜功能。使用滤镜功能会起到画龙点睛的作用，但如果运用不当，则很容易画蛇添足。

Photoshop 的滤镜比较多，无法一一详细介绍，下面主要讲述一些比较常用的命令。

7.1 点睛眩光

7.1.1 镜头光晕

【镜头光晕】命令是用来模拟亮光照在相机镜头所产生的光晕效果。

选择菜单【滤镜】下【渲染】命令里的【镜头光晕】命令，出现【镜头光晕】对话框（见图 7-1）。

1. 亮度：用滑标的移动调节和控制光线亮度。

2. 光晕中心：用十字光标显示光晕中心位置，拖动十字标可以改变光炫的位置。

3. 镜头类型：用于指明光晕的类型，不同镜头下的光晕效果各不相同。

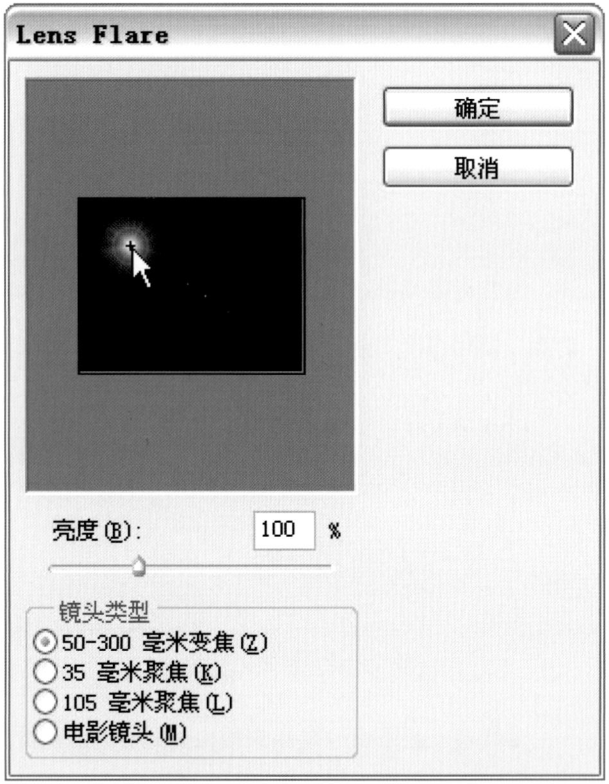

图7-1 Lens Flare(镜头光晕)对话框

如果是在图层上使用了【镜头光晕】命令，眩光的效果只出现在这个图层上；如果是在背景层上使用【镜头光晕】命令，眩光的效果会出现在整个图面上。一般情况下，可以直接执行【镜头光晕】命令，为图像增加气氛。如果使用了【镜头光晕】命令后感觉不理想，后退几步(Ctrl+Alt+Z)，重新再来。

如果对某一次的镜头光晕效果非常满意，希望把它保存下来，可以利用图层的混合模式。事先在图像上新建一层，用黑色填充，再执行【镜头光晕】滤镜，然后将这一层的图层混合模式设为

【滤色】模式（也称【屏幕】模式），这样，黑色被隐去，得到单独的光晕效果图层。不过，这个方法唯一的缺点是，不能在白色的图像上显示。下面是一组不同镜头类型下产生的眩光效果（见图7-2~图7-5）。

图7-2 50-300 毫米变焦

图7-3 35 毫米聚焦

图7-4 105 毫米聚焦

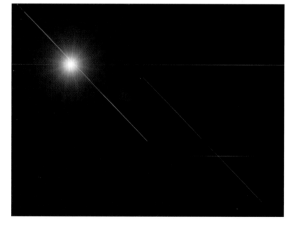

图7-5 电影镜头

7.1.2 渲染滤镜

除了【镜头光晕】命令，菜单【滤镜】下的【渲染】命令中还包括【分层云彩】、【光照效果】、【纤维】、【云彩】命令。

【分层云彩】、【纤维】、【云彩】命令参数比较简单，请大家自行测试效果。

7.1.3 光照效果

【光照效果】命令是设置复杂、功能很强的滤镜，产生光照，可加 16 个点光源。这个滤镜给人最大的惊喜在于它可以创作出各种各样逼真的纹理效果。最简单的用法是将一个简单的纹理放置在一个通道中，然后对某一层应用【光照效果】滤镜命令，在纹理通道中选择刚才存储纹理的通道，调整各种相应的光照设置，这样就能得到具有立体感的纹理效果。常用于处理夜景灯饰效果。

7.2 动感效果

7.2.1 动感模糊

【动感模糊】命令产生沿某一方向运动的模糊效果，类似于用过长的曝光时间给快速运动的物体拍照（见图7–6、图7–7）。

选择菜单【滤镜】下【模糊】命令里的【动感模糊】命令，出现【动感模糊】对话框（见图7–8）。

1. 角度：控制动感模糊的方向。

2. 距离：控制动感模糊的强度。

图7–6 树木的斜向动感模糊

图7–7 人物的水平动感模糊

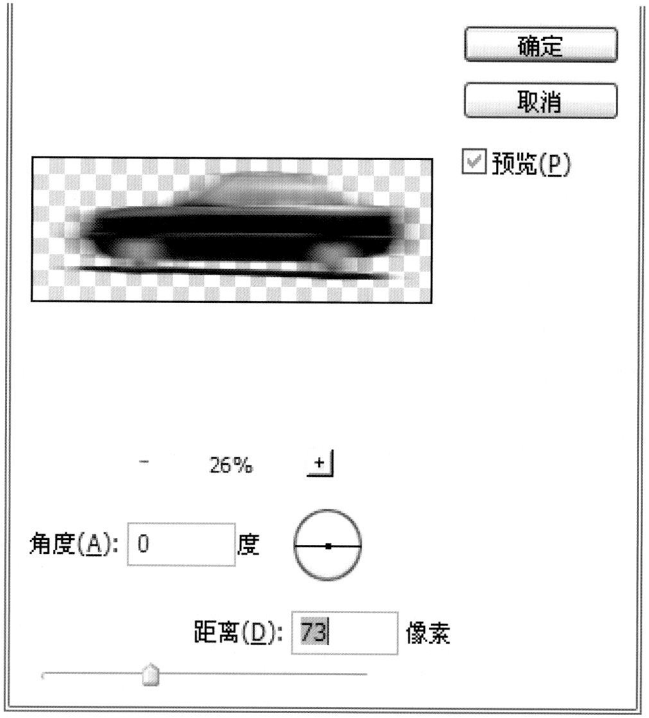

图7–8 动感模糊对话框

7.2.2 模糊滤镜

菜单【滤镜】下的【模糊】命令中包括【表面模糊】、【动感模糊】、【方框模糊】、【高斯模糊】、【进一步模糊】、【径向模糊】、【镜头模糊】、【平均】、【特殊模糊】、【形状模糊】10 个命令。

例如，【高斯模糊】是通过控制模糊半径的数值，快速地对图像进行模糊处理，产生轻微柔化图像边缘或难以辨认的雾化效果（见图7-9）。

其他命令请大家自行测试效果，不再赘述。

图7-9 高斯模糊效果

7.3 飞扬雪花

7.3.1 添加杂色

【添加杂色】命令可随机将杂点混合到图像中。

选择菜单【滤镜】下【杂色】命令里的【添加杂色】命令，出现【添加杂色】对话框（见图7-10）。

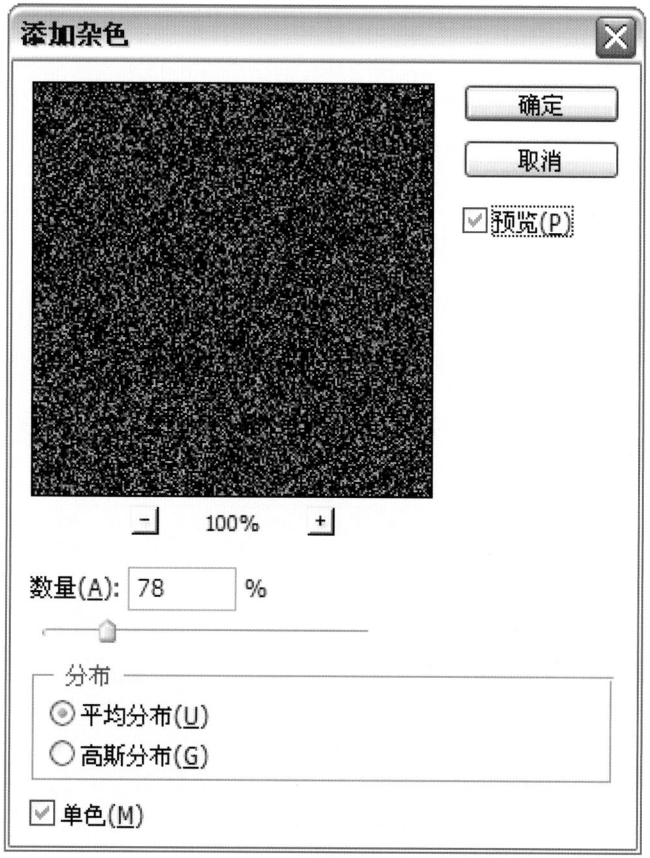

图7–10 添加杂色对话框

1. 数量：控制燥点的数量。

2. 分布：控制燥点产生方式，分为平均分布和高斯分布两种。

3. 单色：勾选后，燥点为单色，否则为五颜六色。

下面我们制作制作飞扬的雪花。

1. 新建 800×600 像素、分辨率为 72 像素/英寸的文件，填充蓝色（目的是为了方便观察），再新建一个图层，填充黑色。

2. 在黑色图层上，执行菜单【滤镜】下【杂色】命令里的【添加杂色】命令，添加杂色（见图7–11）。

3. 用【魔棒工具】（W）选取黑色，执行菜单【选择】下的【选取相似】命令，选取所有黑色，将选区【羽化】1~2 像素，按 Delete 键删除选区内的黑色（见图7–12）。

图7–11 填充黑色后添加杂色

图7–12 删除黑色（为了便于观察添加了蓝色图层）

4. 执行菜单【滤镜】下【模糊】命令里的【高斯模糊】命令（见图7–13）或【动感模糊】命令（见图7–14），将白色杂点模糊处理。

5. 将雪花点图层用【移动工具】（V）拖拽到效果图中（见图7–15、图7–16）。

图7-13 高斯模糊

图7-14 动感模糊

图7-15 加入高斯模糊雪花后的效果

图7-16 加入动感模糊雪花后的效果

7.3.2 杂色滤镜

菜单【滤镜】下的【杂色】命令中包括【减少杂色】、【蒙尘和划痕】、【去斑】、【添加杂色】、【中间值】 5 个命令。其中【蒙尘与划痕】与【去斑】两个滤镜命令在处理扫描的图片时都可以使用，用来去除躁点与网纹。

【蒙尘和划痕】：搜索图像中的小缺陷，将其融入周围的图像中，在清晰化的图像和隐藏的缺陷之间达到平衡。

【去斑】：查找图像中颜色变化最大的区域，模糊除过渡边缘以外的一切东西，可以过滤躁点并且保持图像的细节。

7.4 锐化效果

7.4.1 智能锐化

选择菜单【滤镜】下【锐化】命令里的【智能锐化】命令，出现【智能锐化】对话框，可将图像模糊的效果锐化处理，强化边界效果（见图7–17）。

图7–17 智能锐化对话框

7.4.2 锐化滤镜

菜单【滤镜】下的【锐化】命令中包括【USM 锐化】、【进一步锐化】、【锐化】、【锐化边缘】、【智能锐化】5 个命令，用法类似。

7.5 玻璃及水面

7.5.1 玻璃效果

【玻璃】命令产生如同在图像上放了一块玻璃的效果，在制作室内效果图时可以很容易地将平面玻璃处理成压花玻璃效果。参数调整也非常直观，其效果直接出现在左侧预览框中。

选择菜单【滤镜】下【扭曲】命令里的【玻璃】命令，出现【玻璃】对话框（见图7–18）。

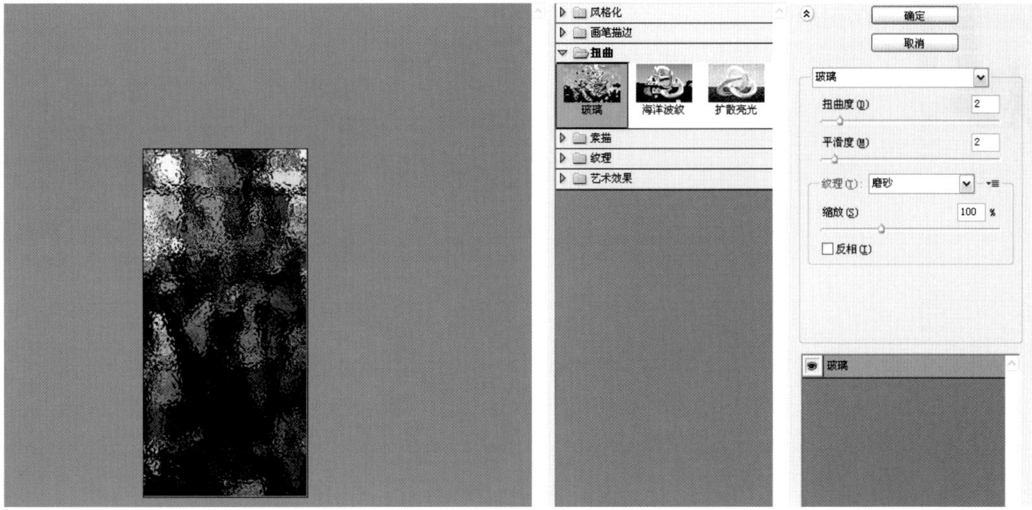

图7–18 玻璃对话框

1. 扭曲度：控制图像的扭曲程度。

2. 平滑度：控制图像的平滑程度。

3. 纹理：有几种玻璃纹理可供选择，块状、画布、磨砂、小镜头等，还可以载入纹理。【缩放】指控制纹理的大小，【反相】是指将明暗区域交换。

7.5.2 水面效果

【波纹】命令产生起伏图案，就像水面的波纹，可模拟水面效果。

选择菜单【滤镜】下【扭曲】命令里的【波纹】命令，出现【波纹】对话框（见图7-19）。

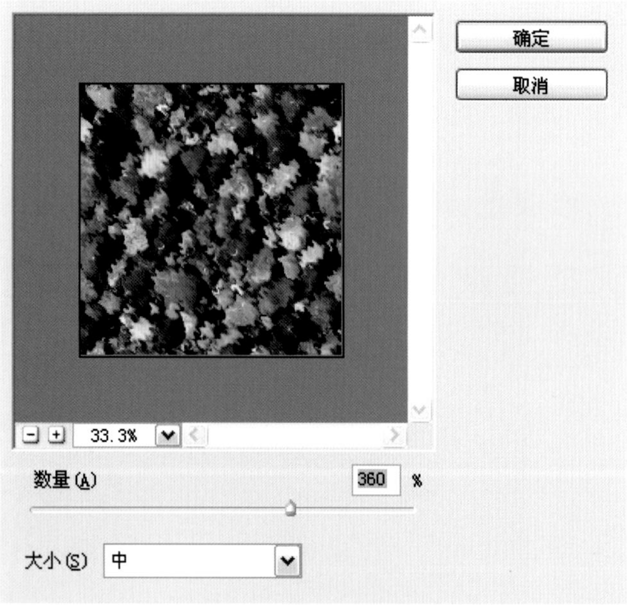

图7-19 波纹对话框

1. 数量：控制波纹的数量。

2. 大小：选择波纹的大小，可以选择【较小】、【中间】、【较大】3 种尺寸。

7.5.3 扭曲滤镜

菜单【滤镜】下的【扭曲】命令中包括【波浪】、【波纹】、【玻璃】、【海洋波纹】、【极坐标】、【挤压】、【镜头校正】、【扩散亮光】、【切变】、【球面化】、【水波】、【旋转扭曲】、【置换】13 个命令，参数都不复杂，只要试验一下便可知用法。

7.6 浮雕风格

7.6.1 浮雕效果

【浮雕效果】命令用来模拟凹凸不平的浮雕效果。

选择菜单【滤镜】下【风格化】命令里的【浮雕效果】命令，出现【浮雕效果】对话框（见图7-20）。

1. 角度：控制光线的方向。

2. 高度：控制凹凸程度。

3. 数量：控制浮雕图像的颜色状况。该值值越大图像保留的颜色越多（见图7-21、图7-22）。当该值为 0 时，图像将变为单一的灰色。

图7-20 浮雕效果对话框

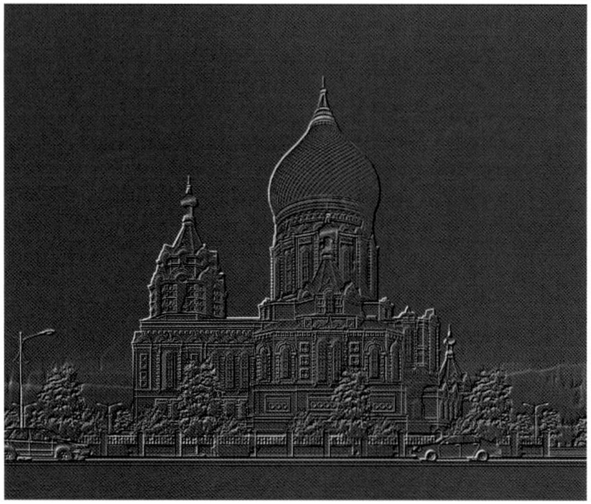

图7-21 数量为 125 时的浮雕效果

图7-22 数量为 20 时的浮雕效果

7.6.2 风格化滤镜

菜单【滤镜】下的【风格化】命令中包括【查找边缘】、【等高线】、【风】、【浮雕效果】、【扩散】、【拼贴】、【曝光过度】、【凸出】、【照亮边缘】9个命令，参数都不复杂，只要试验一下便可知用法。

7.7 描边效果

7.7.1 成角的线条

选择菜单【滤镜】下【画笔描边】命令里的【成角的线条】命令，出现【成角的线条】对话框，不断调整参数直至满意（见图7-23）。

图7-23 成角的线条对话框

7.7.2 画笔描边滤镜

菜单【滤镜】下的【画笔描边】命令中包括【成角的线条】、【墨水轮廓】、【喷溅】、【喷色描边】、【强化的边缘】、【深色线条】、【烟灰墨】、【阴影线】8 个命令。参数调整也非常直观，其效果直接出现在左侧预览框中。

7.8 素描效果

7.8.1 绘图笔效果

选择菜单【滤镜】下【素描】命令里的【绘图笔】命令，出现【绘图笔】对话框，不断调整参数直至满意（见图7-24）。

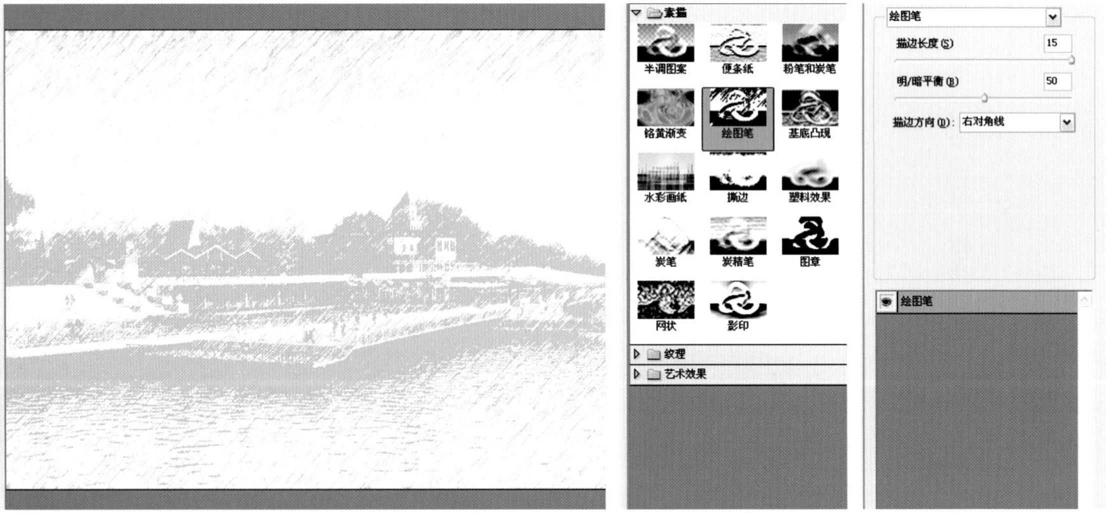

图7-24 绘图笔对话框

7.8.2 素描滤镜

菜单【滤镜】命令下的【素描】命令中包括【半调图案】、【便条纸】、【粉笔和炭笔】、【铬黄】、【绘图笔】、【基底凸现】、【水彩画纸】、【撕边】、【塑料效果】、【炭笔】、【炭精笔】、【图章】、【网状】、【影印】 14 个命令。参数调整也非常直观，其效果直接出现在左侧预览框中。

7.9 纹理效果

7.9.1 拼缀图效果

选择菜单【滤镜】下【纹理】命令里的【拼缀图】命令，出现【拼缀图】对话框，不断调整参数直至满意（见图7-25）。

图7-25 拼缀图对话框

7.9.2 纹理滤镜

菜单【滤镜】命令下的【纹理】命令中包括【龟裂缝】、【颗粒】、【马赛克拼贴】、【拼缀图】、【染色玻璃】、【纹理化】6个命令。参数调整也非常直观，其效果直接出现在左侧预览框中。

7.10 艺术效果

7.10.1 彩铅效果

【彩色铅笔】模拟美术中彩色铅笔绘图的艺术效果。

选择菜单【滤镜】下【艺术效果】命令里的【彩色铅笔】命令，出现【彩色铅笔】对话框，不断调整参数直至满意（见图7-26）。

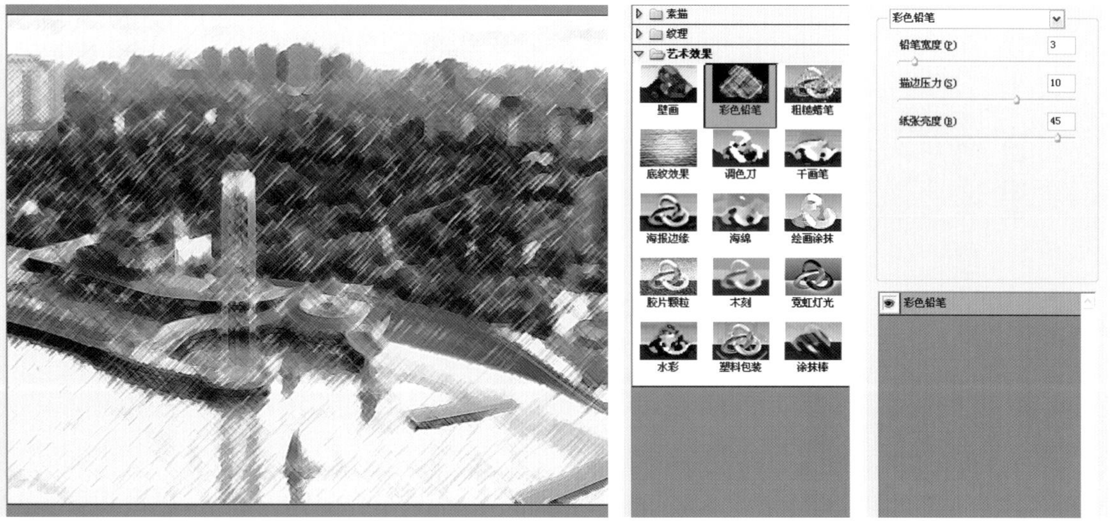

图7-26 彩色铅笔对话框

7.10.2 水彩效果

【水彩】命令产生水彩画绘制的艺术效果。

选择菜单【滤镜】下【艺术效果】命令里的【水彩】命令，出现【水彩】对话框，不断调整参数直至满意（见图7-27）。

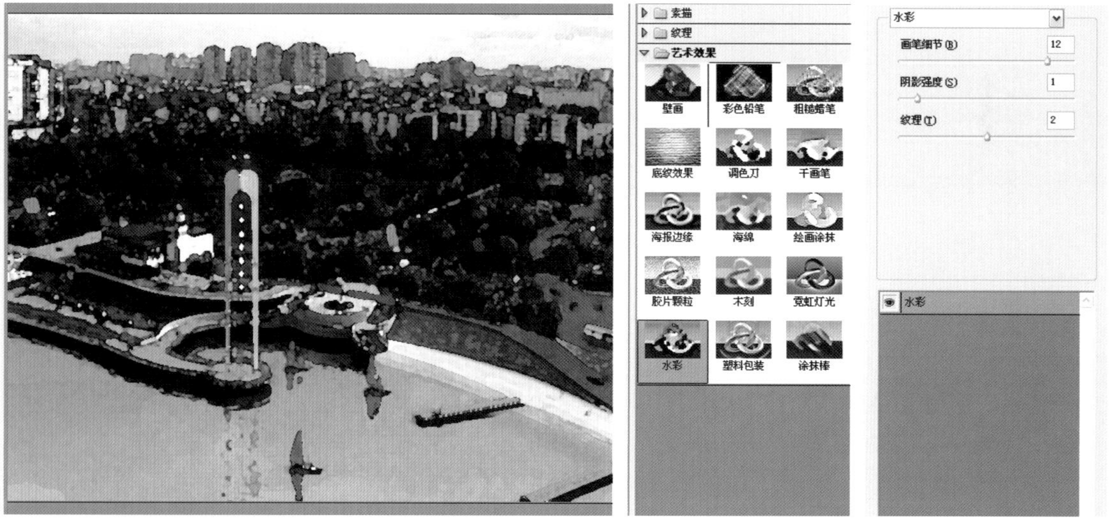

图7-27 水彩对话框

7.10.3 木刻效果

【木刻】命令能产生木刻艺术效果。

选择菜单【滤镜】下【艺术效果】命令里的【木彩】命令，出现【木刻】对话框，不断调整参数直至满意（见图7-28）。

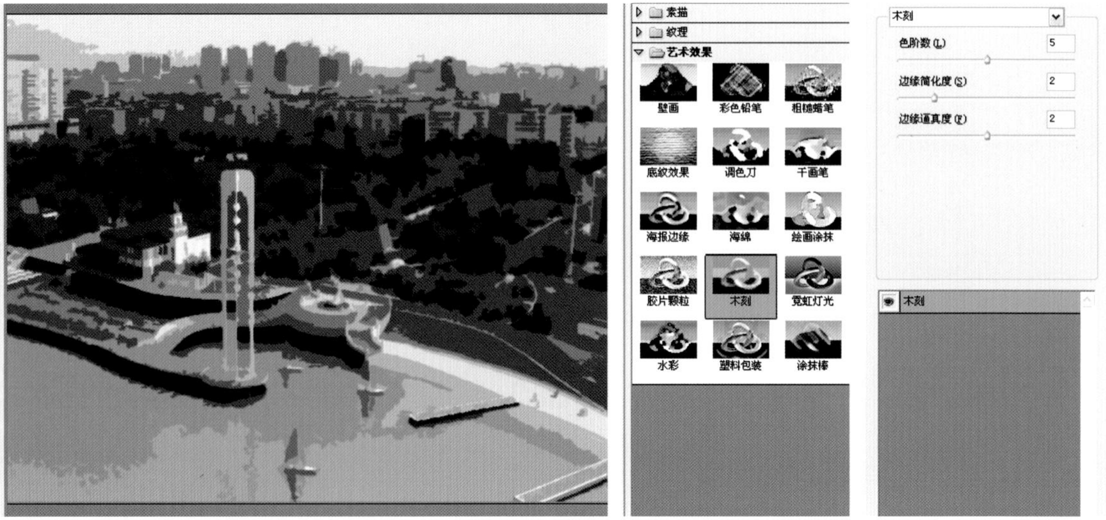

图7-28 木刻对话框

7.10.4 艺术效果滤镜

菜单【滤镜】下的【艺术效果】命令中包括【壁画】、【彩色铅笔】、【粗糙蜡笔】、【底纹效果】、【调色刀】、【干画笔】、【海报边缘】、【海绵】、【绘画涂抹】、【胶片颗粒】、【木刻】、【霓虹灯光】、【水彩】、【塑料包装】、【涂抹棒】 15 个命令。参数调整也非常直观，其效果直接出现在左侧预览框中。

7.11 像素化效果

7.11.1 铜版雕刻

选择菜单【滤镜】下【像素化】命令里的【铜版雕刻】命令，出现【铜版雕刻】对话框，有 10 种类型可选（见图7-29）。

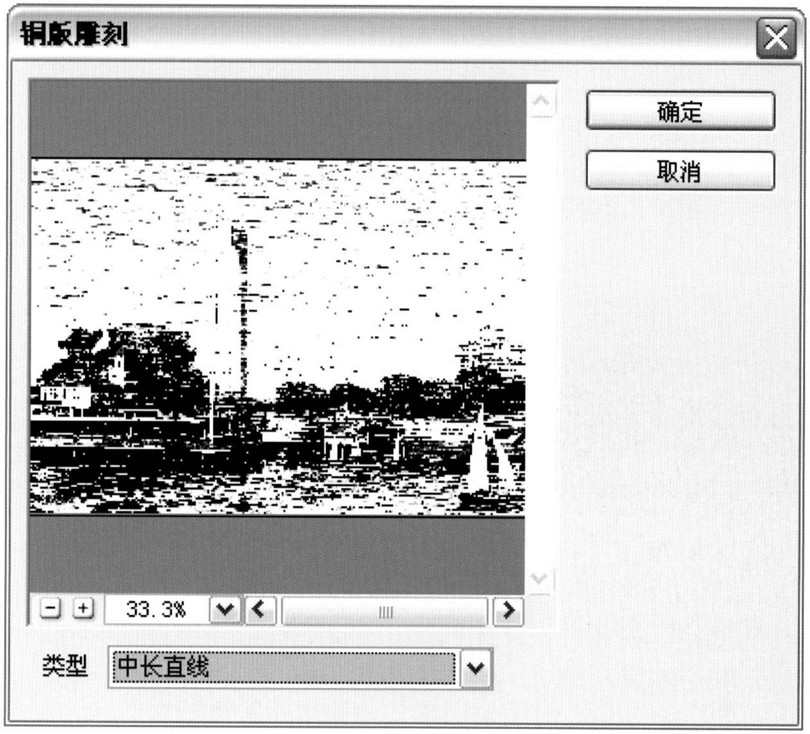

图7-29 铜版雕刻

7.11.2 像素化滤镜

菜单【滤镜】命令下的【像素化】命令中包括【彩块化】、【彩色半调】、【点状化】、【晶格化】、【马赛克】、【碎片】、【铜版雕刻】7 个命令，均可弹出各自的对话框，根据需要调整参数即可。

7.12 滤镜相关

7.12.1 滤镜相关命令

【再用一次】（Ctrl+F）：对上一次命令再执行一次。

【消退】（Ctrl+Shift+F）：对上一次滤镜效果的消退，即程度的降低。

7.12.2 外挂滤镜

外挂滤镜的安装及介绍：第三方厂家提供的滤镜，将其安装或复制在 Plugins 的目录下即可。

接近真实质感的贴图

第 8 章

无论是在 SketchUp 还是 3ds Max 软件中，达成接近真实的效果都离不开贴图。制作属于自己的贴图，或者说制作属于特定图纸的贴图，是制作出令人信服效果的关键所在。要想成为 3D 高手，首先要成为 Photoshop 的高手。

本章除了阐述贴图制作原则和贴图类型之外，结合在建筑设计表达中大家比较关注的建筑墙面、玻璃以及地面效果，通过比较常见的类型案例，说明如何制作贴图，以起到抛砖引玉的作用。

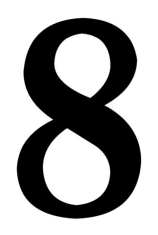

8

根据需要制作具有自身特点的贴图，是制作出与众不同效果的前提。请注意收集建筑材料样本，或观察实物拍照备用。

8.1 贴图制作原则

8.1.1 尺度要合适

贴图纹理的比例与尺度如果失调，看上去自然会令人感觉不够真实。无论是从外部获得的还是自己制作的贴图，使用前最好先与实物对比一下其比例及尺度。

8.1.2 纹理要清晰

贴图纹理要清晰明了，而且图像边缘应该没有多余的东西。对于扫描获得的贴图，应适当进行处理，确保纹理清晰，并应注意纹路的细微变化。例如，通过扫描或拍照后获得的大理石图片并不能马上使用，一是因为在生活中每块大理石的纹路、颜色都是有差别的；二是贴在墙上的大理石之间应该是有粘接缝的（见图8-1、图8-2）。

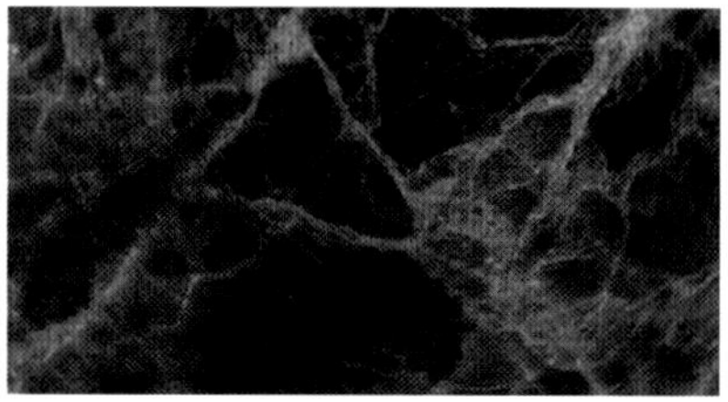

图8-1 扫描的大理石图片

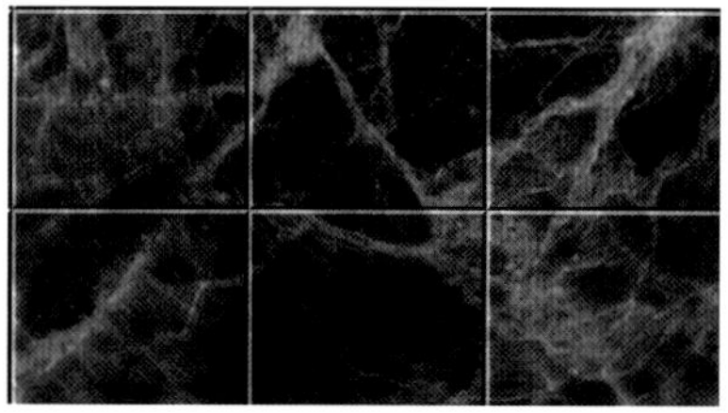

图8-2 添加粘接缝的大理石贴图

8.1.3 文件大小要适当

生成的贴图文件不要太大，以免影响渲染速度。一般情况下，一个单元的贴图做成 400×300 像素或 800×600 像素已经足够。往往需要通过多次试验，才能确定最合适的贴图尺寸。

如果是将一个贴图文件适配到一个面积比较大的区域，应根据最后出图的尺寸进行制作。例如，给鸟瞰图的地面制作一个大贴图，分辨率根据最后成图的分辨率来定。如果最后成图的分辨率为 3200×2400 像素，那么这个地面贴图的分辨率最好不能低于它。高分辨率的贴图时时影响着显示速度，不妨先将这个贴图的分辨率变成 800×600 像素，保存成另一个文件，用这个低分辨率的地面贴图进行测试和工作，最后成图时再换成高分辨率的贴图。

8.1.4 平铺后能连续

一个单元的贴图应是无缝贴图，保证平铺后能四方连续或两方连续。

8.1.5 贴图文件的来源

一是各种贴图材质库，包括游戏贴图。二是自力更生，根据需要制作具有自身特点的贴图，这是制作出与众不同的效果的前提。

8.2 贴图类型

8.2.1 四方连续贴图

一个单元纹样的贴图能同时向四周重复排列和延伸扩展，这样的图案纹样被称为四方连续贴图（见图8-3、图8-4）。

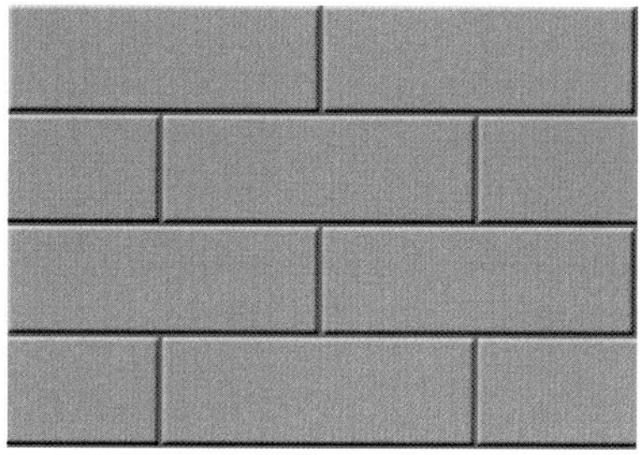

图8-3 一个单元纹样

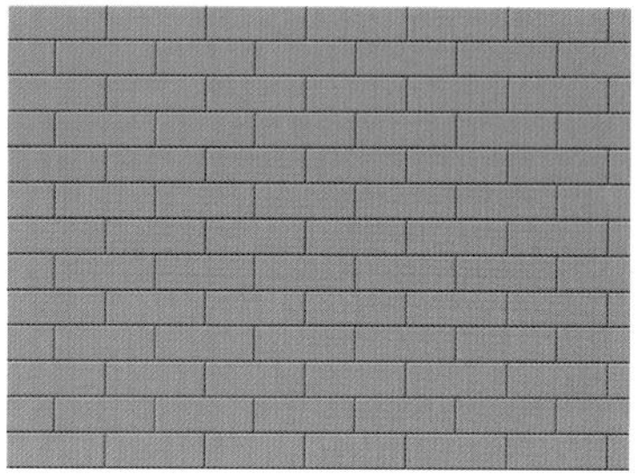

图8-4 四方连续

8.2.2 两方连续贴图

一个单元纹样的贴图能向两个方向重复排列和延伸扩展，这样的图案纹样被称为两方连续（见图8-5、图8-6）。

图8-5 一个单元纹样

图8-6 两方连续

8.2.3 镂空贴图

不规则的图形，贴图时需要用到去掉背景层的 TIF、PSD 或 PNG 格式的镂空贴图（见图8-7、图8-8）。

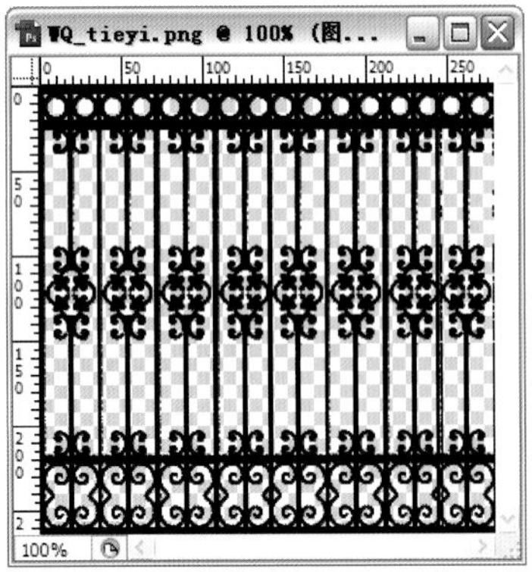

图8-7 铁艺镂空贴图

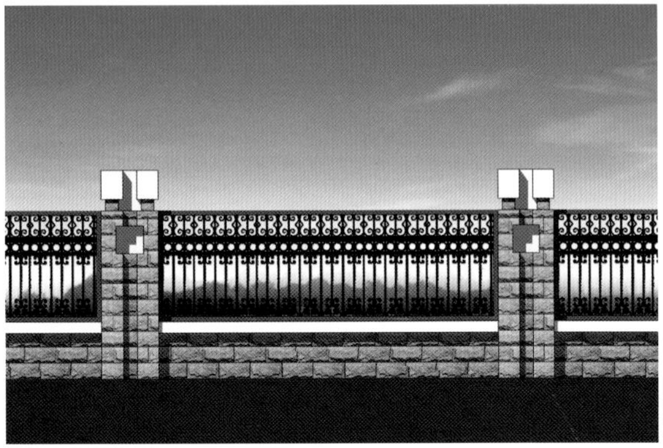

图8-8 铁艺镂空贴图的应用

◆提示：在建筑设计表达中大家比较关注的是建筑的主体包括墙面、玻璃和地面效果的表达，下面以比较常见的类型为例，说明如何制作贴图，以起到抛砖引玉的作用。

8.3 墙面贴图

墙面贴图比较常用的有砖纹、石材、铝板等类型（见图8-9），分别介绍一下制作方法。

8.3.1 砖纹纹理贴图

1. 新建文件（Ctrl+N），尺寸为 800×600 像素（见图8-10）。

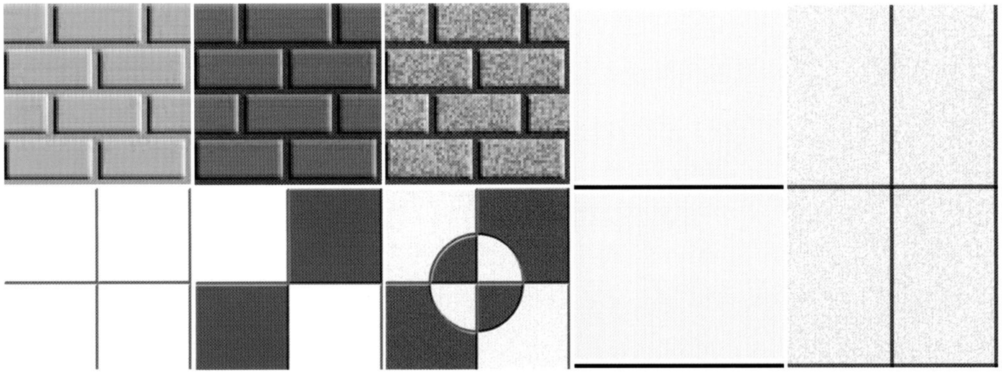

图8-9 常用墙面纹理

2. 在 Photoshop 中，所有的颜色都是通过工具箱下端的前景与背景色块运用到画面上的。单击前景色块，出现颜色拾取器，将前景色设置为深灰色，填充（Alt+Backspace 键）到画面中（见图8-11）。

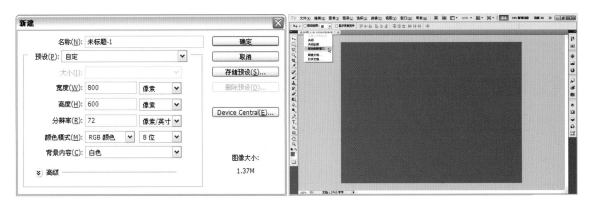

图8-10 新建

图8-11 填充前景色

◆提示：如果不习惯 Photoshop 新版本中的窗口布置，可在标题位置右击，选择【移动到新窗口】。

3. 单击【图层面板】（F7 键）中的新建图层按钮 创建新的图层，显示标尺（Ctrl+R），从标尺中拖曳出辅助线并定位（显示或隐藏辅助线的快捷键是 Ctrl+：），用【矩形选框工具】（M）绘制矩形选区，填充砖红色（见图8-12、图8-13）。

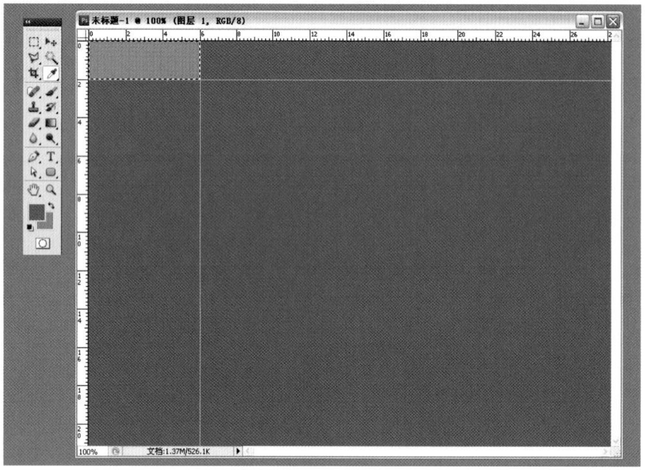

图8-12 填充砖红色

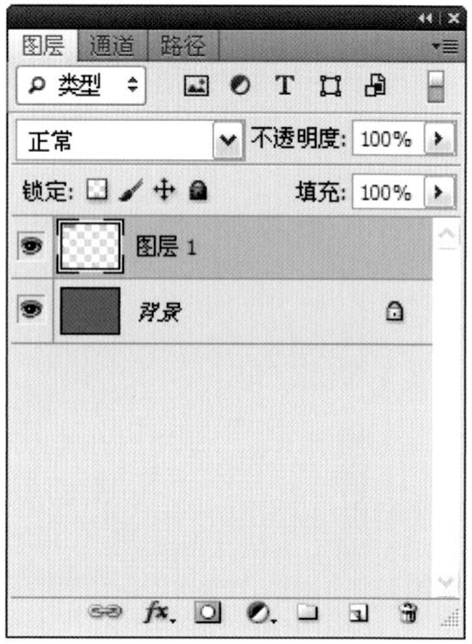

图8-13 新的图层

◆提示：在空白处单击鼠标或按 Ctrl+D 可取消选区。由于 Photoshop 只对选区和图层起作用，选区用完就可以取消，以免误操作。

4. 将图层拖曳至新建图层按钮 处便可原位复制图层，也可按住 Alt 键拖动图层物体进行复制，复制多个图层（见图8-14）；选中当前图层后用【移动工具】（V）排列各图层，使各图层之间留有缝隙，作为砖缝（见图8-15）。

◆提示：选中当前图层的方法，一是在图层面板中单击图层，二是在图像所在位置右击出现几个重叠的图层名字，依次为从上至下重叠图层的名字，可根据需要选择。

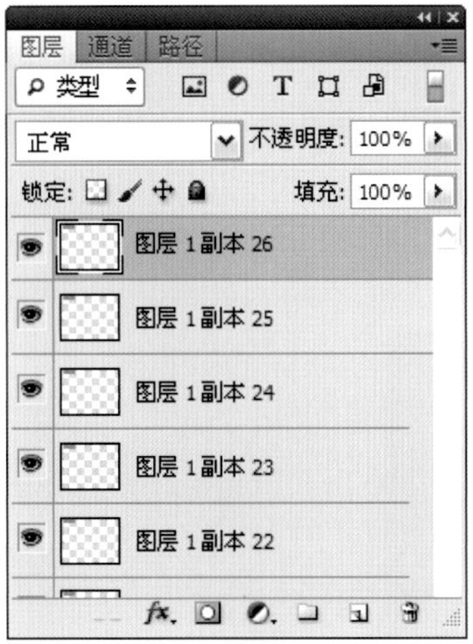

图8-14 原位复制多个图层

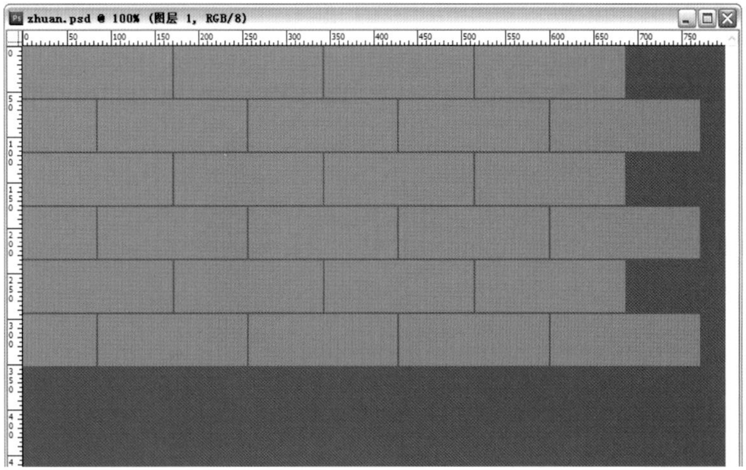

图8-15 排列各图层的位置

5. 将这些块砖的图层进行【合并】（Ctrl+E）操作，选中其中一些砖块赋予不同颜色，并对该图层添加【图层样式】里的【斜面与浮雕效果】（见图8-16、图8-17）。

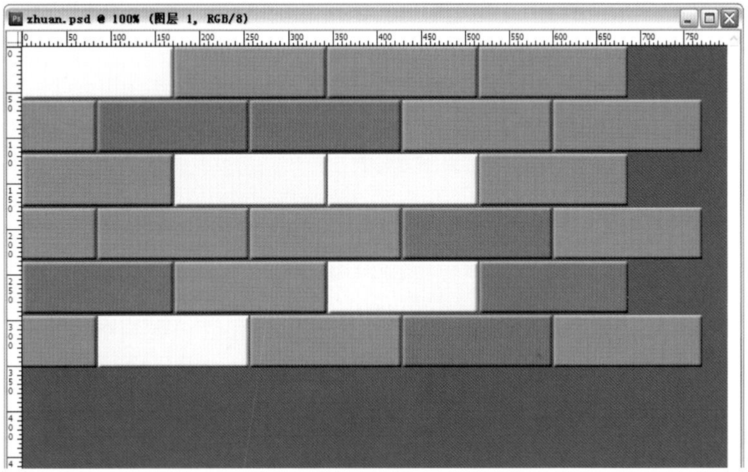

图8-16 添加斜面与浮雕效果

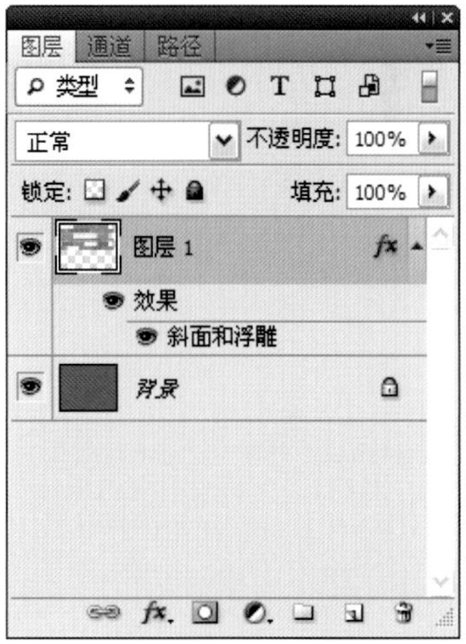

图8-17 图层标记

6. 保存一个 PSD 格式文件以备修改，另保存一个图像品质是 8 的 JPG 格式文件。

7. 将 JPG 格式的文件打开，借助辅助线，用【裁剪工具】（C）剪切成一个四方连续的贴图（见图8-18、图8-19）。

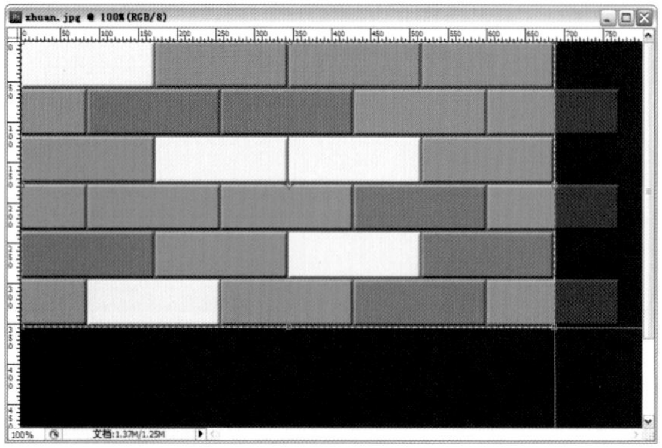

图8-18 剪切

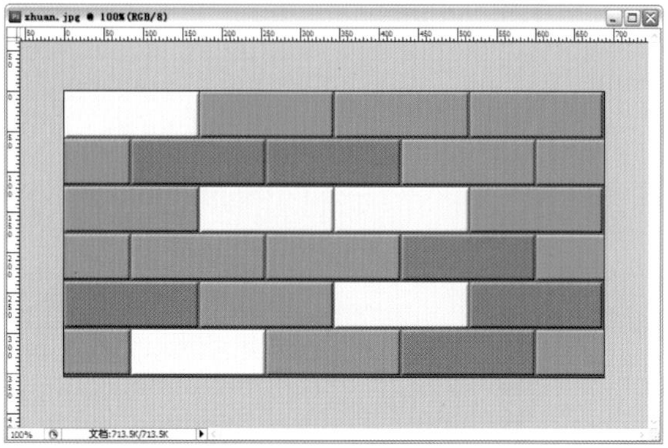

图8-19 四方连续的贴图

8. 用【矩形选框工具】（M）将贴图全部选中，执行菜单【编辑】命令下的【定义图案】命令（见图8-20）。

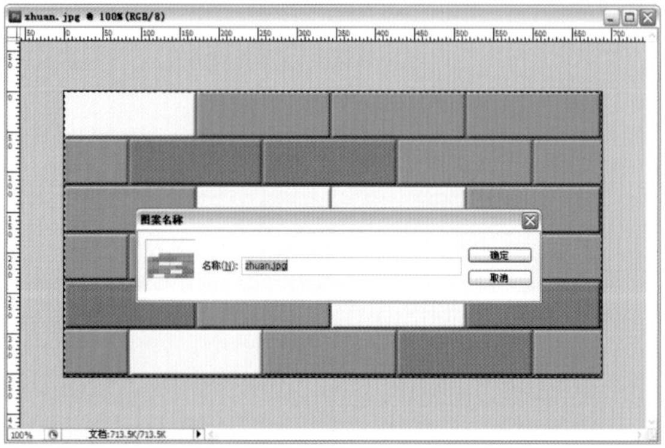

图8-20 定义图案

9. 新建一个文件，执行菜单【编辑】命令下的【填充】命令（见图8-21），即可检验贴图是否四方连续（见图8-22）。

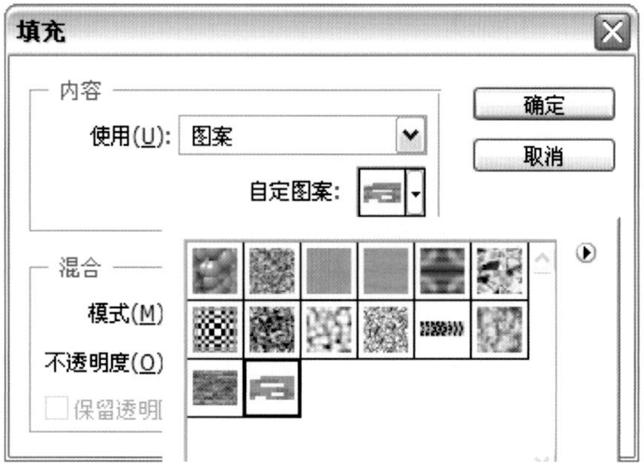

图8-21 填充图案

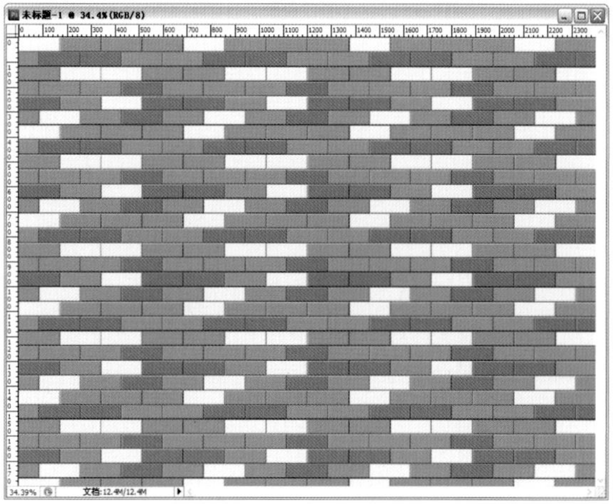

图8-22 检验是否四方连续

10. 打开 PSD 格式文件，用【魔棒工具】（W）选择颜色区域，填充新的颜色，生成其他砖纹（见图8-23）。

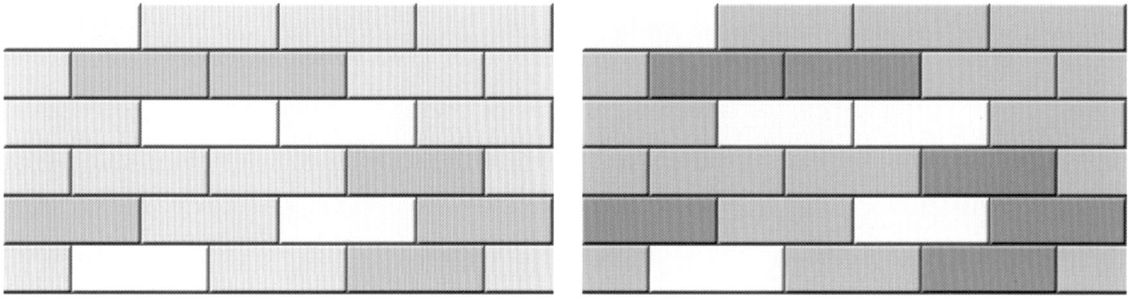

图8-23 其他颜色的砖纹

11. 还是在 PSD 文件中，对砖纹图层执行菜单【滤镜】下【杂色】命令里的【添加杂色】命令（见图8-24），选择【平均分布】及【单色】选项，噪点数量的多少根据图面效果而定，模拟麻面砖效果（见图8-25）。

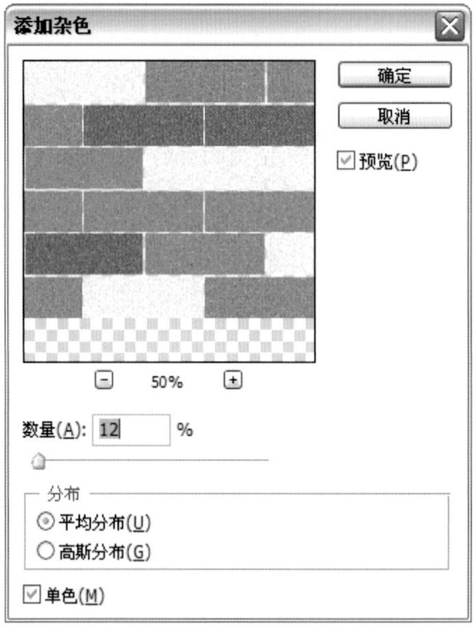

图8-24 添加杂色

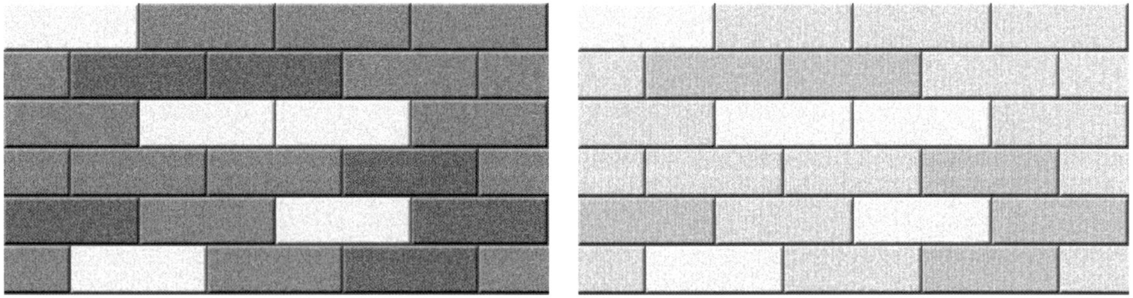

图8-25 麻面砖效果

8.3.2 石材纹理贴图

大理石、花岗岩这一类的贴图，从资料中扫描后，并不能直接使用，因为没有沟隙，看起来不真实，需要我们简单处理一下。

1. 打开扫描的大理石原文件。显示标尺（Ctrl+R），在刻度位置用鼠标拖曳出辅助线（见图8-26）。

2. 在【图层面板】中单击创建图层按钮 创建新的图层，用【单行选框工具】 依据辅助线绘制选区，确定前景色为黑色，填充到选区中（Alt+Backspace 键）（见图8-27）。

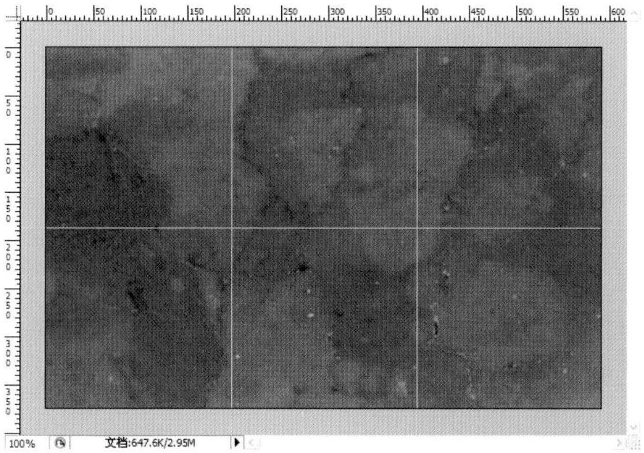

图8-26 确定辅助线的位置

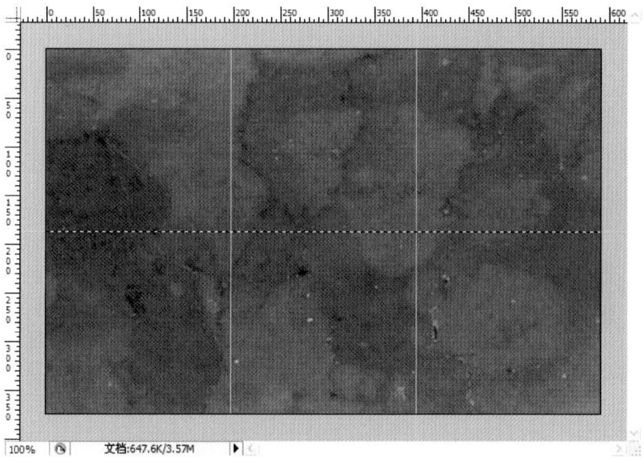

图8-27 在单行选区内填充黑色

3. 激活【移动工具】 （V），按住 Alt 键用键盘上的 ↓ 键将选区内的图像向下移动一个像素，为了方便显示，将辅助线暂时隐藏（Ctrl+;）（见图8-28）。

4. 取消选区（Ctrl+D）。在【图层面板】中的该图层名称处双击，给图层命名为“横_黑”（见图8-29）。

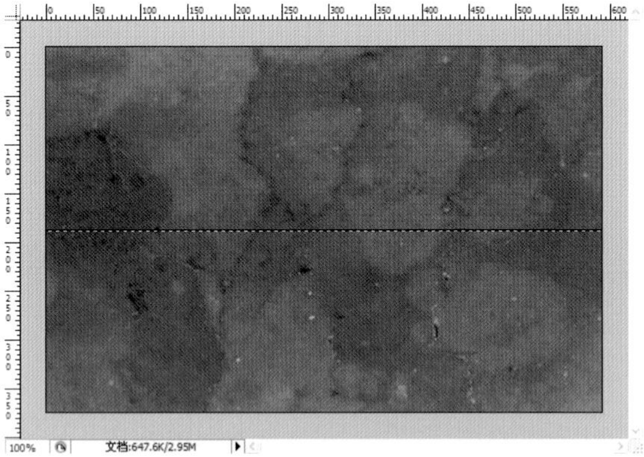

图8-28 复制选区内的图像

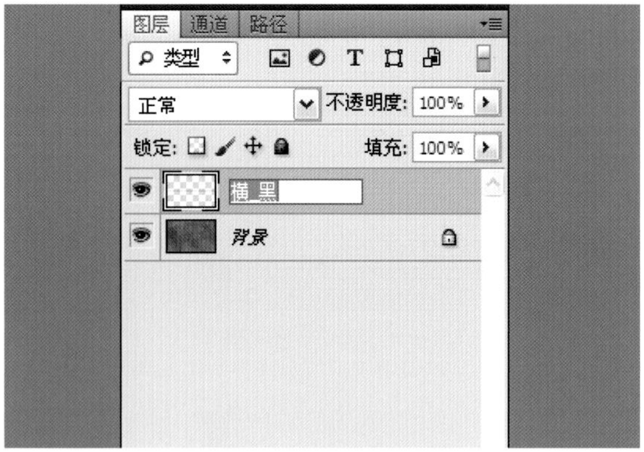

图8-29 图层的名称

5. 继续用同样的方法绘制或直接复制已经完成的图层，完成 3 条纵向、2 条横向黑色线段（见图8-30）。

6. 在【图层面板】中将图层的【不透明度】调整为 60%（见图8-31）。

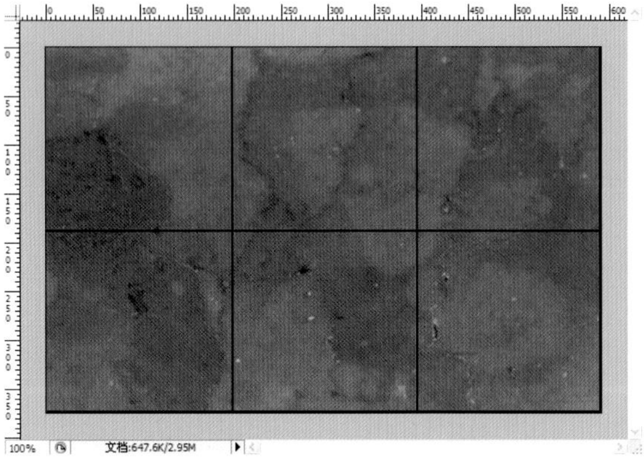

图8-30 纵向和横向黑色线段

图8-31 黑色线段图层的不透明度

◆提示：输入数字 1~0 即为不透明度 10%~100%。

7. 继续新建图层，绘制选区，填充白色，或者直接复制已经完成的图层，提取选区后填充白色，再根据画面效果微调各图层的位置（见图8-32）。在【图层面板】中将图层的【不透明度】调整为 40%（见图8-33）。

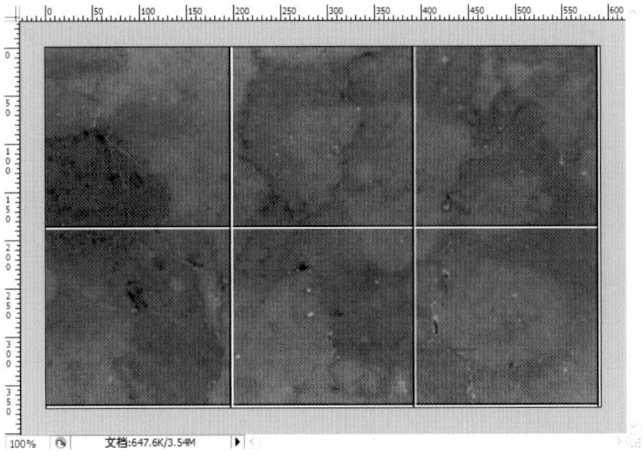

图8-32 白色线段

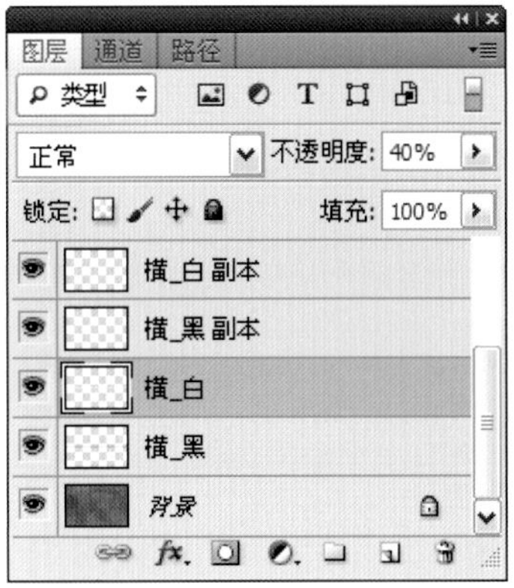

图8-33 白色线段图层的不透明度

8. 分别选中各图层，用【套索工具】（L）将纵横重叠的部分选中，按 Delete 键删除（见图8-34、图8-35）。

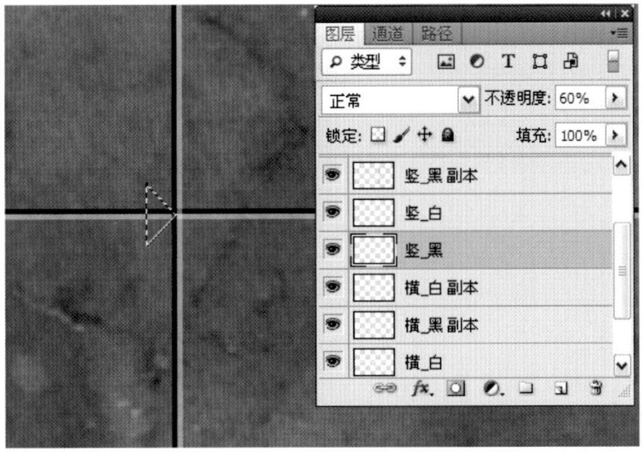

图8-34 在“竖_黑”图层删除黑色

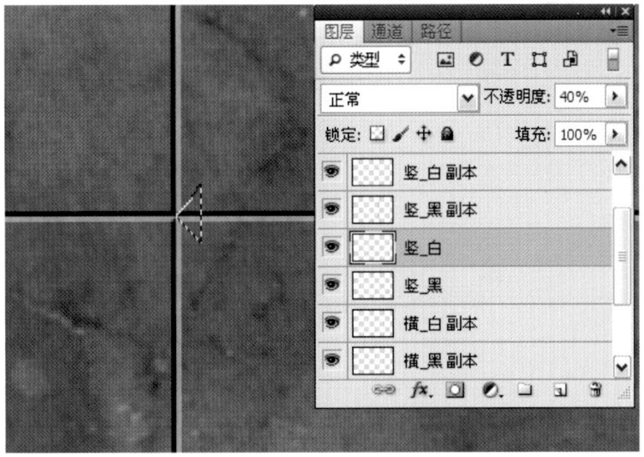

图8-35 在“竖_白”图层删除白色

9. 分别保存 JPG 和 PSD 格式的文件以备修改使用（见图8-36）。

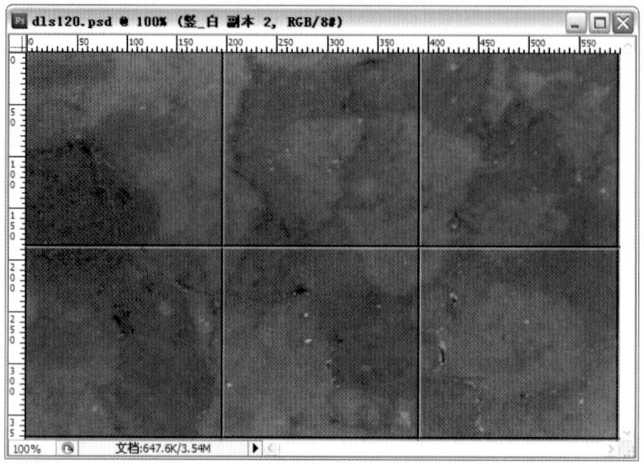

图8-36 大理石贴图

8.3.3 铝板纹理贴图

1. 新建文件（Ctrl+N），尺寸为 400×300 像素，填充灰色，确定辅助线（见图8-37）。

2. 在【图层面板】中新建图层，用【单行选框工具】和【单列选框工具】在辅助线位置单击可绘制横竖选区，分别填充黑色（见图8-38）。

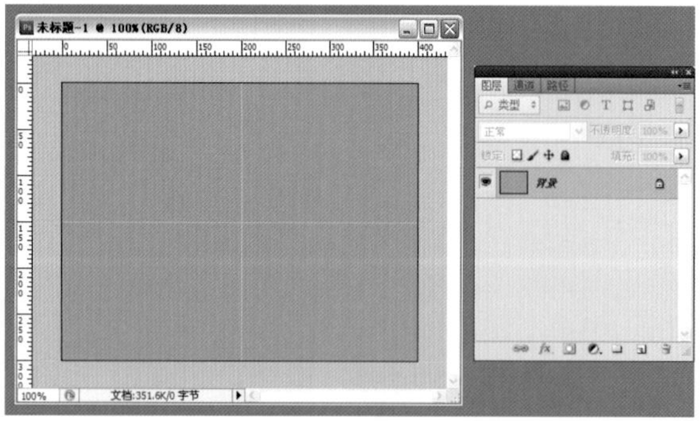

图8-37 辅助线定位

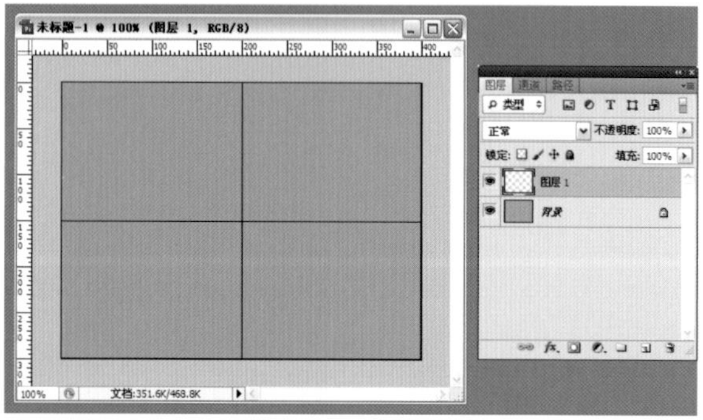

图8-38 应用单列选框工具

3. 将背景层复制，对该图层执行菜单【滤镜】下【杂色】命令里的【添加杂色】命令（见图8-39），选择【平均分布】及【单色】选项，噪点数量的多少根据图面效果而定（见图8-40）。

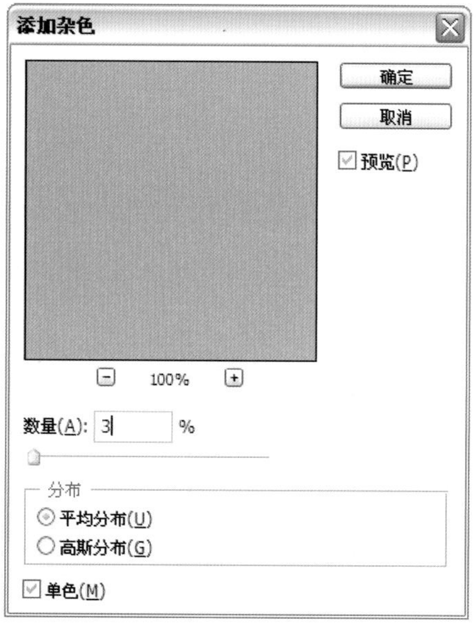

图8-39 添加杂色对话框

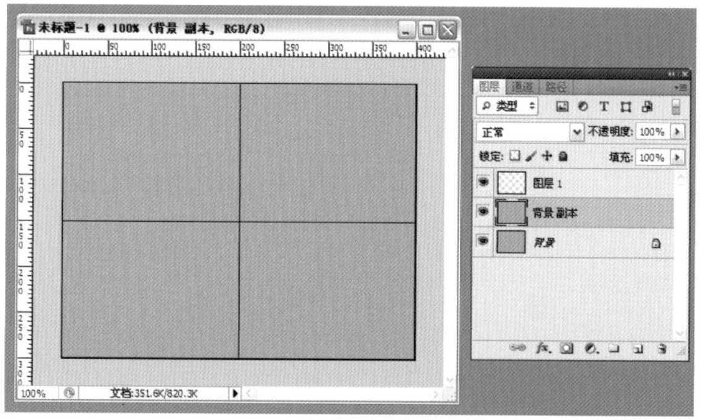

图8-40 添加杂色效果

4. 分别保存 JPG 和 PSD 格式的文件以备修改使用（见图8-41）。

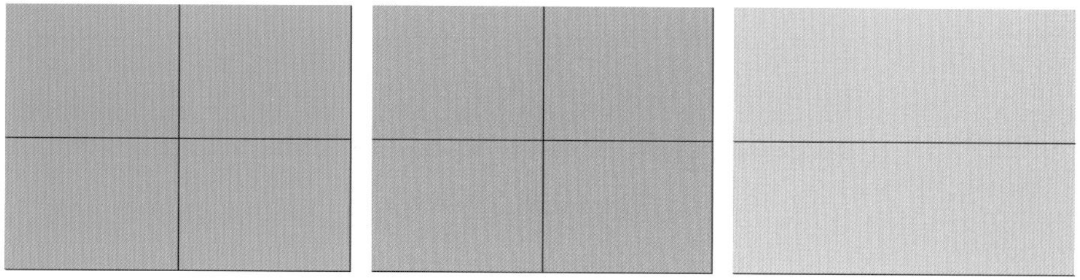

图8-41 铝板贴图

8.4 玻璃贴图

对于建筑设计的图面表达来说，除了墙面，最关键的是玻璃效果，这一点相信大家都有体会。

8.4.1 写意类玻璃纹理贴图

1. 新建文件（Ctrl+N），尺寸为 800×600 像素。

2. 将前景色调为浅蓝色，背景色调为深蓝色，用【渐变工具】（G）中的【直线渐变】方式绘制渐变效果（见图8-42）。

3. 新建两个图层，分别用【矩形选框工具】（M）绘制矩形选区，填充黑色，【不透明度】分别调整为 40% 及 70%（见图8-43）。

图8-42 渐变的底色

图8-43 填充不同颜色

4. 将“树”图案用【移动工具】（V）拖曳（即复制）进来（见图8-44）。提取“树”图案的轮廓为选区，填充为黑色，调整【不透明度】为 80%，并复制多个（见图8-45）。

图8-44 复制树的图案

图8-45 将树的颜色调黑后复制

5. 通过拖曳的方式将带有云彩的图像复制进来，对该图层执行菜单【滤镜】下【模糊】命令里的【高斯模糊】命令，图层模式改为【正片叠底】（见图8-46、图8-47）。

图8-46 天空图片

图8-47 融合

6. 在【图层面板】中创建一个新的图层，用【渐变工具】(G)中的【直线渐变】方式添加由黑至白的斜向退晕效果，图层模式改为【强光】(见图8-48、图8-49)。

图8-48 退晕

图8-49 图层模式

7. 接本次操作的第 2 步，用【套索工具】(L)将另一个文件中的“云朵”图案选择后进行羽化处理(Alt+Ctrl+D)，羽化半径根据图片大小而定(见图8-50)。

8. 将羽化后的选区内图像用拖曳的方法复制进来，将该图层的【不透明度】调整为 60%，图层模式设置为【叠加】(见图8-51)。

9. 分别保存 JPG 和 PSD 格式的文件以备修改使用。

8.4.2 写实类玻璃纹理贴图

写实类玻璃纹理贴图可以透过修改扫描的图片、用数码相机拍摄的照片或者画好的效果图获得。

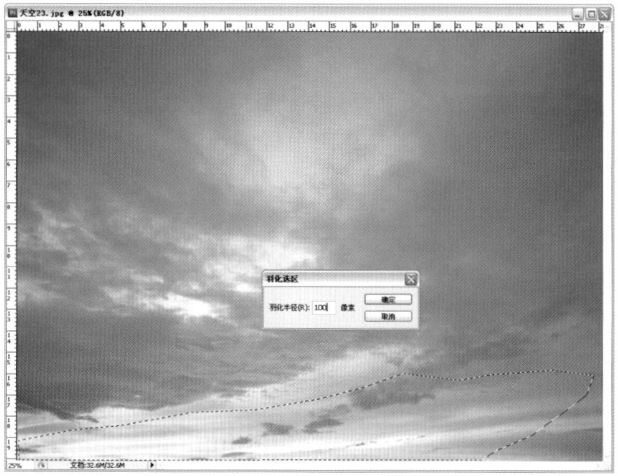

图8-50 将选区羽化

图8-51 修改云朵的图层模式

1. 改造照片：打开扫描的图片或用数码相机拍摄的照片，根据需要换背景天空，或使用【滤镜】功能进行修改（见图8-52、图8-53）。

图8-52 更换背景天空

图8-53 使用滤镜中波纹命令

2. 改造效果图：打开选定的图片，用调整命令调整【亮度/对比度】、【色彩平衡】、【色相/饱和度】等，之后还可以使用【滤镜】功能进行特效处理（见图8-54、图8-55）。

图8-54 调整图像的明暗与色彩

图8-55 使用滤镜中的波纹命令

8.4.3 根据立面效果调整玻璃贴图

将做好的玻璃贴图应用之后，再根据画面效果重新调整，例如高光出现的位置、重黑的分布等，是非常常用的手法（见图8-56、图8-57）。

图8-56 玻璃效果

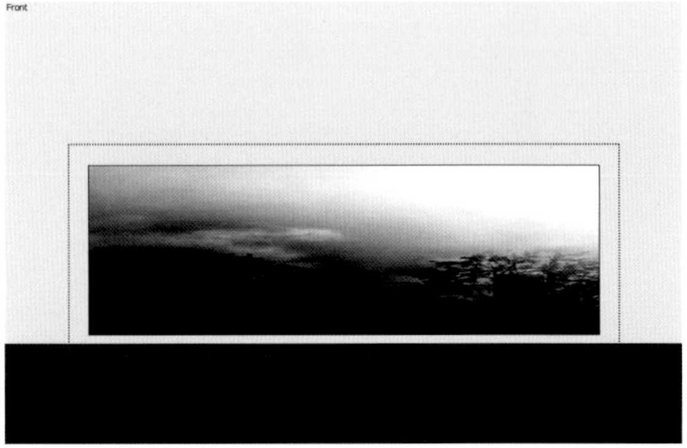

图8-57 玻璃贴图

8.5 地面贴图

8.5.1 地砖纹理贴图

1. 新建文件（Ctrl+N），尺寸为 800×600 像素，填充为深灰色。

2. 新建图层，将标尺打开（Ctrl+R），确定辅助线的位置，按住 Shift 键用【矩形选框工具】（M）绘制正方形选区，填充砖红色（见图8-58）。

3. 复制 3 个，排好位置，留有缝隙，合并图层（见图8-59）。

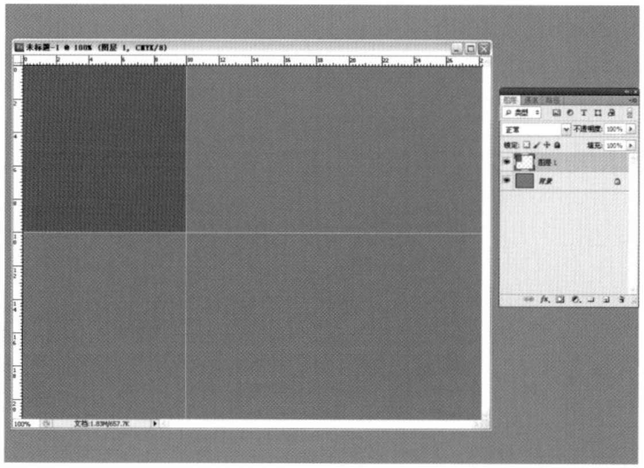

图8-58 填充砖红色

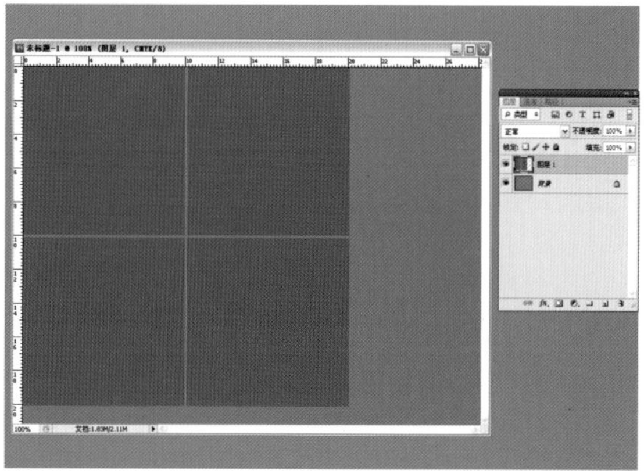

图8-59 复制并合并图层

4. 在【图层面板】中为该图层添加图层样式里的【斜面与浮雕效果】（见图8-60）。

5. 保存一个 PSD 格式的文件以备修改，另保存一个 JPG 格式的文件。将 JPG 格式的文件打开，用【裁剪工具】（C）剪切成图，注意砖缝，保持四方连续（见图8-61）。

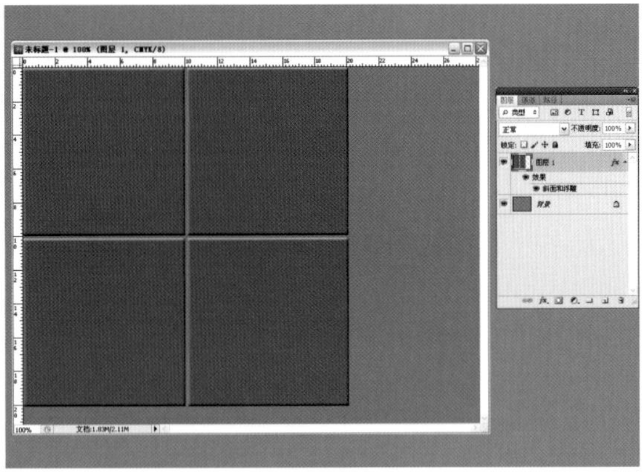

图8-60 斜面与浮雕效果

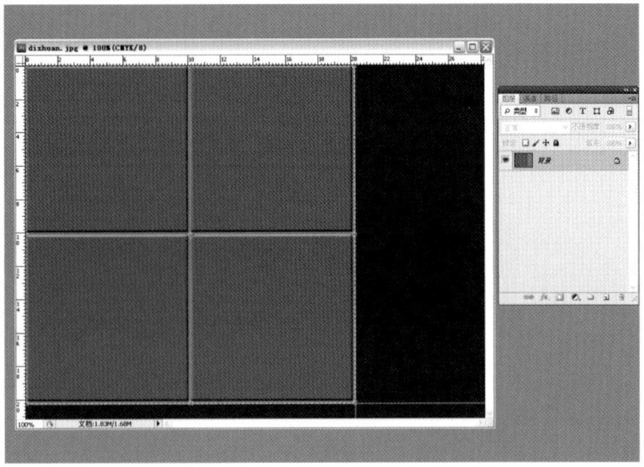

图8-61 保持四方连续

6. 将 PSD 格式的文件打开，用【魔术棒工具】（W）选取对角的地砖，填充灰白色，形成双色地砖（见图8-62）。

7. 对该图层执行菜单【滤镜】下【杂色】命令里的【添加杂色】命令，选择【平均分布】及【单色】选项，噪点数量的多少根据图面效果而定（见图8-63）。

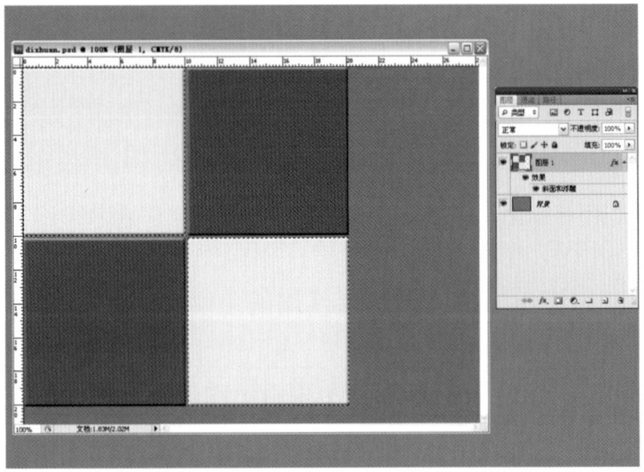

图8-62 对角的地砖填充灰白色

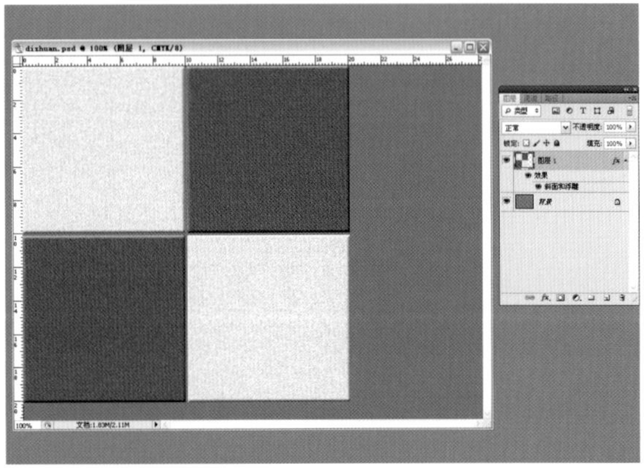

图8-63 添加杂色

8. 通过【历史记录面板】（Alt+F9）回到添加杂色之前。按住 Shift 键用【椭圆选框工具】（Shift+M）绘制正圆选区，确保选区位于中心位置（见图8-64）。

9. 执行菜单【选择】下【修改】命令里的【边界】命令，在【边界选区】对话框内输入 4，选区变成一个圆环选区，按 Delete 键删除选区内的图像（见图8-65）。

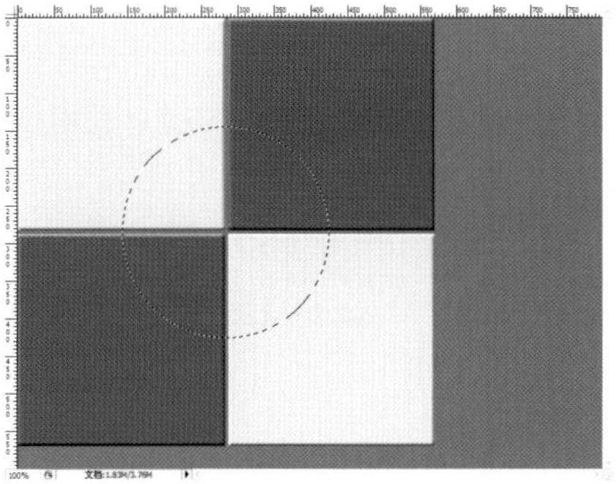

图8-64 绘制正圆选区

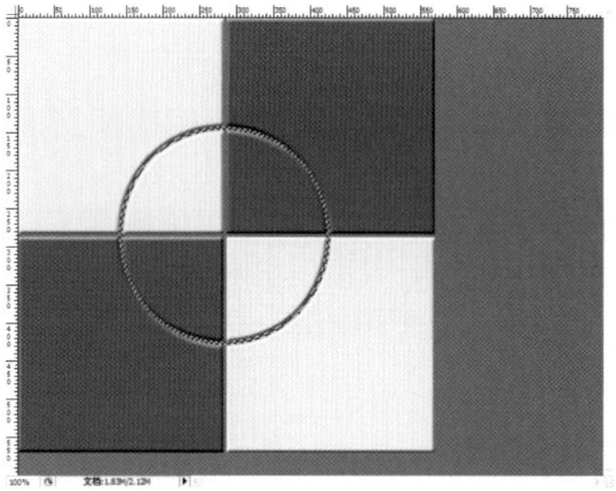

图8-65 删除圆环选区内的图像

10. 取消选区（Ctrl+D）。用【魔棒工具】分别选择圆环内侧，填充颜色（见图8-66）。

11. 将保存的 JPG 格式的文件打开，用【裁剪工具】（C）剪切成图（见图8-67）。

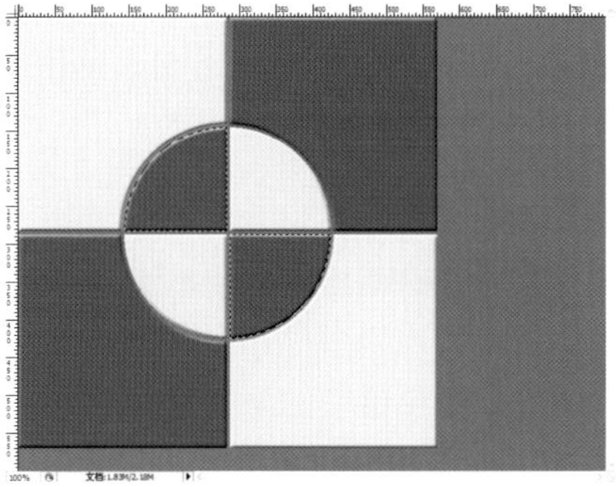

图8-66 改变圆环内侧的颜色

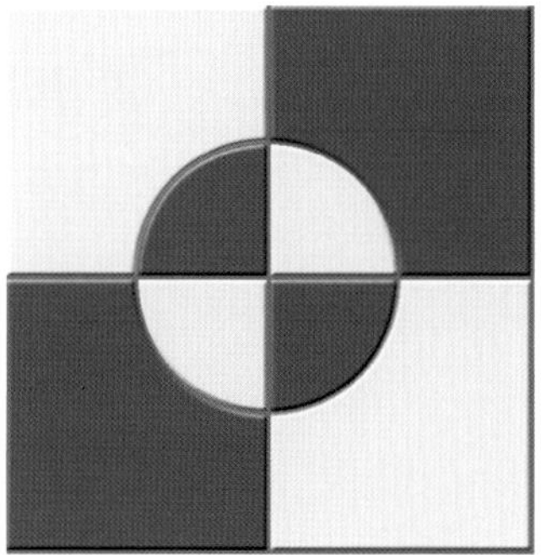

图8-67 地砖纹理

8.5.2 马路路面纹理贴图

1. 新建文件（Ctrl+N），尺寸为 800×600 像素，填充为深灰色。执行菜单【滤镜】下【杂色】命令里的【添加杂色】命令，选择【平均分布】及【单色】选项，噪点数量的多少根据效果而定，模拟马路路面（见图8-68）。

2. 新建图层，将标尺打开（Ctrl+R），确定辅助线的位置，用【矩形选框工具】（M）绘制矩形选区，填充黄色，复制这个图层，根据辅助线移动至合适位置（见图8-69）。

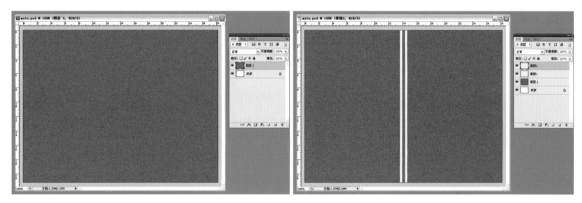

图8-68 添加杂色

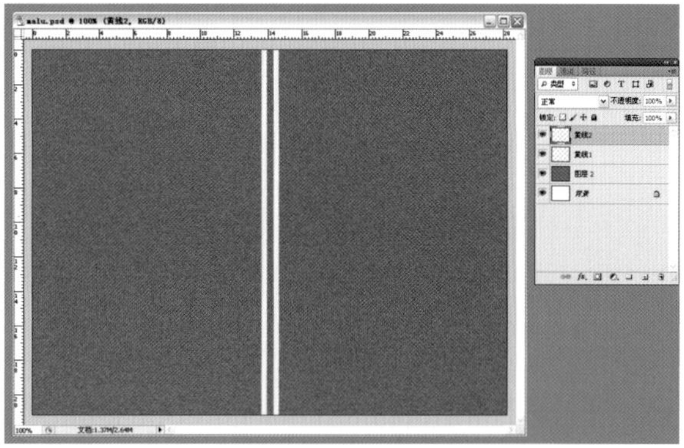

图8-69 双黄线

3. 复制这条黄线，填充为白色，再复制 3 个（见图8-70）。合并白色车行线，根据辅助线用【矩形选框工具】（M）绘制矩形选区，按 Delete 键删除（见图8-71）。

4. 分别给黄线和白线图层添加【不透明度】，使其能与底色很好地融合（见图8-72）。

5. 在侧边绘制矩形选区，填充白色至透明的渐变效果（见图8-73）。

6. 将图层模式改为【柔光】模式（见图8-74），再复制到另一侧（见图8-75）。

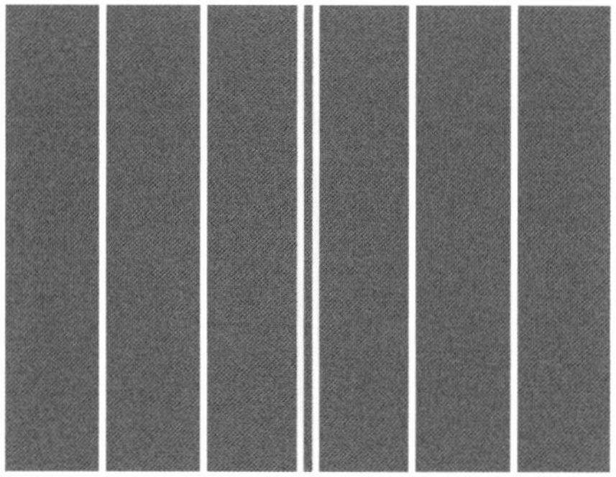

图8-70 白线

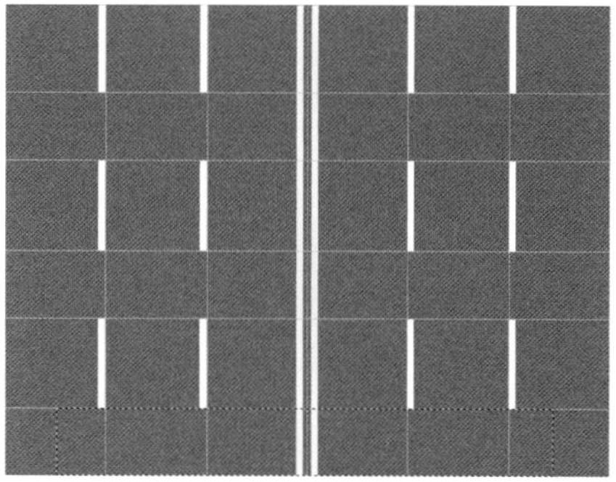

图8-71 删除

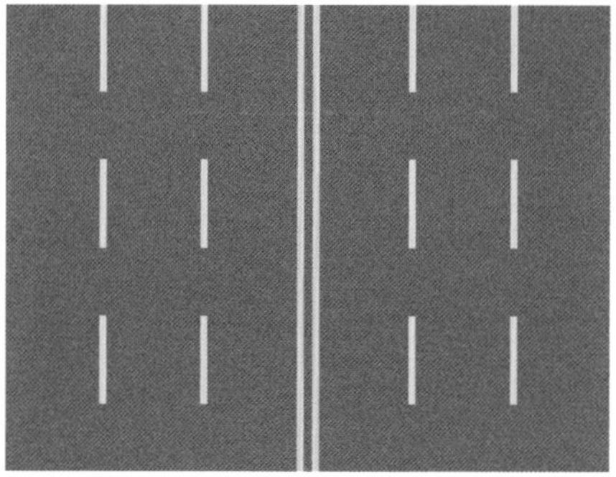

图8-72 不透明度

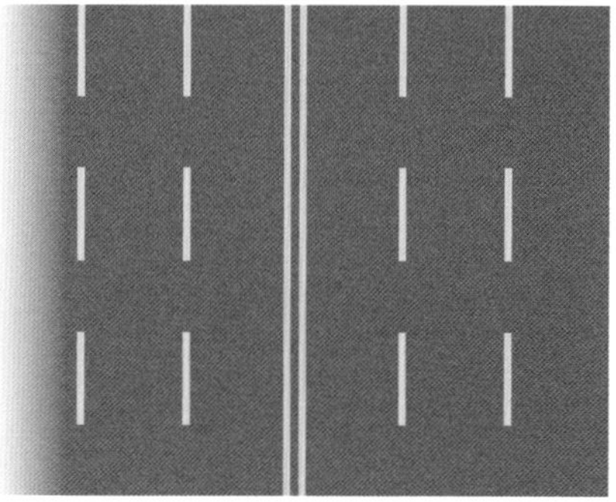

图8-73 渐变

图8-74 柔光模式

图8-75 马路路面贴图

8.6 镂空贴图

8.6.1 树木镂空贴图

1. 双击图层，将背景层转变为普通图层。用【魔术棒工具】（W）点选外围白色，执行【选择】下的【选区相似】命令，所有与点选的外围白色相似的颜色全部被选中（见图8–76）。

2. 按 Delete 键删除，取消选区（Ctrl+D）（见图8–77）。

图8–76 选中底色

图8–77 删除底色

3. 保存为 PNG 或带图层的 TIF 格式文件（见图8–78、图8–79）。

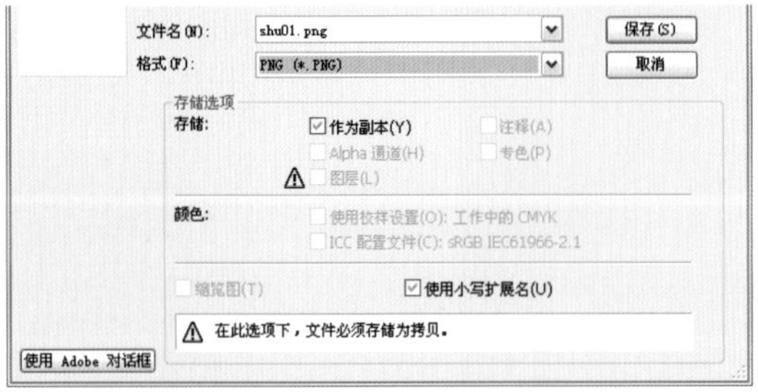

图8–78 PNG 格式文件

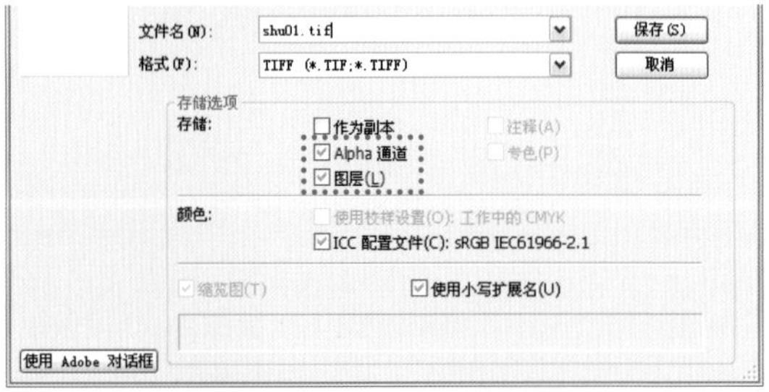

图8–79 带图层和Alpha通道的 TIF 格式文件

8.6.2 石膏花镂空贴图

1. 打开资料图片，双击图层，将背景层转变为普通图层（见图8-80）。

2. 执行菜单【图像】下【调整】命令里的【去色】命令，将彩图转变为黑白灰（见图8-81）。

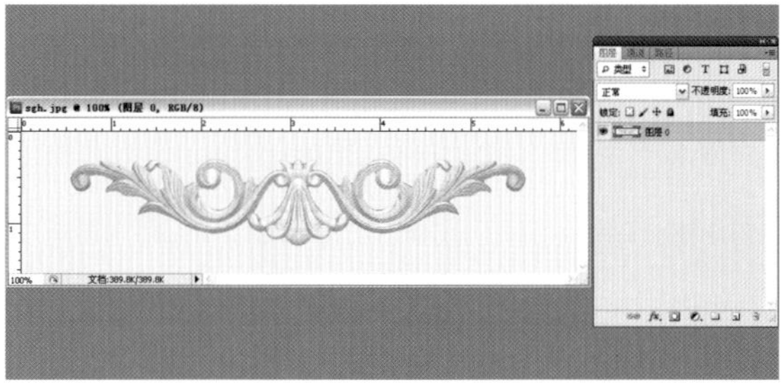

图8-80 将背景层转变为普通图层

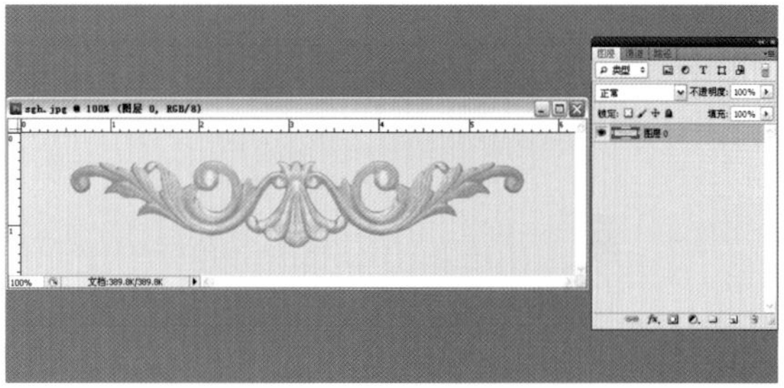

图8-81 将彩图转变为黑白灰

3. 激活【魔术棒工具】（W），将【容差】值调整为 5，点选外围颜色，按 Delete 键删除，可能会需要多执行几次（见图8-82）。

4. 执行菜单【图像】下【调整】命令里的【亮度/对比度】命令，直至满意（见图8-83），保存为 PNG 或带图层的 TIF 格式文件。

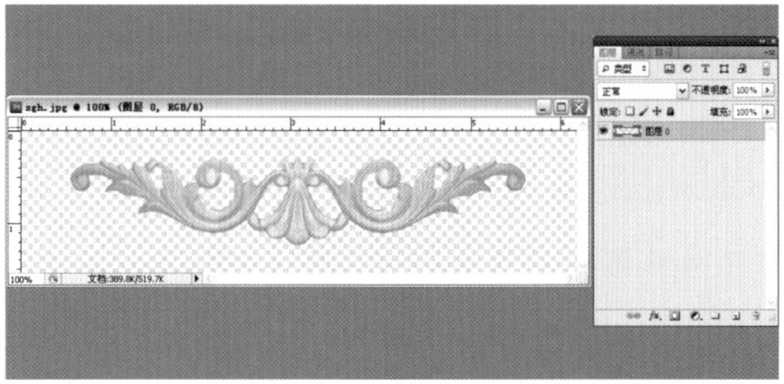

图8-82 镂空的石膏花

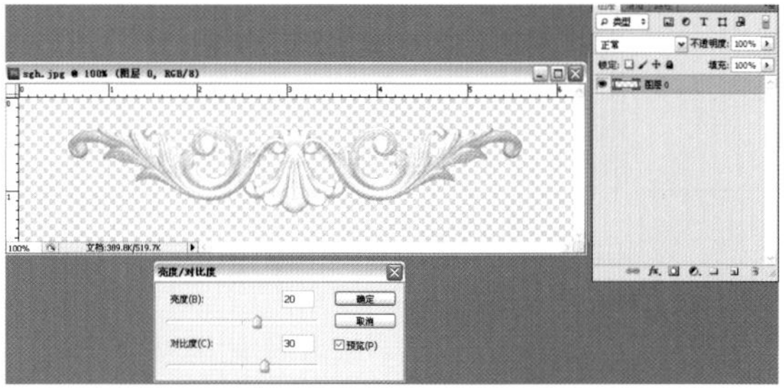

图8-83 调整亮度与对比度

8.6.3 铁艺镂空贴图

1. 扫描图片资料后在 Photoshop 中打开，如果留下或删除的部分是纯色或接近纯色，可用【魔棒工具】（W）绘制选区，否则建议用【多边形套索工具】（L）。绘制好预删除的选区后，按 Delete 键即可删除。如果图案是对称的，会省一半的功夫（见图8–84）。

2. 用 AutoCAD、SketchUp 或 3ds Max 等软件绘制后输出为图像文件（见图8–85）。

图8–84 铁艺

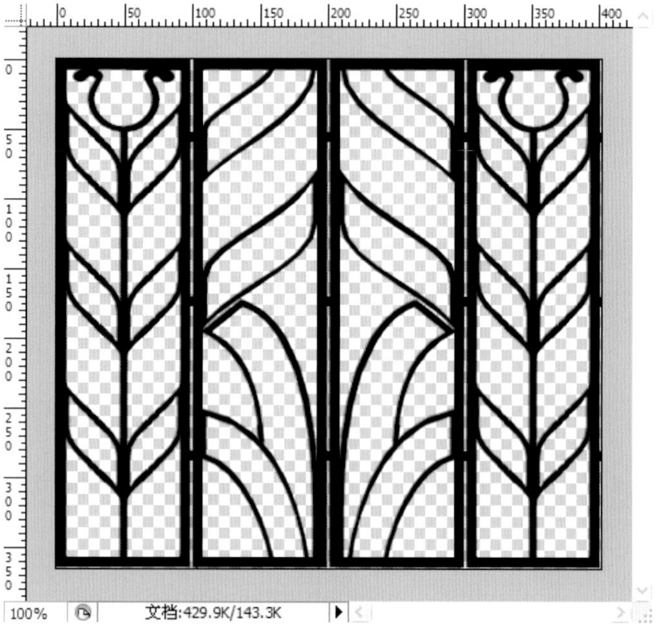

图8–85 铁艺

◆提示：掌握了以上几种贴图的制作后，根据需要制作各种具有自身特点的、接近真实质感的贴图就不难了，大家一定要多加尝试，不断积累经验，成为 Photoshop 高手，进而成为 3D 高手。下面是为效果图特别制作的贴图及其呈现的最终效果（见图8–86~图8–88）。

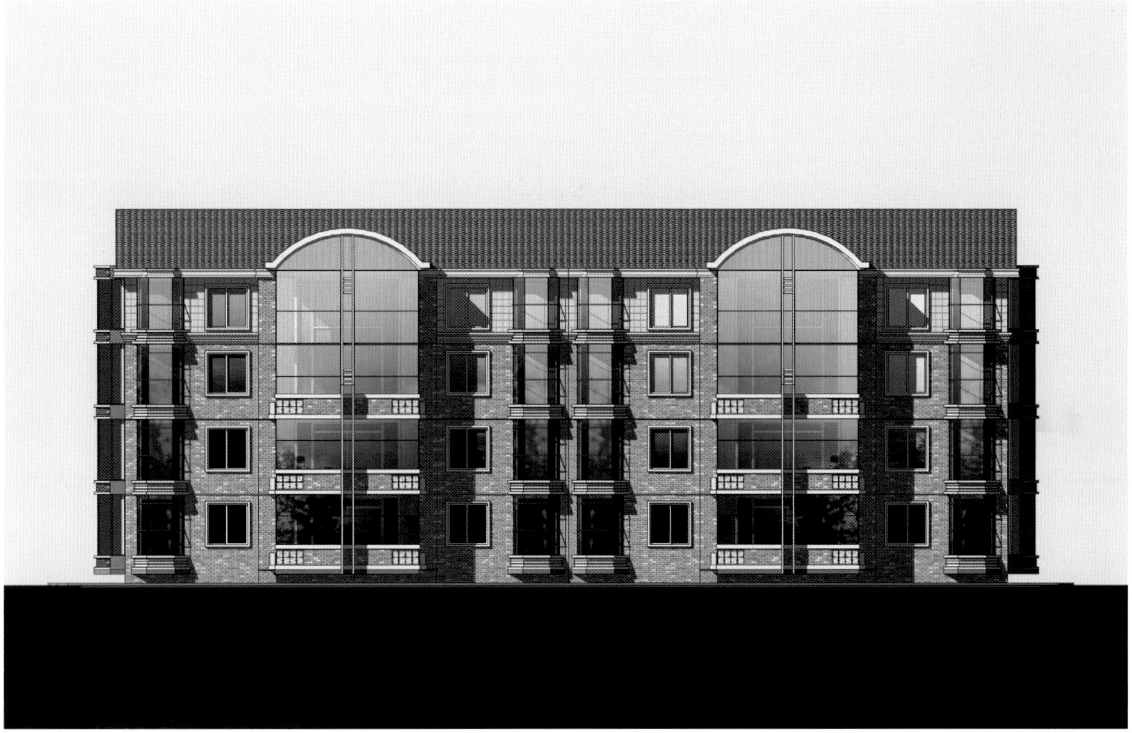

图8-86 SketchUp 中的立面效果

图8-87 上图所用主要贴图

图8-88 SketchUp 输出的透视效果

第 9 章 修饰输出的建筑效果图

Photoshop 在建筑效果图（主要是指透视图）制作过程中的作用大体分为两部分，第一部分是修饰图像，第二部分是添加配景。本章是第一部分，主要任务是对输出的建筑效果图进行修饰，包括建筑效果图的制作流程、输出正式图与通道图、在 Photoshop 中叠加、调整画面色彩及明暗、丰富贴图纹理、重新确定构图等六部分内容。

9

9.1 建筑效果图的制作流程

建筑效果图制作是一门综合的艺术，它需要制作者能够灵活运用 AutoCAD、3ds Max、Photoshop 以及 SketchUp 等绘图软件。大致分为分析图纸、创建模型、渲染输出、后期处理等基本过程。

9.1.1 分析图纸

分析图纸阶段主要是分析设计师绘制的 AutoCAD 平面图、立面图，或由设计师绘制的 SketchUp 概念模型。

建筑设计图纸一般使用 AutoCAD 或以 AutoCAD 为平台二次开发的各类专业制图软件进行绘制，其在二维图形的创建、修改和编辑方面更为直接、准确，是设计师不能离手的必备软件。因此，将 AutoCAD 平面图导入三维建模软件中，然后在此基础上进行编辑，从而快速、准确地创建三维模型，这是非常有效的工作方法。

近年，随着 SketchUp 的普及，设计师们越来越喜欢将自己的设计搭建成概念模型，以不断分析和推敲设计方案。有的设计师则会将 SketchUp 模型搭建得非常深入、细致，再将 SketchUp 模型导入渲染软件中，在此基础上进行精细编辑，并渲染三维模型。

9.1.2 创建模型

所谓创建模型，就是创建建筑物的三维造型，它是效果图制作过程中的基础阶段。创建模型用到的软件主要包括 3ds Max、SketchUp、AutoCAD 等软件，其中 3ds Max 软件应用得比较多，年轻的设计师喜欢用 SketchUp 软件，还有一些人习惯用 AutoCAD 建模。

9.1.3 渲染输出

渲染输出阶段主要是由 3ds Max、V-Ray 以及 V-Ray for SketchUp 等软件完成，其中还是以 3ds Max 为主要手段，相机角度、材质、灯光等设置均需细致调试。建筑主体的位置、画面的大小、天空与地面的协调、真实质感的体现、光影效果等都需要在这一阶段调整完成。这是一个不断尝试和修改的过程。

9.1.4 后期处理

渲染输出的图像，主要的问题是画面单调，缺乏必要的情境感觉，这时就需要发挥图像处理软件 Photoshop 的特长，对其进行后期加工处理。经过 Photoshop 的处理后，可以得到一个真实逼真的场景，因此这部分的工作量绝不亚于前期的建模和渲染工作。主要包括修改效果图中的缺陷、调整色彩和明暗、添加背景和配景以及制作一些特殊效果等。

9.2 输出正式图与通道图

分别以 3ds Max 和 SketchUp 输出为例加以说明。

9.2.1 用 3ds Max 渲染输出

如果是用 3ds Max 渲染输出，需要输出 2 张图片，一张是正式渲染图，一张是由色块组成的通道图。将物体模型按颜色分成不同的色块，渲染出一张由不同单色色块组成的图，把这种渲染图称之为通道图。输出通道图的注意事项有以下几点：

1. 通道图的模型文件应与渲染正式图的模型文件不同名，以避免发生混淆。

2. 关闭场景中的所有灯光，将材质的自发光（Self Illumination）参数调整到 100。

3. 确保材质中本色（Diffuse）和环境色（Ambient）一致并链接；材质高光强度、高光范围调整为 0；材质的自发光（Self Illumination）参数调整到 100；如果是透明材质，需保留参数。材质颜色之间要有较大的区分，特别是相邻物体区分要明显。

4. 在材质（Materials）对话框里关闭贴图、凹凸、反射、折射或其他贴图通道，或在渲染设置（Renderer）中关闭贴图。

5. 如果在环境（Environment）菜单中设置了雾效（Fog），应关闭。

6. 通道图的输出尺寸与渲染正式图的输出尺寸要保持一致，如果渲染框是用区域放大（Blowup）获得的，应特别注意（见图9-1、图9-2）。

9.2.2 用 SketchUp 输出图像

如果是用 SketchUp 输出，需要输出 3 张图片，一张是带边线的正式图，一张是不带边线的正式图，还有一张是由色块组成的通道图。

图9-1 V-Ray 渲染图

图9-2 3ds Max 渲染的通道图

1. 输出带边线的正式图。绘制图形的时候，边线（Edges）是显示的，按照这种显示方式调好角度和阴影，输出一张 JPG 格式的文件，命名为 TS_line.JPG（见图9-3）。

2. 输出不带边线的正式图。在角度和阴影不变的情况下，关闭边线（Edges）显示，输出一张 JPG 格式的文件，命名为 TS_noline.JPG（见图9-4）。

图9-3 SketchUp 输出带边线的图像

图9-4 SketchUp 输出不带边线的图像

3. 输出通道图。将阴影显示关闭，各材质均取消贴图，用不同纯色代替，输出角度与视图大小保证与正式图完全一致，命名为 TS_color.JPG（见图9-5）。

图9-5 SketchUp 输出的通道图

9.3 在 Photoshop 中叠加

9.3.1 叠加 3ds Max 渲染的图像

1. 用 Photoshop 打开渲染正式图，双击该背景层使之成为普通图层，给图层命名。将通道图复制进来，设置【不透明度】为 50%，观察两张图是否完全重合（见图9-6）。

2. 也可用【魔棒工具】（W）选取背景颜色，按 Delete 键删除。

9.3.2 叠加 SketchUp 输出的图像

1. 在 Photoshop 中打开输出的 3 张图，将 TS_line.JPG 和 TS_noline.JPG 复制到 TS_color.

图9-6 V-Ray 渲染图与通道图在 Photoshop 中重合

JPG 文件中，使 3 张图重合，并给各图层命名。

2. 将 TS_noline.JPG 所在的图层透明度调整为 50%，由于 TS_color.JPG 所在的图层位于最下一层，可以隐藏也可以不隐藏（见图9-7）。

3. 也可用【魔棒工具】（W）选取背景颜色，分别激活各图层，按 Delete 键删除。

9.4 调整画面色彩及明暗

通道图中的不同色块，利用【选取相似】命令可以轻而易举地选择出不同的颜色，将获得的选区以通道的形式保存起来，随时调用。有了选区之后再利用各种调整命令进行调整，非常便利、快捷。

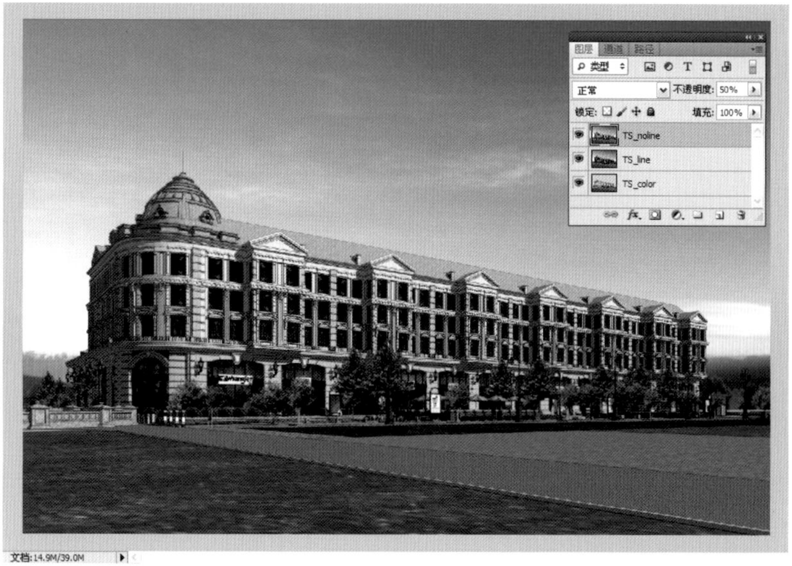

图9-7 SketchUp 输出的图像在 Photoshop 中重合

下面以 SketchUp 输出的图像为例加以说明。

9.4.1 利用颜色创建 Alpha 通道

用【魔术棒工具】(W)选取某一颜色，再利用【选取相似】命令将该颜色全部选中，在【通道面板】中保存为 Alpha 通道。

1. 当前层为“TS_color 图层”时，选取天空背景颜色，转到【通道面板】，单击将选区存储为通道按钮，生成“Alpha 1”通道(见图9-8)。

2. 单击右上角的菜单按钮，选择【通道选项】命令，将通道的名称改为“Alpha 天空”，以便于识别(见图9-9)。

图9-8 Alpha 通道

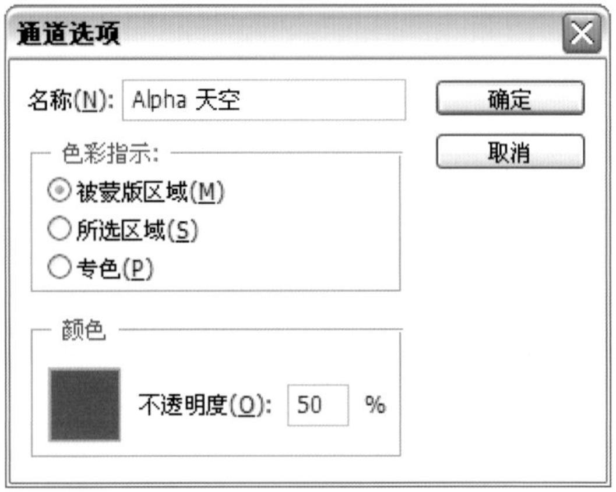

图9-9 为通道命名

3. 以此类推，将其他需要的选区用通道的形式保存起来（见图9-10）。通道渲染图层只作为获得通道而用，获得通道后将其隐藏（关闭 👁 ）。

图9-10 保存通道

9.4.2 明确明暗关系

9.4.2.1 整体的明暗

如果非常有把握，可通过【图像】下【调整】命令里的各个调整命令直接调整亮度、对比度、色彩、饱和度等。需要重新调整参数，需通过【历史记录面板】（Alt+F9）返回操作。而建立调整层的好处是可以随时改变调整参数，易于修改，推荐使用。

9.4.2.2 局部的退晕

1. 在【通道面板】中，按住 Ctrl 键单击“Alpha 玻璃”通道，提取玻璃通道的选区（见图9-11）。

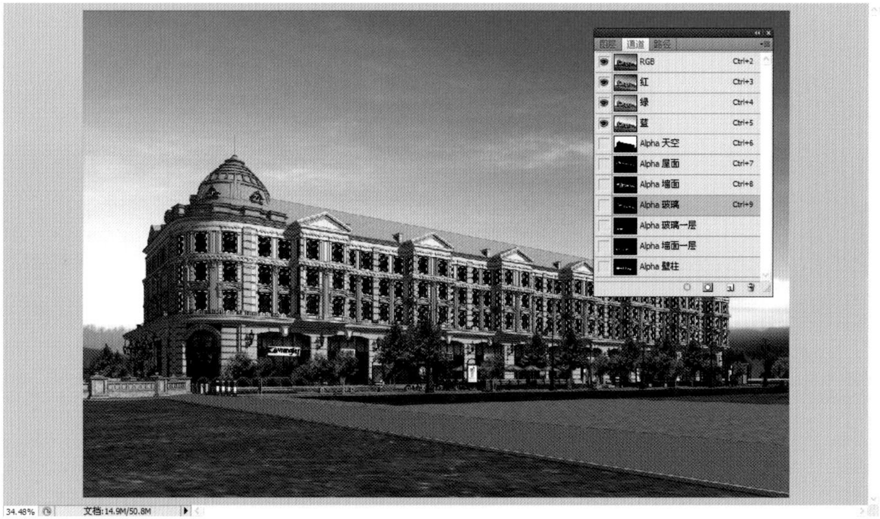

图9-11 提取玻璃通道的选区

2. 回到【图层面板】中，创建新图层，用【渐变工具】（G）在选区内添加由左上至右下、由白至黑的斜向退晕（见图9-12）。

图9-12 提取玻璃通道的选区

3. 画选区将侧面玻璃选中，设置【羽化】值（见图9-13），按 Delete 键删除。

图9-13 设置羽化值

4. 将图层混合模式改为【明度】，图层的不透明度改为 50%（见图9-14）。

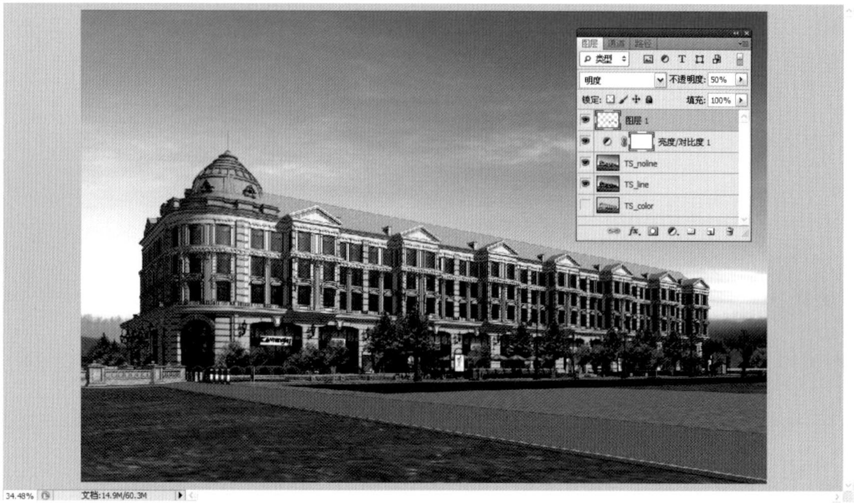

图9-14 图层混合模式改为明度

◆提示：图层混合模式根据画面效果选择【明度】、【柔光】或【叠加】。

5. 屋面部分也是如此办理［见图9-15（a）］，目的是使之产生退晕变化［见图9-15（b）］。

图9-15(a) 添加黑白渐变

图9-15(b) 屋面的退晕效果

9.4.3 统一色调

1. 在【通道面板】中，按住 Ctrl 键单击“Alpha 天空”通道，提取天空通道的选区，之后再反选（Ctrl+Shift+I）（见图9-16）。

图9-16 天空之外的选区

2. 回到【图层面板】中，创建调整图层。例如建立【色相/饱和度】调整图层，适当降低饱和度。在同样的选区内建立【照片滤镜】调整图层，统一为暖色调（见图9-17、图9-18）。

由于空气浮力的存在，导致尘埃的漫反射无处不在，因此物体的亮面暗面都会笼罩在或强或弱的统一色调中。由于人类本身全身肤色的色调基本统一，也使得人类本能地对色调统一的画面有着极强的审美需求。色调统一的画面，一般会被人认为等级比较高，因此，统一色调非常必要。

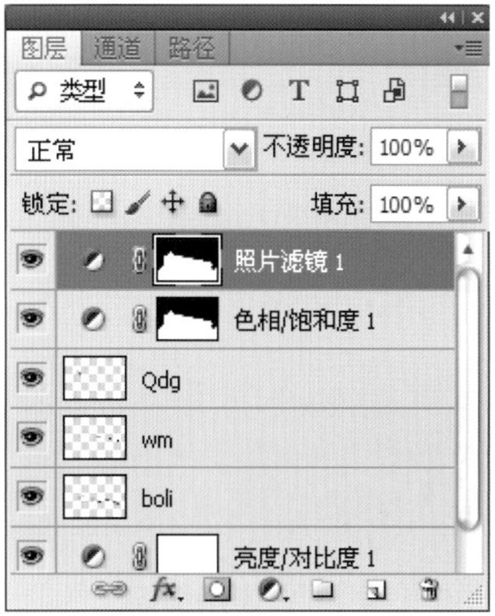

图9-17 创建色相/饱和度以及照片滤镜调整图层

图9-18 统一色调

9.5 丰富贴图纹理

一些在渲染输出环节未能解决或未能发现的不足与错误，在 Photoshop 中还有机会继续修改完善。效果图中比较常见的缺漏有：缺少文字及牌匾图案、模型衔接出现问题、明暗关系不明确等，下面举两个例子加以说明。

9.5.1 添加广告牌

广告牌虽然也可以直接在渲染环节解决，但如果事先还没有选定图案，在 Photoshop 添加也很方便。

1. 复制广告贴图，为了能与广告位的大小适配，给图层 50% 的透明度（见图9-19）。

2. 通过缩小、扭曲等变形方法，将贴图适配，并将图层不透明度还原为 100%，检查适配情况（见图9-20）。

图9-19 复制广告贴图并给图层 50% 的透明度

图9-20 将贴图适配

3. 贴图大小、透视等都没有问题之后，给图层设置 50% 的透明度，描阴影部分的选区，并用调整命令调暗（见图9-21）。

4. 同样的方法添加其他广告牌（见图9-22）。

图9-21 调整阴影部分

图9-22 完成广告牌制作

9.5.2 丰富玻璃纹理效果

玻璃效果是建筑效果图的难点，关系到整张图的质量。

1. 当前图层位于“图层 color”，将一张图片通过拖曳的方法复制进来（见图9-23）。

2. 隐藏刚刚复制进来的图层，在“图层 color”用【魔棒工具】（W）点击左侧高层的玻璃色块，利用【选择】下的【选取相似】命令可以轻而易举地选择出所有此颜色的区域（见图9-24）。

3. 将“图层 color”隐藏，显示贴图图层，在【图层面板】上创建【图层蒙版】，并将该图层的模式改为【颜色减淡】，图层的【不透明度】为50%（见图9-25、图9-26）。

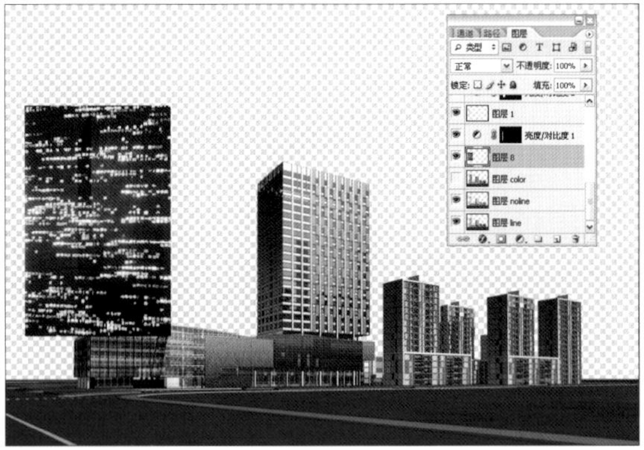

图9-23 复制图片

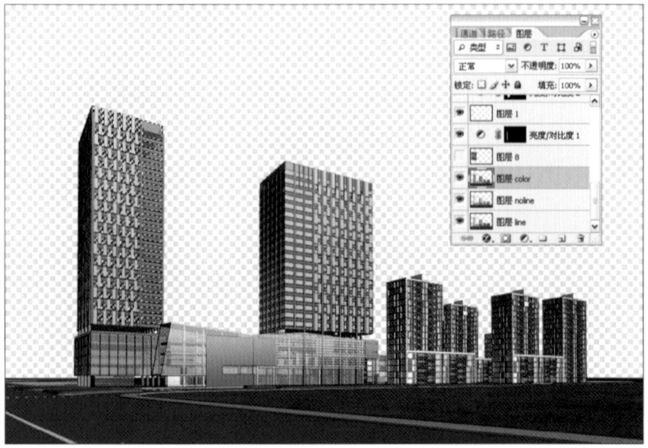

图9-24 相似颜色选择集

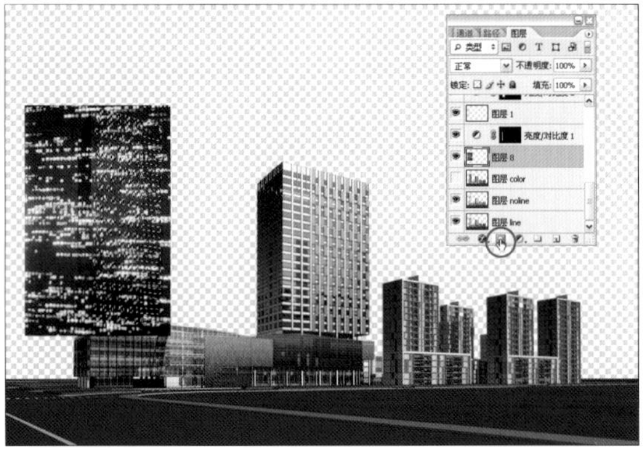

图9-25 在贴图图层添加图层蒙版

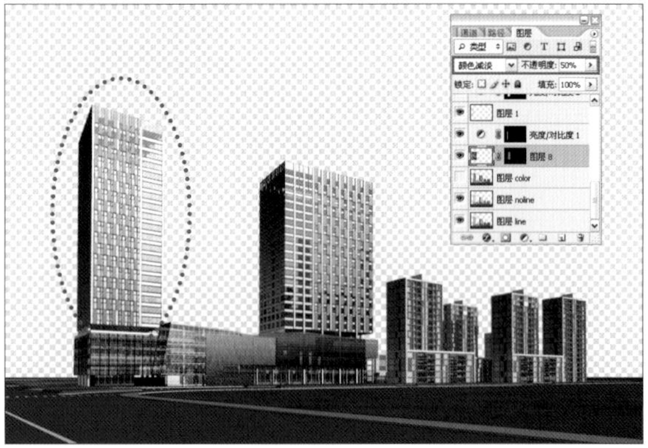

图9-26 图层蒙版

4. 另一侧的高层也是用同一张贴图完成修饰（见图9-27）。

5. 在右侧的裙房玻璃上加广告牌贴图，方法同上（见图9-28）。

在这一节中，用输出通道图的方法解决了选取不方便的问题，非常便捷而科学。

图9-27 修饰另一侧的高层玻璃

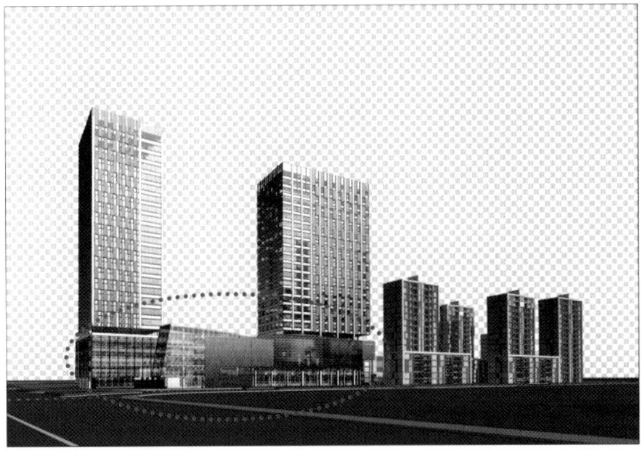

图9-28 右侧裙房加上广告牌贴图

◆提示：在建筑设计表达中，建筑主体的明暗关系是首要考虑的问题，其次是画面色调的统一，第三是细节的考虑。需要提醒大家的是，在一张图像的修改过程中，往往有多种方法和表现手段可以达到目的，一定要反复实验、灵活应用。

9.6 重新确定构图

虽然可以在渲染环节设定构图，但如果输出后感觉不合适，还有机会在 Photoshop 中修改它。建筑效果图的构图不是千篇一律的，应根据建筑设计形式、建筑风格以及客户的要求来确定，只有通过实践积累，才能逐渐形成自己的构图风格。

9.6.1 基本构图原则

1. 建筑主体在整个画面中位于突出地位。

2. 建筑主体不要充满画面，四周要留有余地，不能碰壁或顶边。

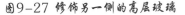

3. 画面在形体、明暗、色调、虚实上达到感觉均衡。

4. 构图中最重要的是“向心”，这个“心”就是最能表达设计者意图的部分，这部分必须着重描绘且细节丰富准确，其他部分可以酌情省略；同时，一定要注意各个要素的动感方向，即动感方向要向心而不是向外。

5. “常识”是最重要的，凡是违背常识的效果图都只能是一厢情愿的产物，尺度、比例方面的错误一般都是由于过分重视细节而忽略了常识的结果。

9.6.2 幅面的选择

构图并非千篇一律，可考虑建筑设计形式、建筑风格以及客户要求等因素，并通过实践的积累，逐渐形成自己的构图风格。图像最终是选用横幅还是竖幅，要根据建筑的体量、特征及用途来定。一般情况下，建筑物若高耸多用竖幅，建筑物若扁长则用横幅（见图9-29、图9-30）。

图9-29 横幅

图9-30 竖幅

9.6.3 扩大画面

在原有的图像基础上，在四周或某一边、某两边添加一定宽度的边框。

执行【图像】下的【画布大小】（Alt+Ctrl+C）命令时，出现【画布大小】对话框（见图9-31）。在【新建大小】中输入新的尺寸来设置新的画布大小，在【定位】中，单击一个方块来确定图像在新的画布中的位置，默认选项是中间方块，表示扩展画布后图像将出现在画布的中央。如果只修改【宽度】或【高度】，将只添加两边的边框（见图9-32）。

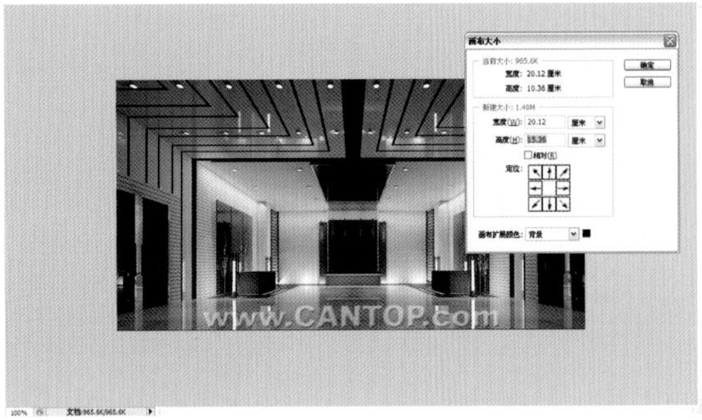

图9-31 画布大小对话框

图9-32 添加上下两边的边框

9.6.4 剪切画面

用【裁剪工具】(C)画出剪切框后(见图9-33),建议选中【隐藏裁剪的像素】选项,即剪切时只对画布进行剪切,而对图层没有影响,从而方便修改(见图9-34)。

图9-33 剪切框

图9-34 剪切后的效果

9.6.5 配景也影响构图

除了通过修改画面比例来修正构图之外,还可以通过配景的搭配来达到均衡画面、体现空间层次的目的。关于配景的添加将在下一章中详细阐述。

建筑效果图的配景处理

第 10 章

本章是全书的核心内容。我们学习 Photoshop 的主要任务是完成建筑效果图的后期处理，本章通过实例将全书的命令及应用技巧串联起来。

本章内容包括修饰输出的效果图、重新确定构图、添加背景天空、添加配楼、添加植物类配景、添加人物配景、添加汽车配景、添加其他配景、统一建筑与配景的色调、处理画面中的文字、图层合并与保存、套用后期处理模板等十二部分内容。

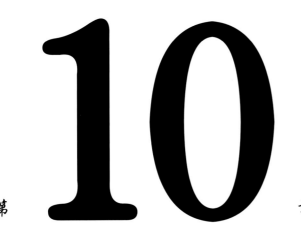

巴州香梨置业和合家园规划设计街景透视
CANTOP

新府苑住宅小区欧式步行街单体透视雨景效果
CANTOP

10

在建筑效果图中添加适当的配景，能起到烘托主体建筑、营造诉求目标的作用，但同时也不能乱用滥用，应根据画面的整体效果精心选择、灵活运用，否则就会喧宾夺主、适得其反。

所谓配景，指的是在建筑效果图中用于烘托主体建筑的其他元素，常见的有天空、人、车、树、路灯、广告牌、气球、鸟儿、花草、水面等。这些配景除了起到烘托气氛的作用之外，还能够起到提示尺度、均衡构图以及调节色彩等作用。

10.1 配景添加的原则

10.1.1 配景构图要点

1. 一张图一般只有一个主要视觉中心，所有的构图要素都要为这一中心服务。

2. 构图中最重要的是“向心”，这个“心”就是最能表达设计者主要意图的部分，这部分必须详细描绘、明暗关系准确，其他部分则可以酌情省略；同时，一定要注意各个要素的动感方向，即动感方向要向心而不是向外。

3. 构图的目的是为了主体或主题，凡是影响这一目的的要素应该尽量省略或去掉。

4. 建筑主体在画面中的比例不应太少，不要花过多的精力在配景或配景楼方面，以免喧宾夺主。

5. “常识”是最重要的，凡是违背常识的效果图都只能是一厢情愿的产物，尺度、比例方面的错误一般都是由于过分重视细节和技术而忽略了常识的结果。

6. 观察生活及照片以及摄影训练等都是培养素质极为重要的内容。

10.1.2 色彩配置及色彩感觉的培养

1. 一张好的效果图里，黑与白必须占据一定的比例，而且应该至少有大面积重黑以及足够多面积接近纯白。

2. 一张好的效果图里，红黄蓝绿四色必然至少有三种同时存在，哪怕只是占据很小面积。

3. 一张好的效果图，必然有一种主色调（统一），同时必然有少量的主色调的补色（对比）。

4. 建筑效果图的主体建筑一般是近乎单色表现，效果图的色彩则主要靠配景体现。

5. 移植优秀的效果图或照片的色彩是直接完成一张好的效果图的好办法，同时也利于学习成熟的配色模式。

6. 细心观察成熟的效果图或照片并做色彩分析是培养色彩感觉的好办法。

7. 任何时候都不要用百分之百的纯色。

10.1.3 效果图中的细节安排要点

1. 细节必须服从于想要表达的主题。

2. 效果图中的情景和情境的表达是效果图的较高境界，也就是所谓的意境、隐喻、故事。

3. 任何细节都必须“从常识出发”，并换位思考。

◆提示：效果图或动画都是虚拟的真实，因此制作中有许多“骗术”，人们称之为“技术”、“窍门”、“秘诀”，效果图与动画最重要的就是“看起来像”即可，而不是“真的是”。

10.2 天空背景

由于天空背景在建筑效果图中所占的比例比较大，因此天空的色彩、云彩的走向对整个效果图的影响非常大，添加之前要慎重考虑，应尽量使其走向能引导至视觉中心。

10.2.1 添加天空背景的基本原则

10.2.1.1 气氛的选择

天空背景的气氛，应与主体建筑所要表达的氛围相互匹配。如果是办公建筑，应表达出肃静的一面；如果是商业建筑，应表达出活跃的气氛；如果是住宅建筑，应表现出温暖亲切的感觉（见图10-1、图10-2）。

10.2.1.2 图案的选择

建筑主体形态如果比较复杂，天空背景的图案应比较简洁，否则画面会显得凌乱，不能很好地突出建筑主体。反之，如果建筑形式比较简洁，天空背景的图案可以复杂一些，这样可以给画面增添活跃的气氛（见图10-3、图10-4）。这就是在构图上所说的“疏密结合”原则。

图10-1 政府办公楼

图10-2 住宅小区

图10-3 复杂的建筑与简洁的天空

图10-4 结构简单的建筑与复杂的天空

10.2.1.3 色彩的选择

天空背景的整体色彩有两种选择，一是与建筑主体的整体色彩保持相对一致；二是与建筑主体的整体色彩形成对比色（见图10-5、图10-6）。

图10-5 天空与建筑颜色基本统一

图10-6 夜晚天空与夜景灯饰形成对比

10.2.1.4 光照的选择

根据颜色的明暗，天空图片也有照明方向之分。靠近太阳方向的天空，颜色亮且耀眼，远离太阳的方向，颜色深而鲜明（见图10-7、图10-8）。

图10-7 天空与照明方向（错误的天空方向）

图10-8 天空与照明方向（正确的天空方向）

10.2.2 一张图片的天空效果

打开一张天空图片，用【移动工具】（V）拖曳到图中，位于最下一层，用【编辑】下的【自由变换】（Ctrl+T）命令调整至适当大小（见图10-9）。

10.2.3 多张图片融合的天空效果

也可以用多张天空图片通过调整图层的不透明度或图层的混合模式进行合成处理，再运用羽化等手段制作出不同效果的天空（见图10-10~图10-12）。

图10-9 加入天空并适配大小

图10-10 多张图片合成的天空

图10-11 天空素材

图10-12 天空素材

10.3 配楼

10.3.1 添加配楼的基本原则

1. 配楼总体效果不能超过主楼，以确保突出主体。

2. 透视及明暗关系要与主楼保持一致。

10.3.2 添加配楼

1. 选定配楼图案，用【移动工具】（V）拖曳到图中，位于建筑图层的下一层，用菜单【编辑】下【变换】命令里的【扭曲】、【水平翻转】等命令调整高度及角度。

2. 如果色彩、明暗等与主体建筑不协调，用菜单【图像】下【调整】命令里的各种命令加以调整，删除多余的部分。

3. 调整图层【不透明度】为 80%，使建筑主体与配楼之间产生层次感（见图10-13、图10-14）。

图10-13 左侧配楼

图10-14 右侧配楼

10.4 植物类配景

10.4.1 添加植物类配景的基本原则

1. 在 Photoshop 中添加植物类配景的顺序是由远而近，先将远景树处理好，再处理建筑周围的树木，最后调整近景树。

2. 远、中、近景树木的运用，不但可以起到丰富画面的作用，而且可以增加景深层次，增强透视感，对烘托建筑主体起到很好的作用。因此，在植物配景的处理上，每一棵树的高度都应该是不一样的，特别是行道树，尽量按透视的走向处理其大小。

3. 要特别注意树木色彩、明暗及对比度的变化，充分体现出空间关系。例如，远景树的颜色最深、饱和度最低，中景树次之，依次递进。建筑物亮面一侧的树木与暗面一侧的树木应有明显的明暗变化，各树木的亮面或暗面也应有细微的变化。当然，前提是树木的受光面及阴影关系应与场景的光照方向保持一致。

10.4.2 添加远景树木

1. 选好配景树木后，用【移动工具】（V）拖曳到图中，会自动位于建筑图层的上一层，用【编辑】下的【自由变换】（Ctrl+T）命令调整高度，用菜单【图像】下【调整】命令里的【亮度/对比度】命令将颜色加深，然后放置在合适位置（见图10-15）。

2. 用【套索工具】（L）选中多余的部分，按 Delete 键删除，给远景树图层加 80% 的【不透明度】（见图10-16~图10-18）。

图10-15 添加远景树

图10-16 右侧的远景树

图10-17 中间的远景树

图10-18 左侧的远景树

10.4.3 添加中景树木

1. 选好配景树木后，用【移动工具】（V）拖曳到图中，会自动位于建筑图层的上一层，用【编辑】下的【自由变换】（Ctrl+T）命令调整高度，用菜单【图像】下【调整】命令里的【亮度/对比度】和【色相/饱和度】命令将其变暗及降低饱和度，为了能看清楚，先不定位（见图10-19）。

2. 在【图层面板】中原位复制“shu”图层，按 Ctrl 键单击【图层面板】上的图层，提取选区，填充黑色（见图10-20）。

图10-19 复制并修改的中景树

图10-20 复制图层后填充黑色

3. 在“shu 阴影”图层执行 Ctrl+T 命令，选择【扭曲】命令，将其按建筑的阴影方向变形，角度合适后按回车键确定（见图10-21、图10-22）。

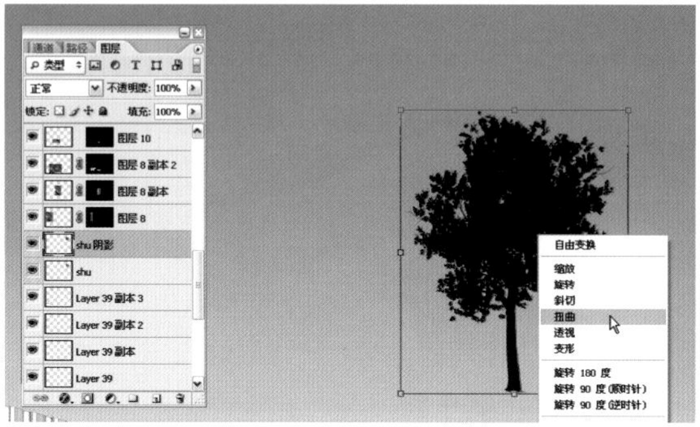

图10-21 选择【扭曲】命令

图10-22 完成树影的变形

4. 将阴影图层放置在树的下一层，合并图层（Ctrl+E）（见图10-23、图10-24）。

图10-23 图层位置

图10-24 合并图层

5. 将做好的树图层放置在最上一图层（Shift+Ctrl+]），用【移动工具】（V）按住 Alt 键移动可对图层进行移动复制，大致排好位置（见图10-25），再按照透视的变化微调每棵树（见图10-26）。

图10-25 复制中景树

图10-26 微调每棵树

10.4.4 添加近景地面、树木、花草

1. 近景因为在图面上的显示比例比较大，所以首先要保证图像足够清晰、分辨率要满足要求。

2. 近景地面、树木及花草的选择不能过于鲜艳，以免卡通化和喧宾夺主，影响整个画面的气氛。

3. 虽然现在各种配景图库比较多，但要在纷繁复杂的图库中找到合适的配景并非易事。除了平时多积累之外，还要多动脑筋，在现有的图库资料基础上，加以改造，化为己用（见图10-27~图10-30）。

图10-27 近景草地

图10-28 两侧近景树

图10-29 近景树

图10-30 近景树影

10.5 人物配景

10.5.1 添加人物配景的注意事项

在进行建筑效果图的后期处理时，添加人物配景是必不可少的，这意味着画面中的建筑和周围空间将是活跃的人类活动场所。人物配景另外一个重要作用就是“比例尺”，有了人物，所表现的建筑空间就有了尺度标准。请注意把握以下几点：

1. 尺度的控制：根据视平线确定人物配景的大小和位置，需特别注意人物配景与入口的比例关系。

2. 比例的保持：在改变人物配景大小时，切记一定要进行等比例缩放，否则会出现比例不协调的人，人物太胖或太瘦都会给画面带来不真实感和滑稽感。

3. 色彩的调整：根据建筑本身的色彩，添加与之互补或色彩相近的人物配景，以达到色彩平衡。

4. 多少的选择：从建筑的主入口向两侧发散，主入口位置可适当多些，人行道上次之，近景则为一个到两个人物配景，也可以没有近景人物配景，以免处理不当导致喧宾夺主。

5. 透视的把握：人物与建筑的透视关系要保持一致。

10.5.2 确定人物的高度基准线

1. 按 Ctrl+R 显示标尺，在标尺处拖出蓝色的辅助线，放在距离地面 1600~1700mm 左右的高度，作为人物透视基准线，通过按 Ctrl+; 显示或隐藏。

2. 如果遇到透视视高不是人眼高度的图，用拖曳辅助线的方法确定透视图中的高度基准线就不科学了，需新建一个辅助线图层，用【直线工具】 (U) 绘制透视线，配景全部添加完毕后将其隐藏。

10.5.3 添加人物配景的一般过程

1. 选好人物配景之后，用【移动工具】 (V) 拖曳到图中，位于建筑图层的上层就可以了，用【编辑】下的【自由变换】(Ctrl+T) 命令调整高度，为了能看清楚，先不定位（见图10-31）。

2. 在【图层面板】中原位复制“ren”图层，按 Ctrl 键单击【图层面板】上的图层提取选区，填充黑色（见图10-32）。

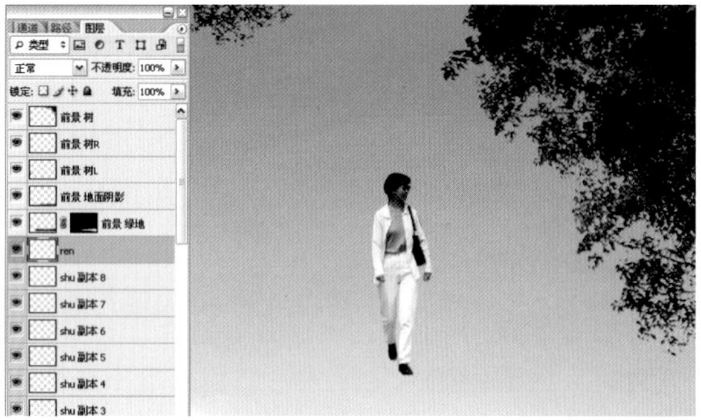

图10-31 复制并修改的人物

图10-32 复制图层后填充黑色

3. 在“ren 阴影”图层执行 Ctrl+T 命令，选择【扭曲】命令，将其按建筑的阴影方向变形，角度合适后按回车键确定（见图10-33、图10-34）。将阴影图层放置在人物图层的下一层，合并图层（Ctrl+E），放置在入口处（见图10-35）。

4. 人物图层不能复制，因为场景中不能出现相同的人，需再复制进来新的人物配景，重复完成上述过程（见图10-36）。

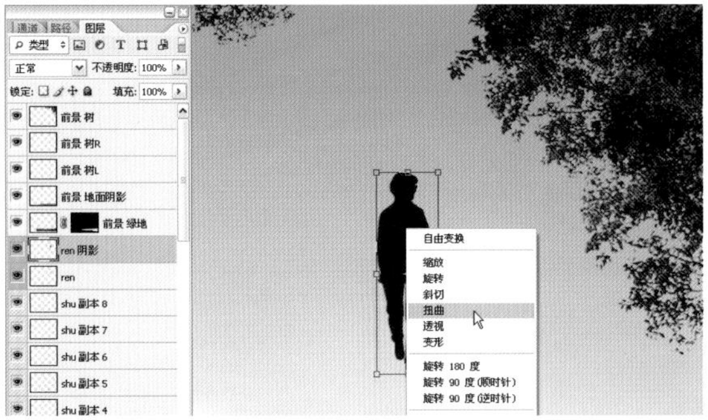

图10-33 选择【扭曲】命令

图10-34 完成人物阴影的变形

图10-35 合并图层后定位

图10-36 场景中的人物错落有致

10.6 汽车配景

10.6.1 汽车配景的高度和方向

汽车配景参照人物配景的高度，一般轿车的高度为 1400~1500mm 左右，应特别注意车辆行驶的方向（见图10–37）。还要注意，如果图库中没有合适方向、合适角度的汽车，宁可不加也不要加错。

10.6.2 添加动感汽车

个别的车辆可以适当添加动感模糊效果，但不宜过多使用，以免造成画面的不稳定感觉。执行菜单【滤镜】下【模糊】命令里的【动感模糊】命令（见图10-38）。

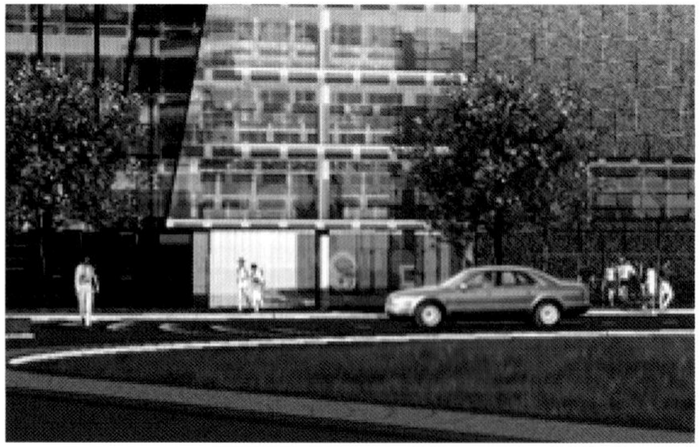

图10-37 汽车配景

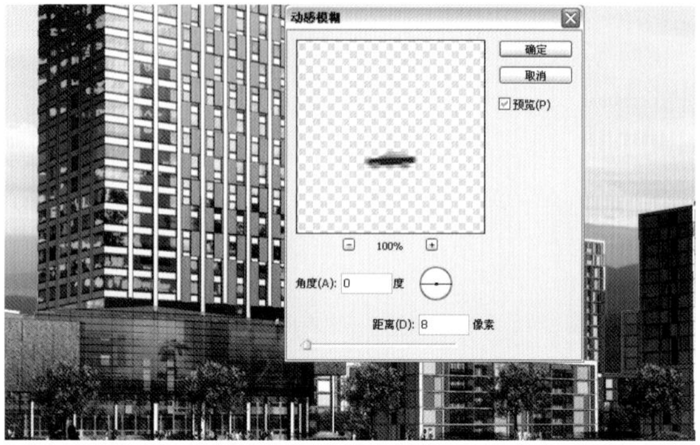

图10-38 汽车配景的动感模糊效果

10.7 其他配景

添加其他装饰性配景，例如路灯、旗杆、气球、飞鸟等。

10.7.1 添加路灯配景

添加路灯配景的方法可参照 10.4 节中添加植物配景的方法和步骤，不再赘述（见图10-39）。

10.7.2 添加旗杆配景

添加旗杆配景时的高度可参照建筑的高度来确定，一般集中在某一位置，注意颜色的搭配（见图10-40）。

图10-39 路灯配景

图10-40 旗杆配景

10.7.3 添加气球配景

添加气球配景时，可根据构图的需要来放置，起到平衡构图的作用（见图10-41）。

10.7.4 添加飞鸟配景

添加飞鸟配景与添加气球配景的作用基本相同（见图10-42）。

图10-41 气球配景

图10-42 飞鸟配景

至此，后期处理基本完成（见图10-43）。

图10-43 已完成后期处理

◆提示：配景添加完成之后，根据需要对整个画面进行明暗及色彩的融合。隐藏各控制面板和工具箱，选择【全屏幕显示模式】（按 F 键），观察全图效果，换位思考、挑毛病、反复修改，使配景与主体统一融合。

10.8 建筑与配景的色调统一

由于空气浮力的存在，导致尘埃的漫反射无处不在，因此物体的亮面暗面都会笼罩在或强或弱的统一色调中。除此之外，为了强调和突出自己想要表达的主题思想，往往会把实际上并非如此却希望读图的人能感受到的内容用色彩传递出来，形成统一色调的画面。暖色调、冷色调或者是对比色调，依据要表达的主题思想而定。简单的处理方法是添加一个颜色图层，图层混合模式设置为

【正片叠底】，并根据画面效果调整【不透明度】。

10.8.1 统一为暖色调

暖色调顾名思义，给人以温暖的感觉，即红色、橙色、黄色、赭色等色彩的搭配。这种色调的运用，可呈现温馨、和煦、热情的氛围（见图10-44）。

10.8.2 统一为冷色调

冷色调顾名思义，给人以冷峻的感觉，即青色、绿色、紫色等色彩的搭配。这种色调的运用，可呈现宁静、深沉、高雅的氛围（见图10-45）。

图10-44 统一为暖色调

图10-45 统一为冷色调

10.9 画面中的文字

10.9.1 文字的字体和颜色

为突出简单、明确的思想内容，一般使用稳重经典的印刷体，避免使用各种花体字体。时髦的字体一般会给人轻浮的感觉，应谨慎使用。颜色多以白色、灰色、黑色或者饱和度不强的色彩为主，避免使用鲜艳的颜色（见图10-46）。

10.9.2 文字的效果处理

如果文字使用阴影效果，阴影方向应与画面中的建筑等保持一致（见图10-47）。

图10-46 文字的字体和颜色

图10-47 文字的效果处理

10.10 雨景效果的表现

雨景效果图的表现在后期处理中作为一种类型，因其独特魅力而备受青睐。如果需要制作雨景效果，在渲染输出时应设置为软阴影（Shadow Map）效果。

10.10.1 雨天的天空

雨天的天空以阴暗为主，首选乌云密布的天空背景（见图10-48）。将乌云素材加入之后，需用【色彩平衡】命令调整画面的色彩，使之与天空的颜色协调，接近蓝绿色（见图10-49）。

图10-48 乌云素材

图10-49 调整画面的色彩

10.10.2 制作雨点效果

雨点的制作可参照 7.3 节雪花的制作方法，下面介绍的是新方法。

1. 创建新图层，填充白色，命名为“雨点”图层。

2. 执行菜单【滤镜】下【像素化】命令里的【点状化】命令（见图10-50），接着执行菜单【图像】下【调整】命令里的【阈值】命令（见图10-51）。

图10-50 点状化滤镜参数

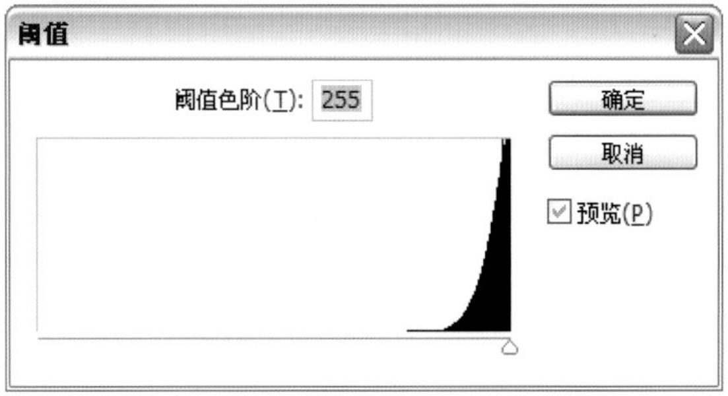

图10-51 阈值调整

3. 将“雨点”图层的图层混合模式改为【滤色】，同时【不透明度】调整为 50%（见图10-52、图10-53）。

图10-52 雨点初步

图10-53 雨点图层

4. 执行菜单【滤镜】下【模糊】命令里的【动感模糊】命令，将白色点状物制作成雨丝效果，其【角度】决定雨滴下落的方向，【距离】值决定模糊的强度（见图10-54、图10-55）。

图10-54 动感模糊参数

图10-55 雨丝效果

10.10.3 雾气及配景

地面雾气效果主要是先通过【画笔工具】（B）涂抹绘制，添加【高斯模糊】后再设置图层的【不透明度】（见图10-56）。适当添加雨景人物，以活跃气氛（见图10-57）。

图10-56 地面雾气

图10-57 雨景配景

10.11 合并与保存

10.11.1 合并相关图层

将人物与人物阴影、树木与树木阴影以及部分同类型的配景图层加以合并，以免图层过多带来不便。【图层】命令下有 3 种合并图层的方法：

1. 【向下合并】命令（Ctrl+E），向下合并一层或合并链接层。

2. 【合并可见层】命令（Shift+Ctrl+E），将可见层进行合并，隐藏层不会与之合并。

3. 【合并图层】命令，合并所有层且放弃隐藏层，合并为背景层。

10.11.2 保存文件

保存一个带有图层的 PSD 文件，以备修改。一个工程项目很少能一次就获得通过，即使是通过了，也需要多次局部修改，因此将修改后的模型重新输出后（输出角度要保证与前一次完全一致），适配到之前的 PSD 文件中，这样可以节省很多时间。

10.12 套用后期处理模板

10.12.1 后期处理模板的选择

网络上有很多现成的 PSD 文件模板可以直接套用，既快又省力，用来应急非常实用。如果选择使用模板，在具体使用过程中应注意以下几个问题：

1. 现成的 PSD 文件模板的环境是否与当前建筑主体的环境现状相符。

2. 两者的透视及明暗关系是否相符。

3. 文件大小即分辨率是否相符，如果现成的 PSD 文件模板的分辨率比输出的效果图分辨率低就不要使用了，因为会影响出图质量。

10.12.2 使用顺序和修改原则

1. 将 PSD 文件模板各层链接后复制到效果图中，再将图层链接打开、进行调整，而不是将效果图复制到模板中。

2. 使用 PSD 文件模板不能原封不动，各层的大小及前后关系应根据图面效果做大量的调整。

彩色总平面图的制作

第 11 章

与总平面图的专业制图不同的是，彩色总平面图注重的是交流及展示，即让非专业人士更容易看懂设计。本章将结合实例讲解如何在 AutoCAD、SketchUp、Photoshop 三个软件之间进行图形图像转换，以及如何在 Photoshop 中进行颜色、纹理、特效、配景的填充，使图面更加形象生动，最终掌握高分辨率彩色平面图的制作方法。

本章包括整理 AutoCAD 图形、导入 SketchUp 处理后输出、在 AutoCAD 中输出图像、用 Photoshop 制作彩色总平面、在彩色总平面图上制作分析图等五部分内容。

别墅区入口
会所
主入口
别墅区入口
会所
金文化雕塑广场
跑马场
培训中心
俄罗斯大剧院
北大荒展馆
水上运动俱乐部
室内靶场
室外运动场地
生态餐厅
景观林区
Mini-Golf
会所
别墅区入口
北大荒宣威农业观光园规划方案总平面图

11

传统的彩色总平面图的制作只是由 AutoCAD 到 Photoshop 的过程，如今，SketchUp 已经很普及了，因此由 AutoCAD 到 SketchUp 再到 Photoshop 这个过程更加普遍。这两种方法我们将在下面的内容中用两个实例分别加以讲解。

11.1 整理 AutoCAD 图形

为了方便导入到 SketchUp 或 Photoshop 中处理，在 AutoCAD 中应进行一些简化处理（见图11–1、图11–2）。

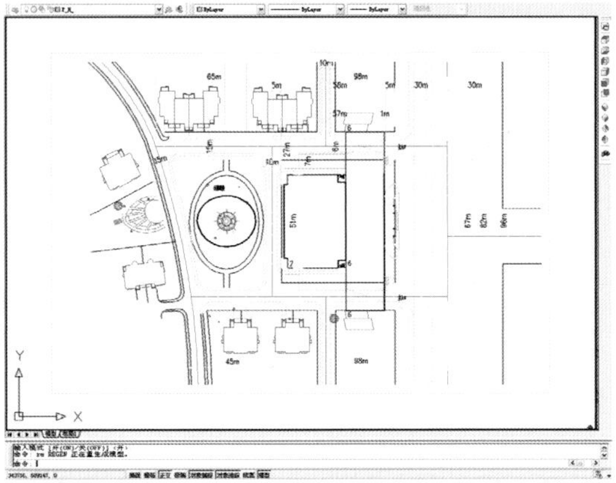

图11–1 整理之前

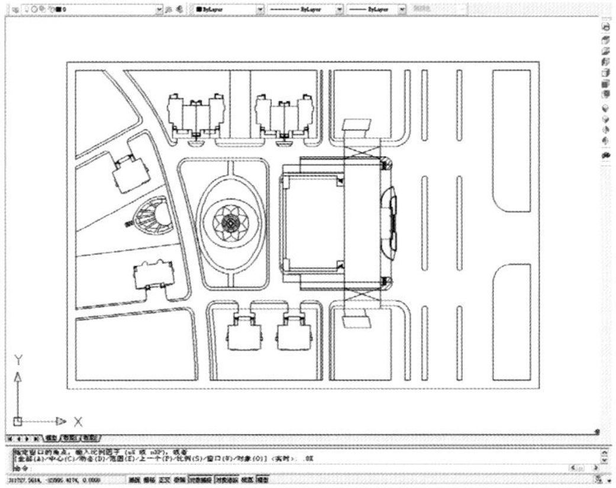

图11–2 整理之后

11.1.1 删除与彩色总平面无关的信息

总平面图中出现的其他与本次制作无关的物体，例如图案填充、尺寸标注、文字数字、植物以及其他配景，均应删除，因为这些要素在 Photoshop 中添加将获得更好的效果。

11.1.2 删除重复的线条

在 AutoCAD 中仔细分析图形的线条，会发现有很多线条发生了重合，或者粗线下面埋藏着细线，应将这些重复的线条删除，并适当进行修补。

11.1.3 全部转化为单线

将场景中带宽度的线全部炸开为单线，使要素简单化。

11.1.4 连接未能首尾相接的线

在倒圆角或其他首尾相接的位置，检查是否存在首尾不能相接的问题，并将没能首尾相接的线条连接上。在连接的过程中，一定要开启捕捉命令，以便能准确进行定位，做到线条无重复、首尾相接、不出现孤立的单线。

11.1.5 清理未使用的图层

选择视图中所有将导出的物体，合并到图层 Layer0 中，清理未使用的图层。

11.1.6 让 Z 轴归 0

使用 AutoCAD 插件 Z0.lsp，将图形中 Z 坐标非 0 的图层物体归 0。

11.1.7 尺寸单位与图纸比例

一般的总平面图是按 1：1000 或者 1：500 的比例绘制的，数值单位是米。考虑到要在 SketchUp 中搭建体块（可能还要加细），为方便起见，将总平面图放大 1000 倍或 500 倍，变成毫米单位。

11.1.8 使用英文或拼音名称

文件名称和文件夹的名称均采用英文或拼音命名，如果采用中文名称 SketchUp 将无法识别。

◆提示：有关 AutoCAD 的使用方法本书不做介绍，请参阅相关书籍。

11.2 导入 SketchUp 处理后输出

11.2.1 导入 SketchUp 中

若导入之前，场景中已有其他的实体存在，那么所有导入的几何体会合并为一个组，以免影响已有的实体；如果导入到空白文件中则不会出现这种情况（见图11-11）。大的文件需要的导入时间比较长，因为 SketchUp 的几何体与 AutoCAD 软件中的几何体有很大的区别，转换需要大量的运算。

11.2.2 在 SketchUp 中封面

SketchUp 中的所有操作都是基于线和面，如果封不了面，那后面所有的工作都无从谈起。简单地说，在同一个平面上的直线或曲线首尾相接，闭合后就产生了面。这里可以看出来，封面有两个必要条件，第一是用于封面的线必须在同一个平面上，第二是这些线必须首尾相接并且闭合，缺一不可。如果遇到不能封面的情况，请试着用以下几种方法解决。

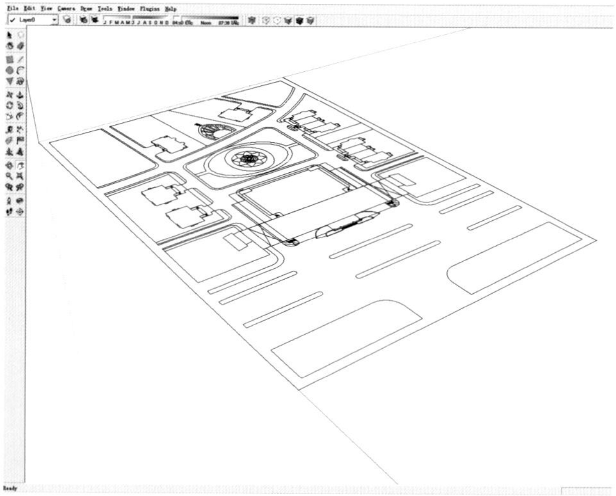

图11-3 导入 SketchUp 中

11.2.2.1 闭合的边线封面

SketchUp 中的 Create Face 命令可使闭合的边线封面，前提是选择围合的闭合线段。场景中部分线段满足这个要求，将这部分闭合线段封面，赋上材质（见图11-4、图11-5）。

11.2.2.2 描线封面

有些复杂的闭合边线无法封面，需通过描线断开闭合的线段，分段封面，注意捕捉点及坐标轴。封面后赋上材质（见图11-6~图11-9）。

11.2.2.3 连线封面

与描线封面不同的是，有些面需要借助连接三角面才能封面，封面后再将角线删除（见图11-10、图11-11）。

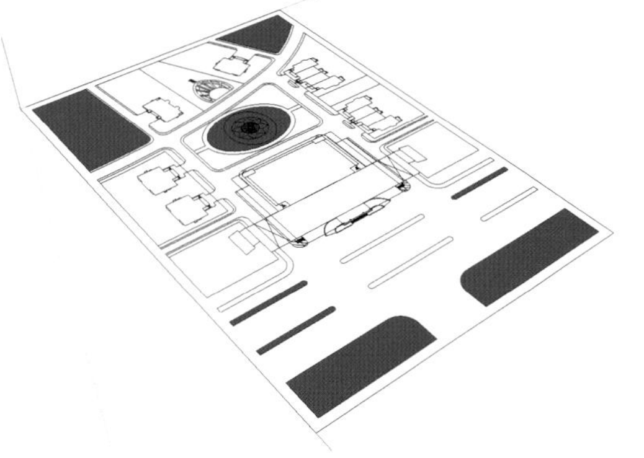

图11-4 闭合的线封面

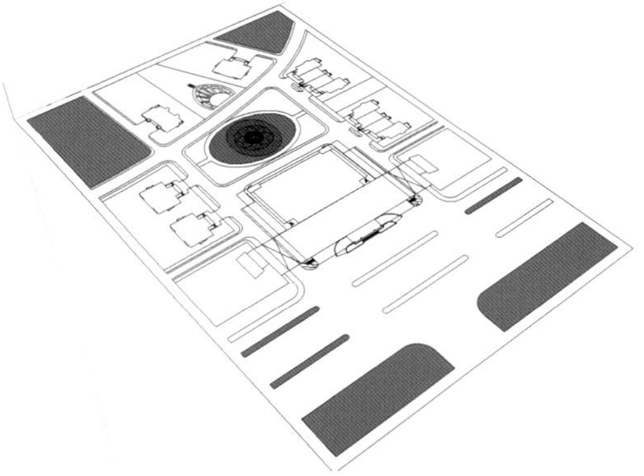

图11-5 赋材质

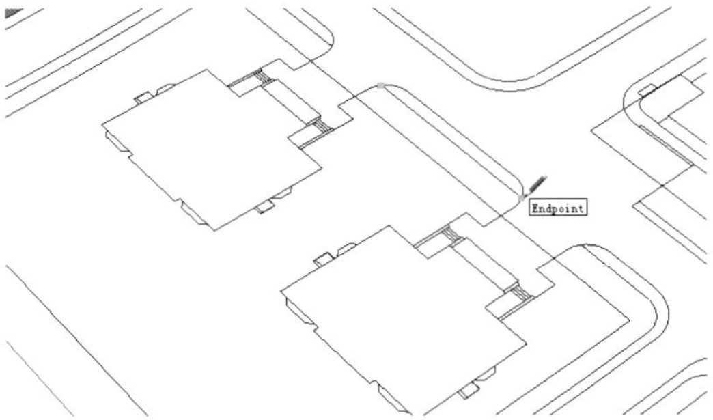

图11-6 描线时捕捉点

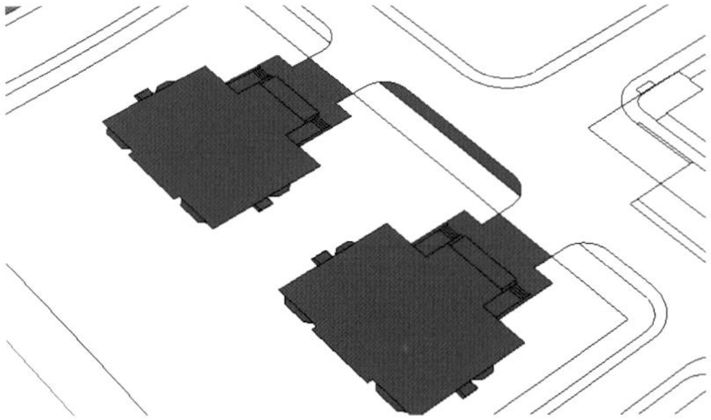

图11-7 封面

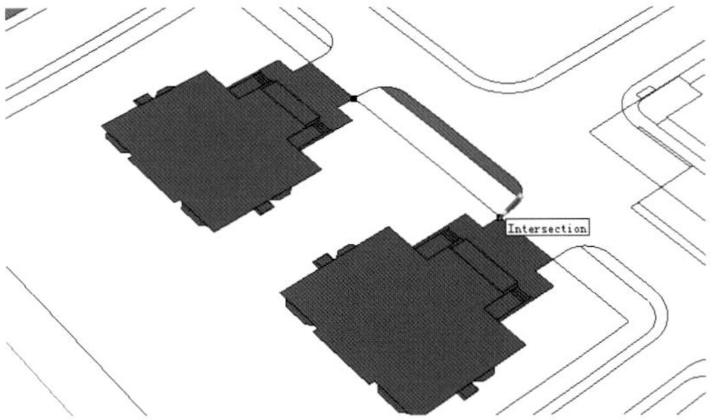

图11-8 描线封面

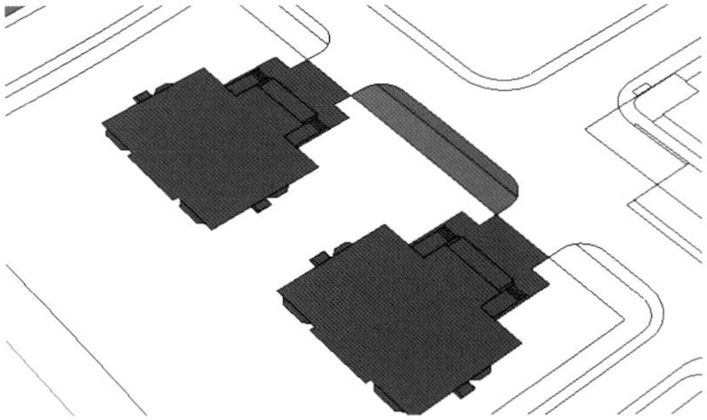

图11-9 赋材质

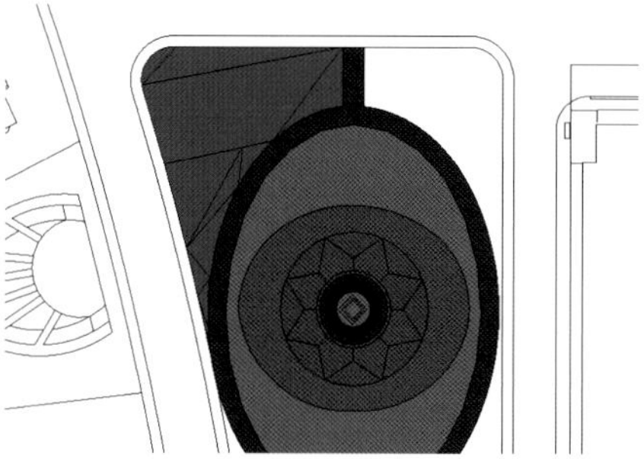

图11-10 先封三角面

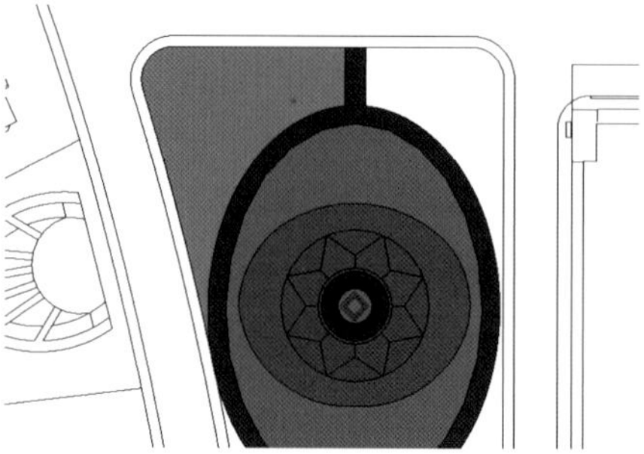

图11-11 封面后再将角线删除

11.2.2.4 查找线头

如果还有不能封面的现象，是因为接头处的误差往往非常小，不把镜头拉到很近根本无法发现，而在 SketchUp 中，镜头拉太近很容易出现显示上的错误。用 SketchUp 插件 label_stray_lines.rb 可以解决这个问题，能很快地查找未连接的线段，连线封面（见图11-12、图11-13）。

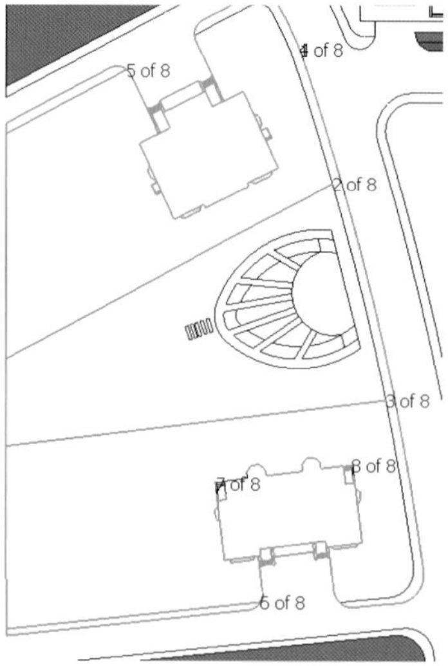

图11-12 查找线头

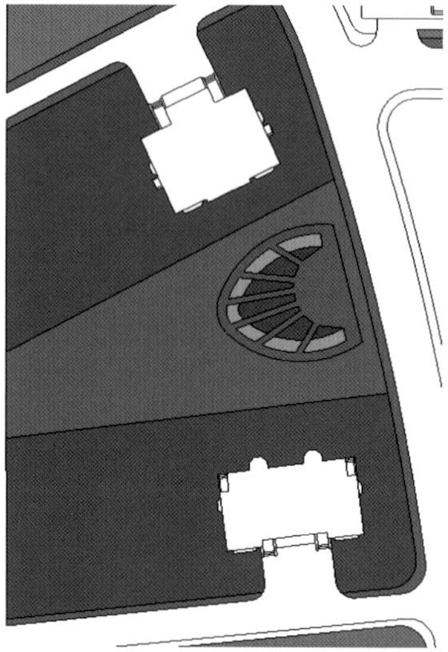

图11-13 连线封面

11.2.2.5 删除重画

如果使用以上办法仍旧有不能封面的情况，最好的办法是删除有问题的部分，重画。

11.2.3 推拉出体块高度

在 SketchUp 中搭建体块模型，通过推拉工具结合视图工具，向上拉伸，特别注意屋面的造型（见图11-14、图11-15）。这部分工作需要掌握 SketchUp 建模技术，请参阅相关书籍。

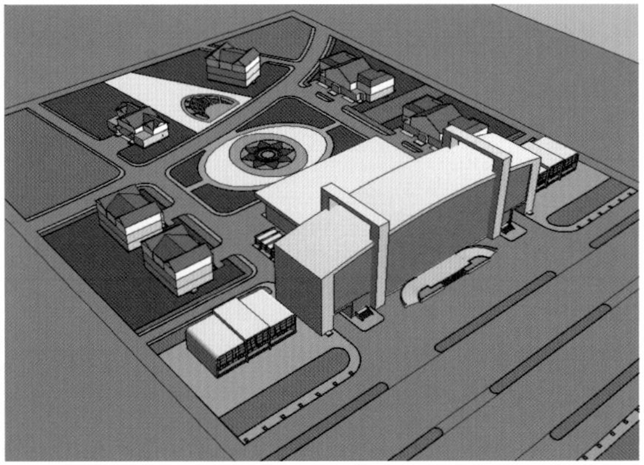

图11-14 体块效果一

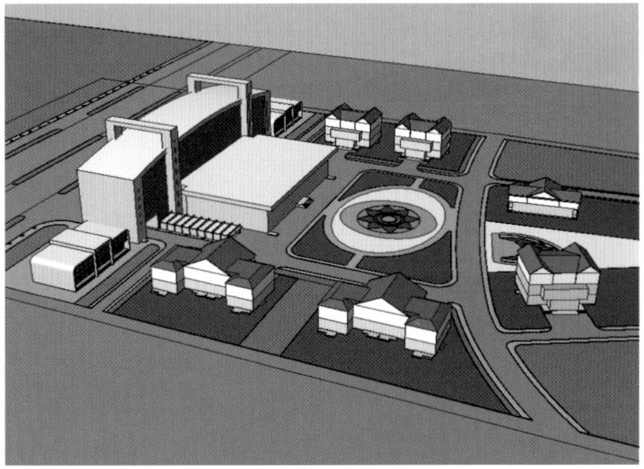

图11-15 体块效果二

11.2.4 设置地理信息求阴影

在 SketchUp 中可以很方便地通过 Google Earth 导入国家、城市以及精确的经纬度信息，同时导入该区域的 Google Earth 图像，不必另外开启 Google Earth，即可使模型产生相对准确的阴影（见图11-16）。为方便在 Photoshop 中修改，将这张没有纹理只有颜色的总平面图输出，图像尺寸的【宽度】值选择 5000 像素（Pixels），【高度】值将自动适配（见图11-17）。

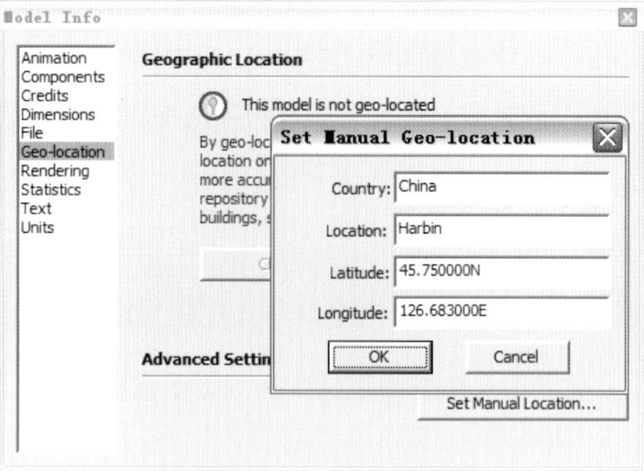

图11-16 地理位置

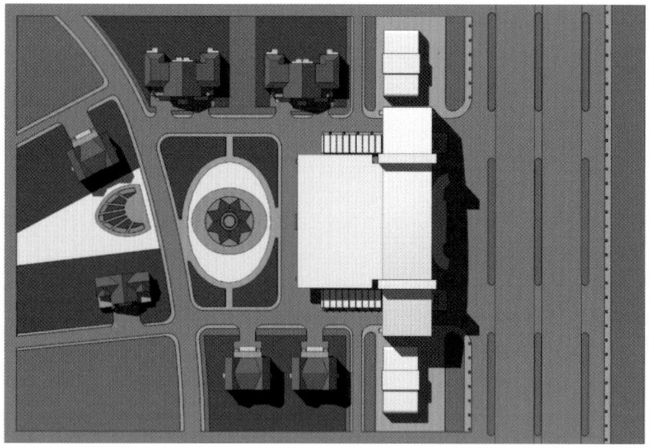

图11-17 输出区分颜色并设置阴影的总平面图

11.2.5 适当添加贴图纹理

在 SketchUp 中，通过材质（Materials）对话框可以很方便地添加贴图纹理（见图11-18、图11-19），这一步可以简化在 Photoshop 中的操作。

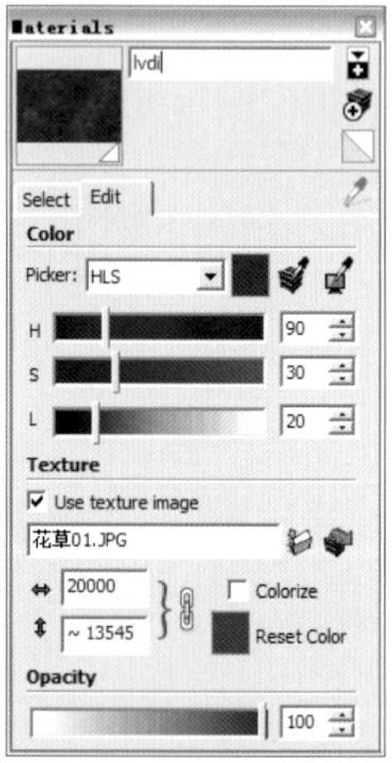

图11-18 材质对话框

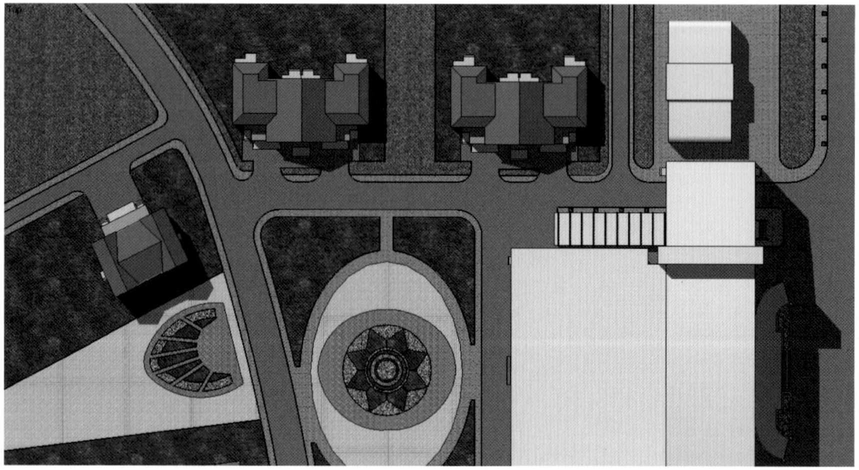

图11-19 添加贴图纹理

11.2.6 输出图像文件

输出前需检查一下视图显示，视图应为没有透视效果的平面图，可选择 JPG、TIF、PNG 中的一种图像格式，图像尺寸的【宽度】值选择 5000 像素（Pixels），【高度】值将自动适配（见图 11-20）。指定的尺寸越大，导出时间越长，消耗内存越多，生成的图像文件也越大。

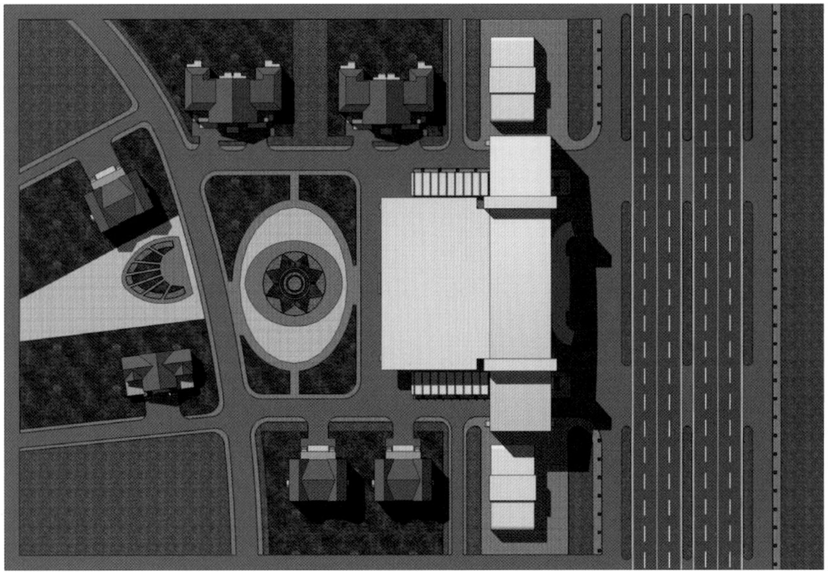

图11-20 在 SketchUp 中输出总平面图

如果事先知道最终的打印尺寸，在输出时应设置好输出图像的分辨率。打印的图纸尺寸为 A1（84.1 厘米×59.4 厘米）幅面，图像的宽度和高度值最低应该是 2384×1684 像素，分辨率为 72 像素/英寸。如果分辨率调整为 150 像素/英寸，图纸输出尺寸保持不变，那么图像的宽度和高度值应该是 4967×3508 像素。那么，这个尺寸是如何获得的呢?

1. 如果按 1∶1000 的比例输出 A1（84.1 厘米×59.4 厘米）大小的图纸，那么在 Photoshop

中，选择菜单【文件】下的【新建】命令，创建【宽度】为 84.1 厘米、【高度】为 59.4 厘米、【分辨率】为 72 像素/英寸的图像。

2. 选择菜单【图像】下的【图像大小】命令，在【图像大小】对话框的【像素大小】选项中，可以看到【宽度】是 2384 像素、【高度】是 1684 像素（见图11–21），这是输出 A1 幅面图像的最低像素要求。勾选【重定图像像素】选项，将【分辨率】调整为 150 像素/英寸，【像素大小】选项中的【宽度】自动改为 4967 像素、【高度】自动改为 3508 像素（见图11–22）。

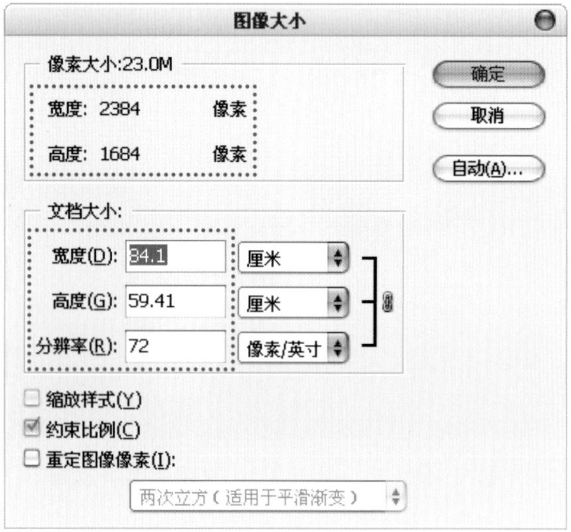

图11–21 分辨率为72像素/英寸的像素大小

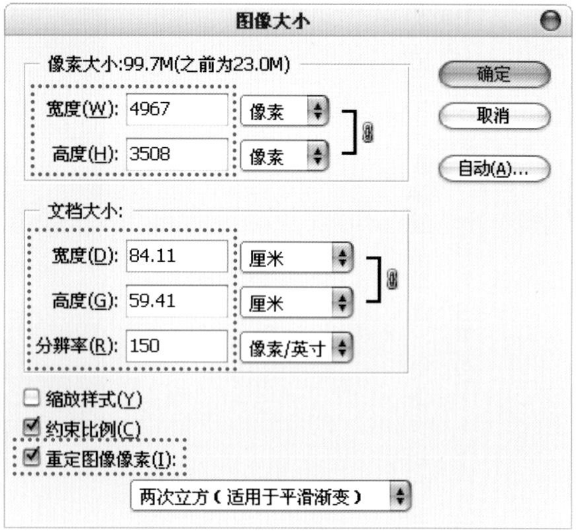

图11–22 分辨率为150像素/英寸的像素大小

3. 如果输出的图纸尺寸改为 A2（59.4厘米×42.0厘米），那么在【图像大小】对话框中的【文档大小】选项中，改变【宽度】或【高度】值，【分辨率】数值将随之增高。如果不想改变【像素大小】中的数值，【重定图像像素】选项不需勾选。

实际上，人眼对分辨率超过 300 像素/英寸的图像点阵是区分不出来的，因此，根据时间和实际需要确定分辨率，一般选择 72~150 像素/英寸即可，300 像素/英寸的分辨率主要是用于印刷。

接下来的任务是将输出的图像用 Photoshop 进行彩色总平面图的制作，所以与 11.4 节的内容是衔接的，请跳过 11.3 节的内容，继续阅读。

◆提示：对于面积相对较小，需要不断推敲平面布局的设计，采用导入 SketchUp 处理后输出的方法更为合理一些。

11.3 在 AutoCAD 中输出图像

对于面积相对较大的规划图，在 AutoCAD 中输出图像更为合理。在这个步骤进行之前，还需完成 11.1 节中提到的内容。然后通过显示或隐藏图层，分别输出建筑、路网、配景、文字的 EPS 文件，然后在 Photoshop 中合成，以方便操作。

11.3.1 在 AutoCAD 中设置打印选项

打开【打印】对话框（Ctrl+P）（见图11–23），用打印到文件的方式将 DWG 文件转化成图像文件格式。

1. 在【打印机/绘图仪】选项中，选择【EPS 绘图仪】，勾选【打印到文件】选项；在【图纸尺寸】选项中，选择【ISO A2（597.00 × 420.00毫米）】尺寸（见图11–24）。

2. 在【打印样式表】选项中，选择【acad】样式，单击编辑样式按钮（见图12–25），打开【打印样式表编辑器】对话框。

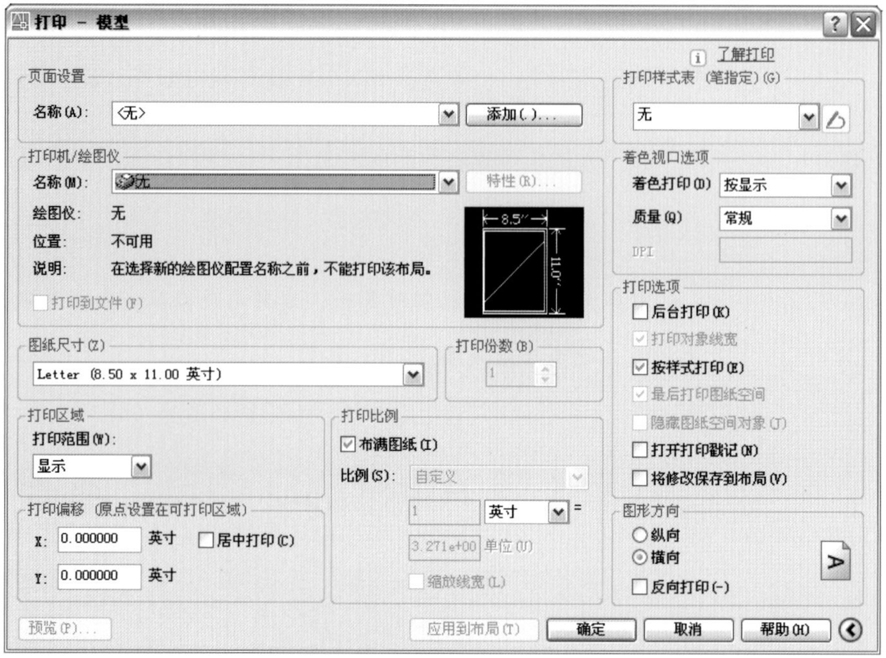

图11-23 打印对话框的初始选项

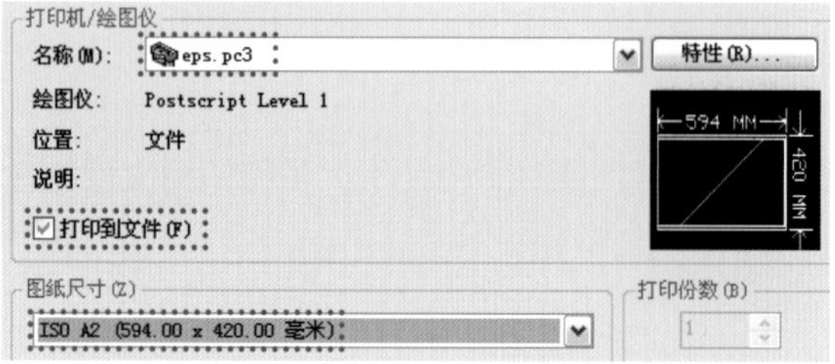

图11-24 设置打印到文件的图纸尺寸

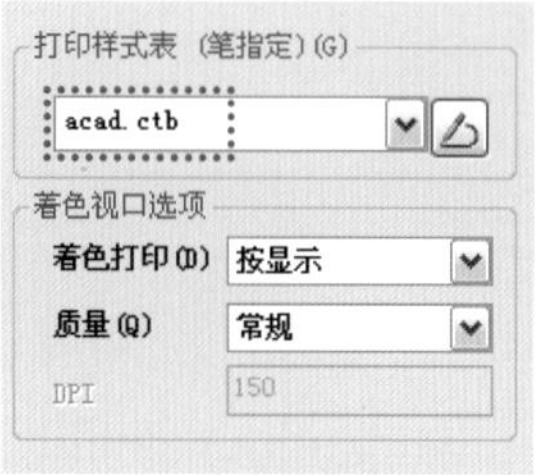

图11-25 设置打印样式

在【打印样式表编辑器】对话框中，选择所有颜色打印样式，设置【颜色】为【黑色】、【线型】为【实心】（见图11-26）。单击【保存并关闭】按钮，退出打印样式编辑器，继续设置打印参数。

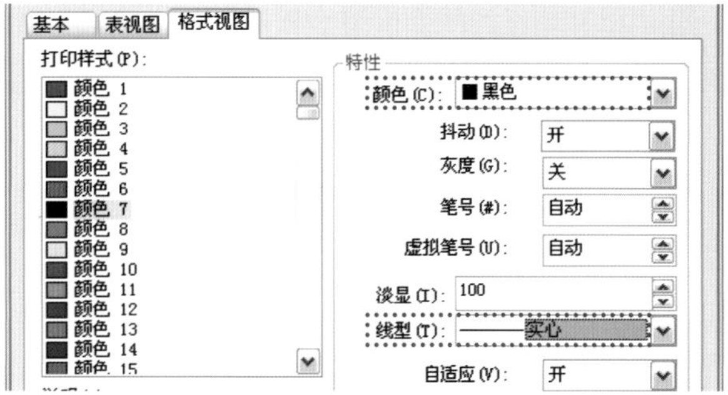

图11-26 设置线条的颜色和线型

3. 在【打印区域】选项中，打印范围选用【窗口】命令，在绘图窗口中分别拾取前面外框矩形的两个角点，指定打印输出的范围；在【打印比例】选项中，勾选【布满图纸】；在【打印偏移】选项中，勾选【居中打印】（见图11-27）。

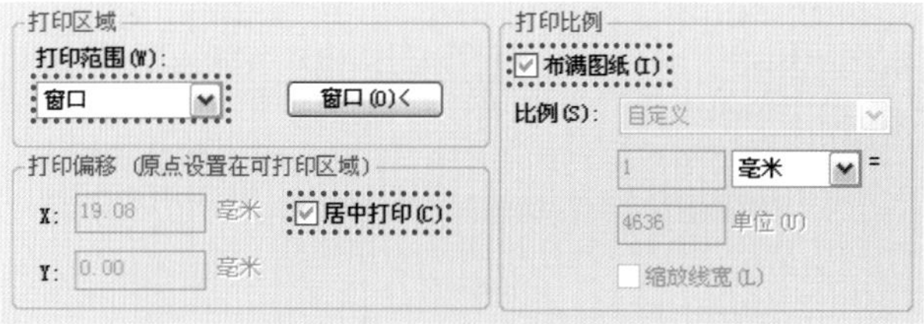

图11-27 设置打印范围

4. 单击【确定】按钮，打开【浏览打印文件】对话框，指定打印输出的文件名和保存位置，最后单击【保存】按钮，开始打印输出，即打印输出至指定的文件中。

11.3.2 格栅化 EPS 格式文件

EPS 格式的文件，是多数软件都能识别的文件格式类型，灵活设置高分辨率的能力使其更适用于矢量图形。输出 EPS 格式后，在 Photoshop 中打开，首先出现的是【格栅化 EPS 格式】对话框，根据输出的需要设置合适的图像大小和分辨率（见图11–28）。格栅化处理之后，得到一个透明背景的线框图像，加一个背景层后，线条清晰可见（见图11–29）。

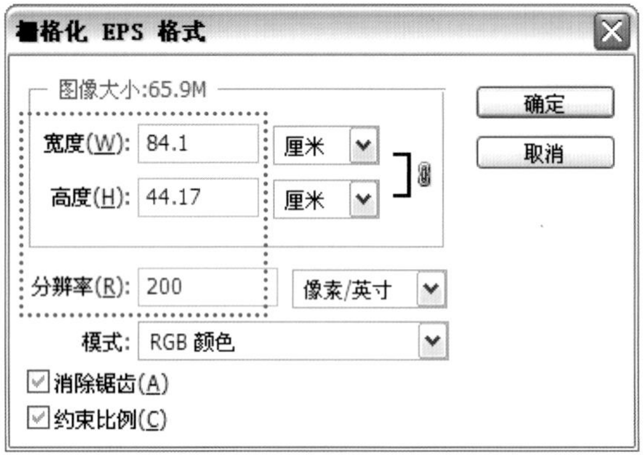

图11–28 设置图像大小和分辨率

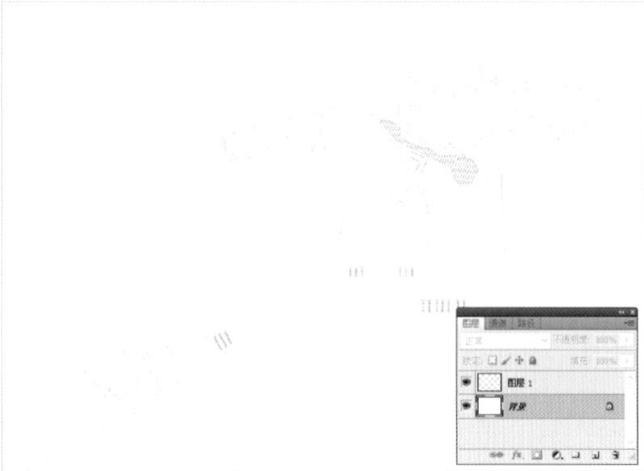

图11–29 格栅化图像

依次将路网、建筑、配景、文字的 EPS 文件导入同一个文件中（见图11–30、图11–31）。

图11–30 图层面板

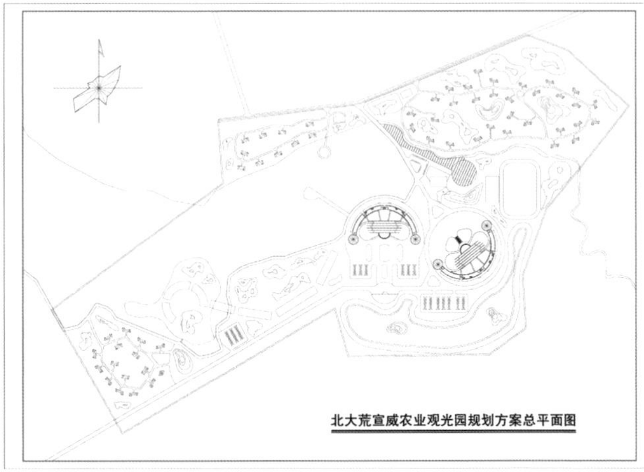

图11–31 导入同一个文件中

11.4 用 Photoshop 制作彩色总平面

11.4.1 从 SketchUp 输出后整理成彩色总平面图

打开图11–17，双击背景层改为普通图像图层，改名为“颜色”。将“图11–20”复制进来，命名为“总平面”。接下来的主要任务是添加平面配景以及进行必要的修饰。

11.4.1.1 添加平面植物配景

添加平面植物配景的一般顺序为：先主干道，再次干道，最后是各个景观绿地。注意颜色层次和尺度比例的协调。

1. 主干道的行道树一般选比较大的、颜色比较深的平面树（见图11–32）。

2. 调整好大小（Ctrl+T）和颜色后，放置合适位置，接下来的任务是复制（见图11–33）。

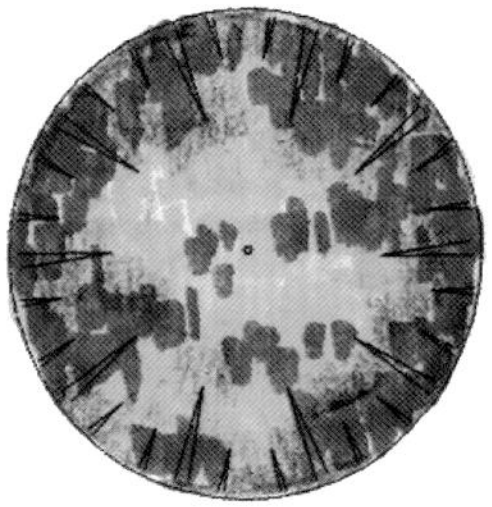

图11–32 平面植物配景

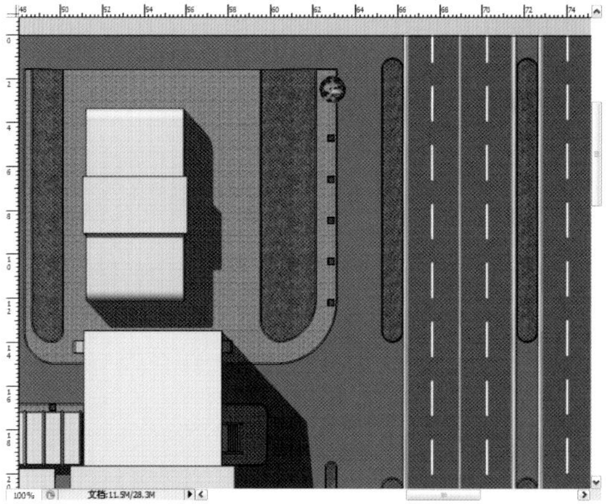

图11–33 行道树配景

如果按图层复制，会生成许多图层；如果复制选区内的物体，生成的物体将留在当前层。间距基本一致的行道树可以选择后者（见图11–34、图11–35）。

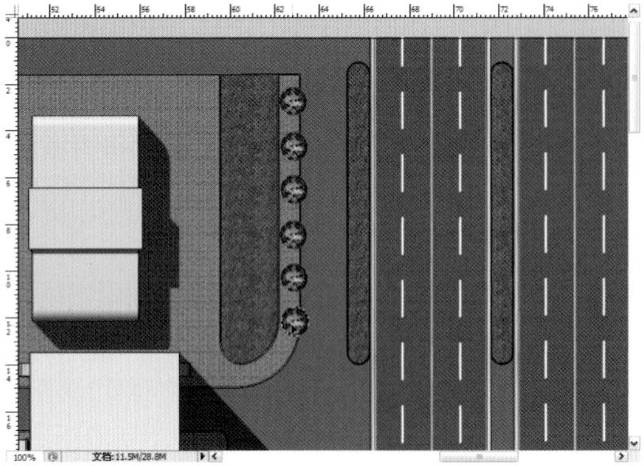

图11–34 复制行道树配景

图11–35 行道树图层

3. 为院内的道路两旁添加平面树（见图11–36）。

4. 复制各个树图层，添加黑色后将【不透明度】数值调至 60%，与图面中的建筑阴影深浅基本保持一致，向右下移动一段距离（见图11–37）。

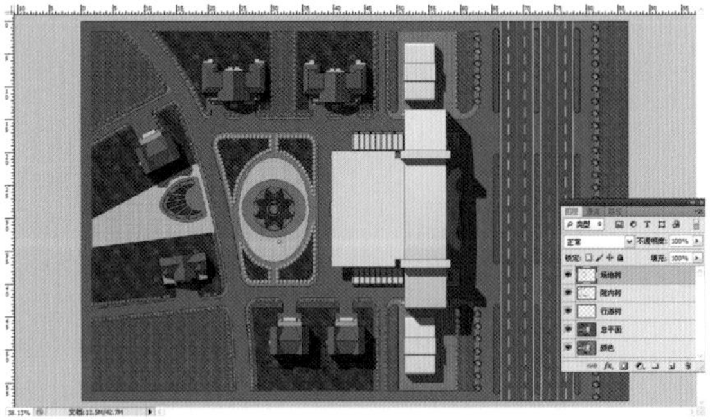

图11–36 庭院内的树木

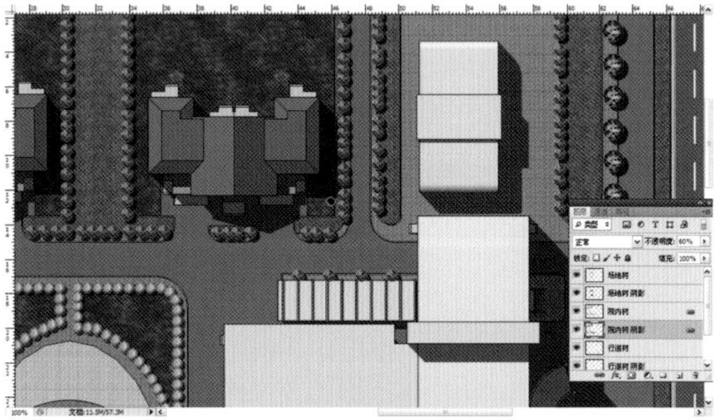

图11–37 添加庭院树的阴影

5. 有一些树被建筑遮挡，需借助无纹理只有颜色的总平面图（见11.2.4节），通过【魔棒工具】（W）将阴影区域选中，在“院内树”的上一层添加【亮度/对比度】调整图层（见图11-38、图11-39）。

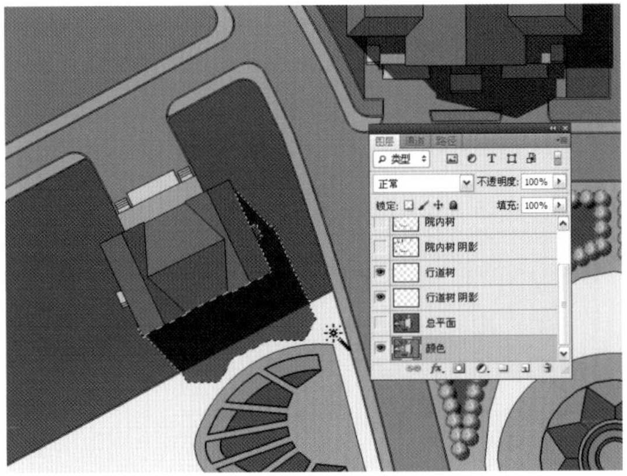

图11-38 选择建筑的阴影区域

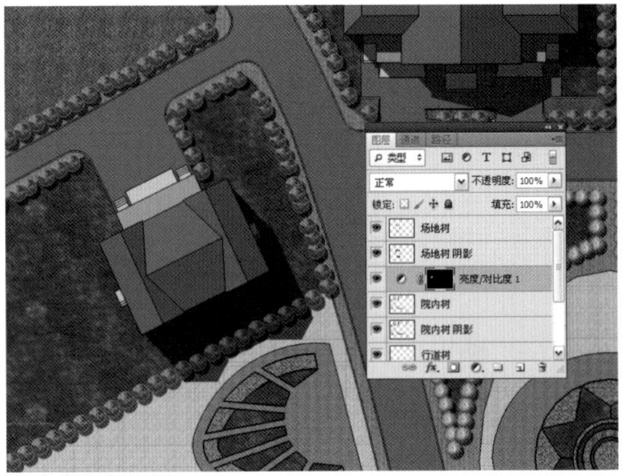

图11-39 添加调整图层

6. 在“院内树”图层，用【魔棒工具】（W）选中树之外的区域（见图11-40）；回到【亮度/对比度】调整图层，添加黑色，以修正蒙版区域（见图11-41）。

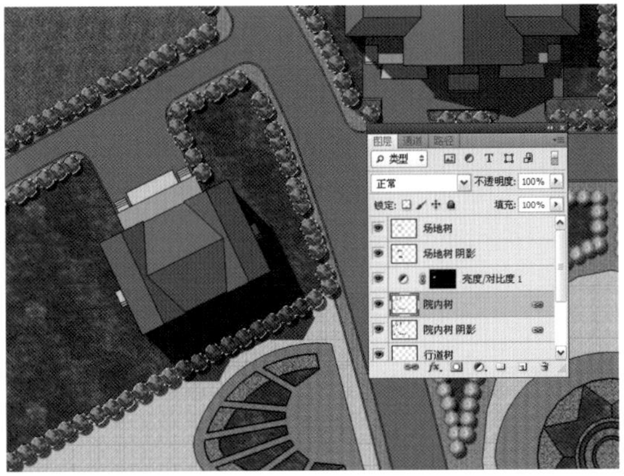

图11-40 选中树之外的区域

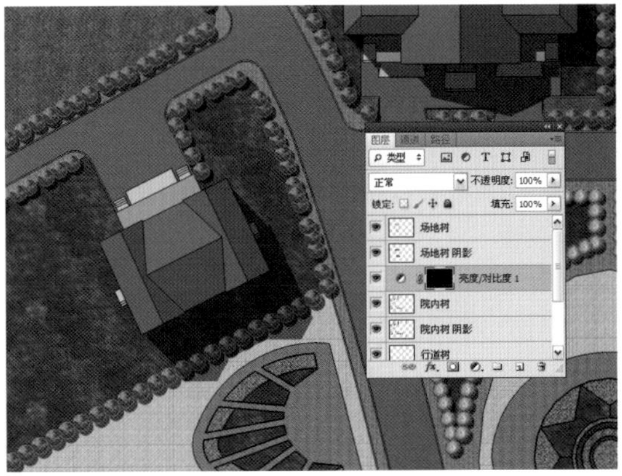

图11-41 建筑阴影内的树木

7. 由于不是景观平面图，可适量添加景观树，景观树的阴影也可以通过添加【图层样式】的方式获得，为保证图面中阴影的一致性，注意调整图层样式中的【混合模式】、【不透明度】和【角度】参数（见图11-42~图11-44）。

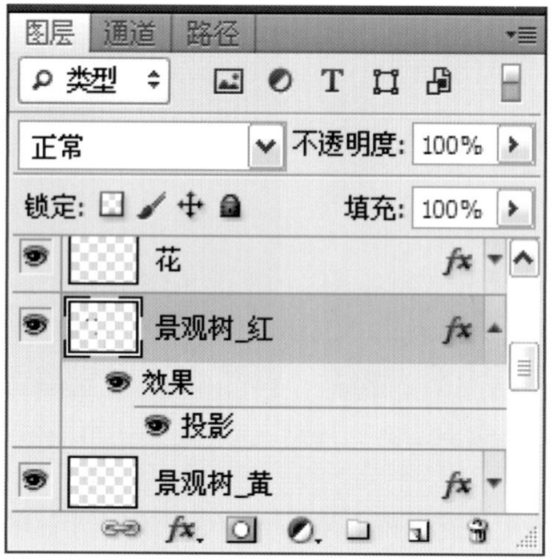

图11-42 景观树的图层

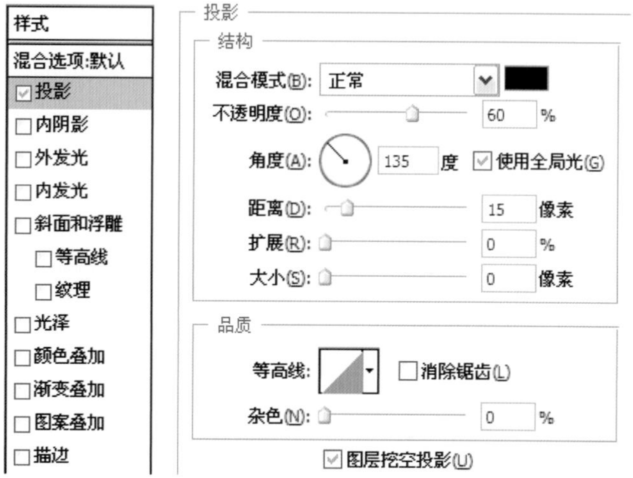

图11-43 阴影参数

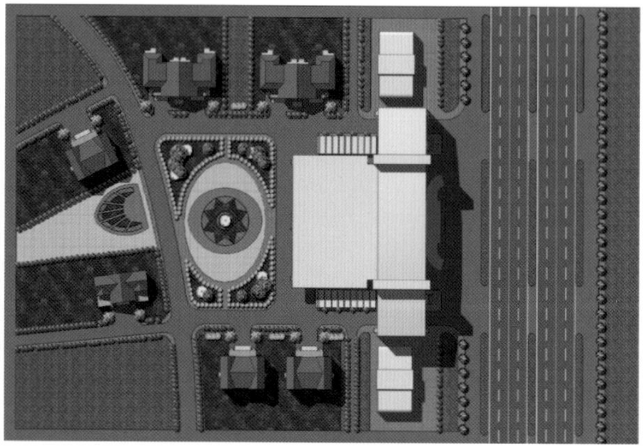

图11-44 景观树

11.4.1.2 更换草地纹理

为使功能分区更加明确，将中心绿地的草地纹理进行更换。

1. 拷贝草地纹理至“总平面图”的上一层（见图11-45），在“颜色”图层用【魔棒工具】（W）获得选区（见图11-46）。

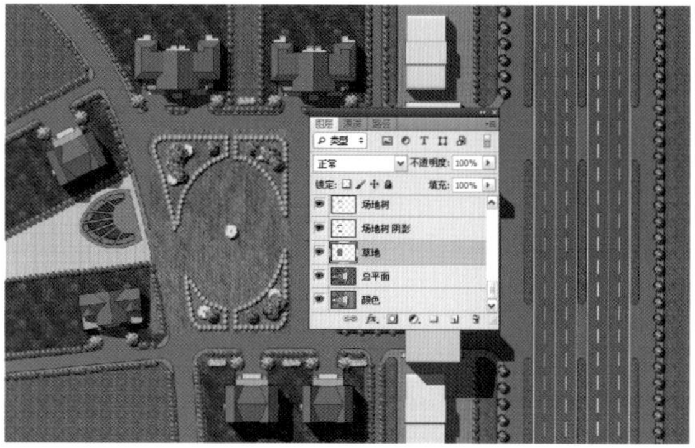

图11-45 拷贝草地纹理

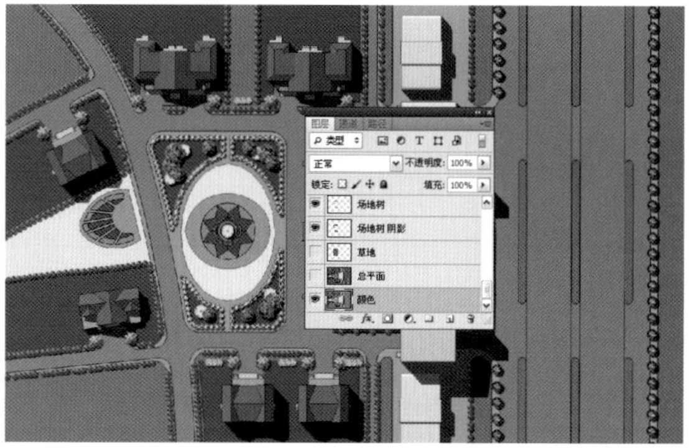

图11-46 获得选区

2. 回到“草地”图层，添加【图层蒙版】，并调整图层的【不透明度】（见图11-47、图11-48）。

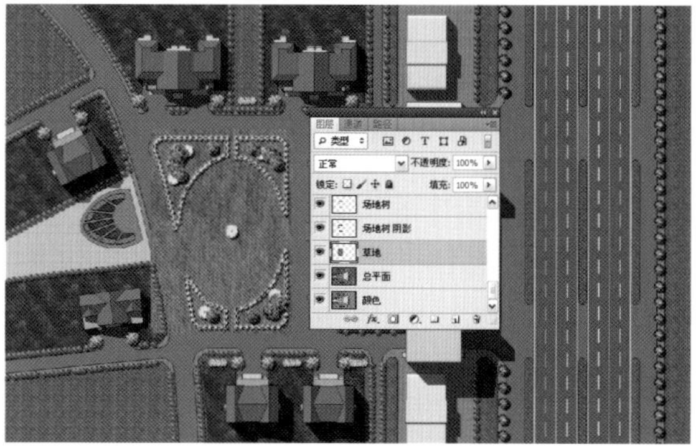

图11-47 草地图层

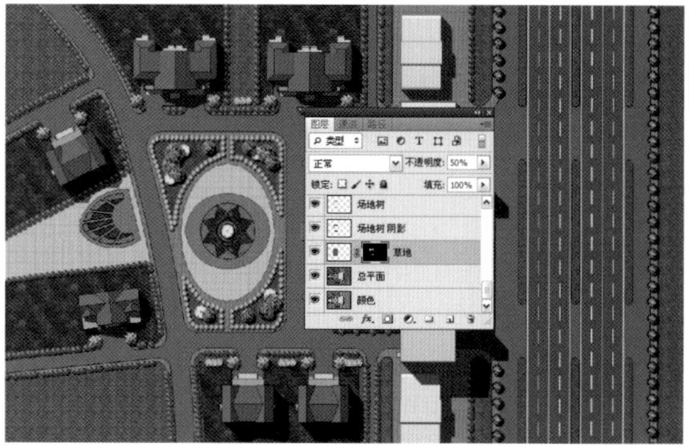

图11-48 添加图层蒙版

11.4.1.3 添加平面汽车配景

在道路、行车道、停车场等位置添加平面汽车配景，并加上阴影（见图11-49、图11-50）。

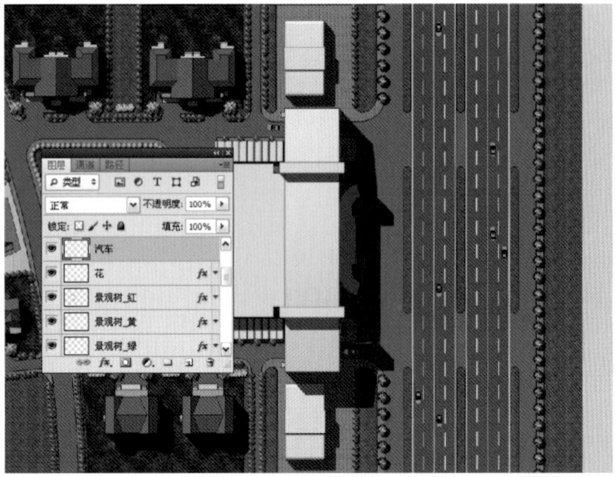

图11-49 汽车

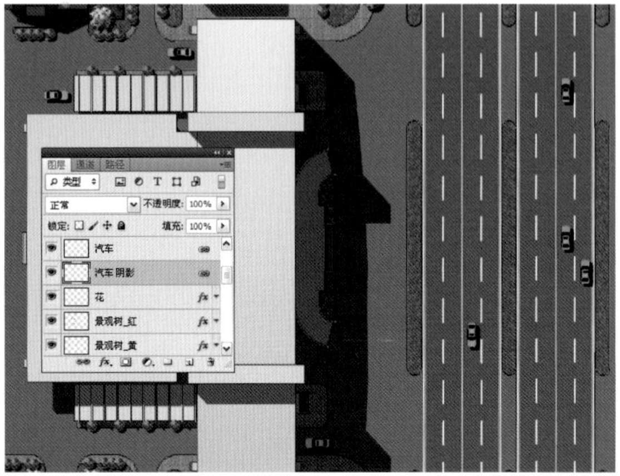

图11-50 汽车阴影

11.4.1.4 适当修饰画面

画面中的阴影是向右下方向，整体效果应为“左亮右暗”。

1. 新建图层，命名为“渐变”。在该图层上创建一个由左上向右下的白黑两色斜向渐变，将【图层模式】改为【叠加】，【不透明度】改为40%（见图11-51、图11-52）。

2. 创建【照片滤镜】调整图层，选择【加温滤镜（85）】滤镜，颜色选默认的橘色即可。修改蒙版，添加与“渐变”图层一致的渐变（见图11-53、图11-54）。

3. 由于草地部分面积比较大，变化较少，显得很平淡。

图11-51 渐变图层

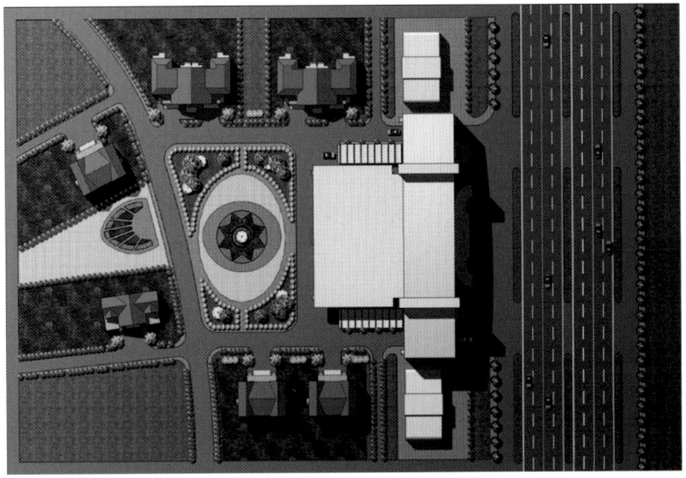

图11-52 添加渐变效果

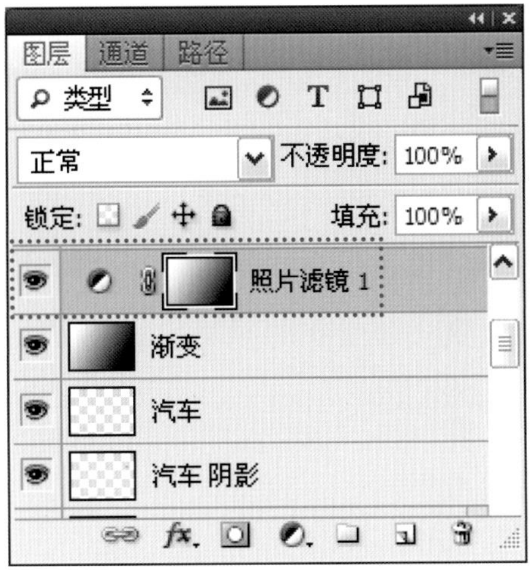

图11-53 照片滤镜调整图层

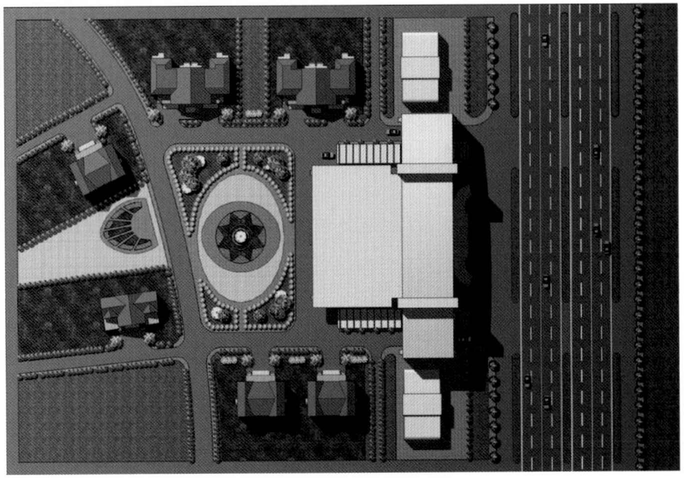

图11-54 添加照片滤镜效果

创建新图层为“光影”，将前景色设置为黄色，用【画笔工具】（B）涂画光线，再用滤镜中的【动感模糊】命令晕开。借助“颜色”图层获得草地选区，添加【图层蒙版】，将图层模式改为【叠加】，【不透明度】改为30%（见图11-55~图11-58）。

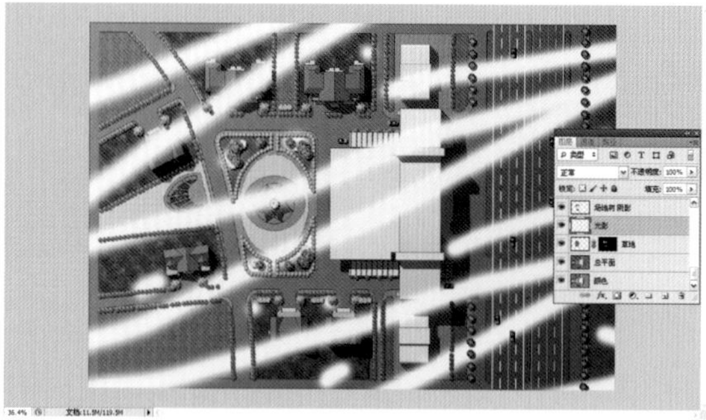

图11-55 涂画光线

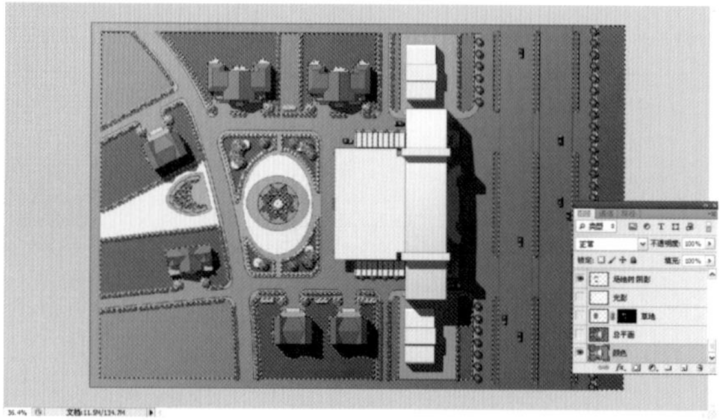

图11-56 草地选区

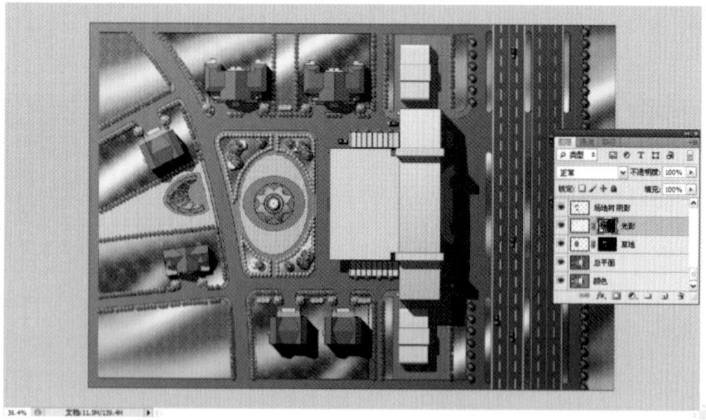

图11-57 添加图层蒙版

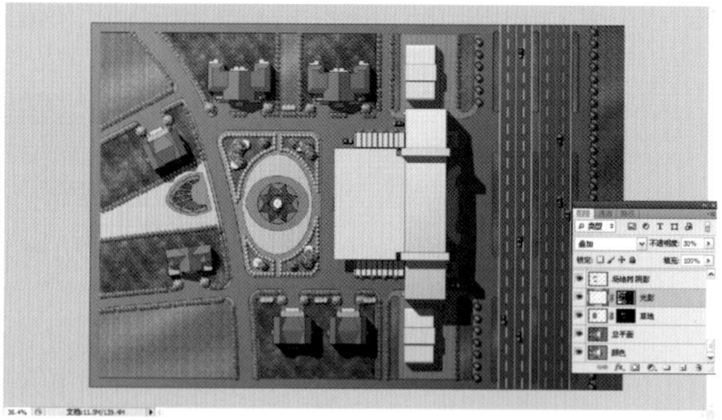

图11-58 草地的光影效果

11.4.1.5 添加图例及文字

1. 在画面中添加图例和文字。

2. 在【图层面板】中带有阴影样式的图层中右击，选择【拷贝图层样式】命令，分别复制到图例和文字图层中。例如，在文字图层中右击，选择【粘贴图层样式】命令，以保证阴影方向的一致性（见图11-59、图11-60）。

图11-59 文字图层

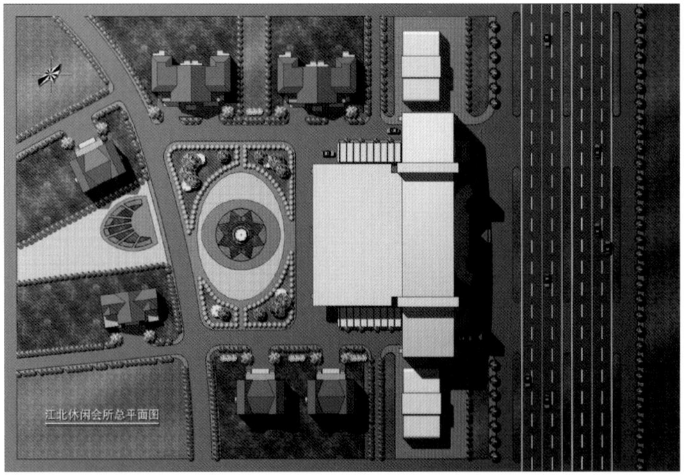

图11-60 将 SketchUp 输出的图像整理成彩色总平面

11.4.2 从 AutoCAD 输出后制作成彩色总平面图

在 11.3.2 节已经完成了从 AutoCAD 中输出图像文件（见图11-31），接下来的主要任务是在 Photoshop 中添加颜色、纹理、平面配景以及必要的修饰，要比 11.4.1 节的内容复杂一些。

11.4.2.1 在 Photoshop 中划分层次

在彩色平面图中，最重要的工作就是路网、建筑、绿化区三部分的层次划分，区域划分之后，后面的处理就显得非常有序了，路面为最底层，绿化区居于中间层，建筑置于最顶层，看起来清晰明了。

1. 在“路网_墨线”图层中，用【魔棒工具】（W）选择路面，创建新图层，填充深灰色，将图层命名为“路网”，并用颜色描述图层，以便于识别（见图11-61、图11-62）。如果遇到不能闭合的情况，请在“路网_墨线”图层中用【直线工具】（U）画线的方法将其断开。

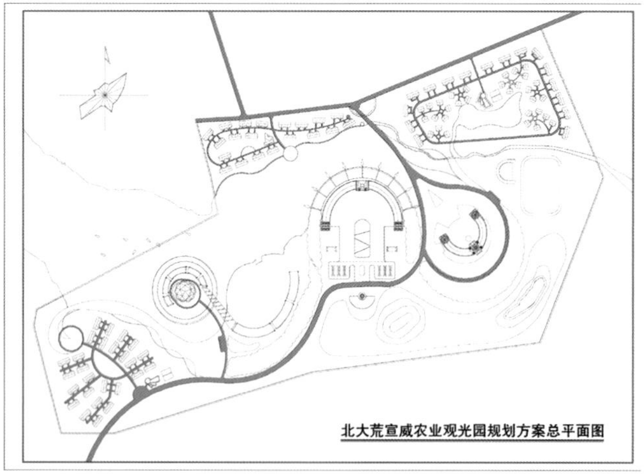

图11-61 路网

图11-62 路网图层

2. 用同样的方法依次将铺地、绿化、水面、建筑、用地界线等填充颜色，注意图层的上下关系，避免相互遮挡（见图11-63）。

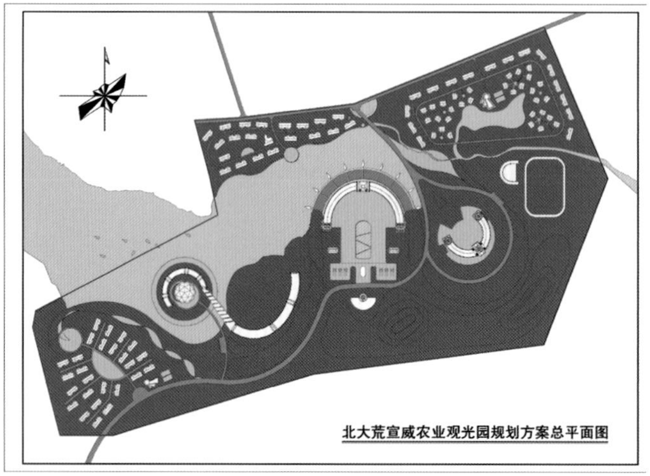

图11-63 填充颜色

3. 原地复制“建筑”图层为“建筑阴影”图层，提取选区后填充黑色，图层的【不透明度】设置为 80%，向右下移动一段距离。根据建筑的高度，移动的距离不尽相同，用键盘上的 → 和 ↓ 键移动，方便操作（见图11–64），然后修理阴影形状（见图11–65）。

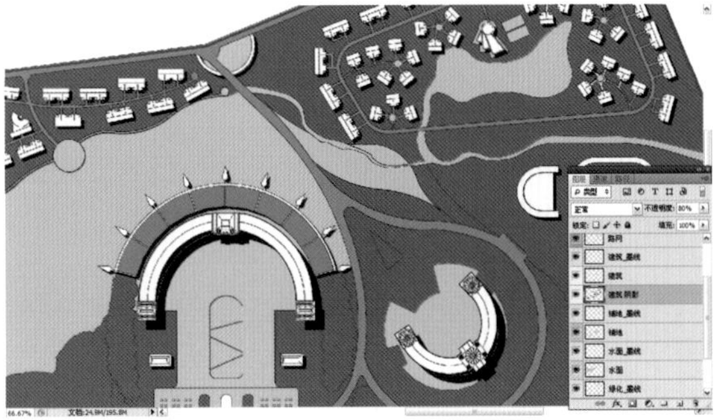

图11–64 复制为建筑阴影

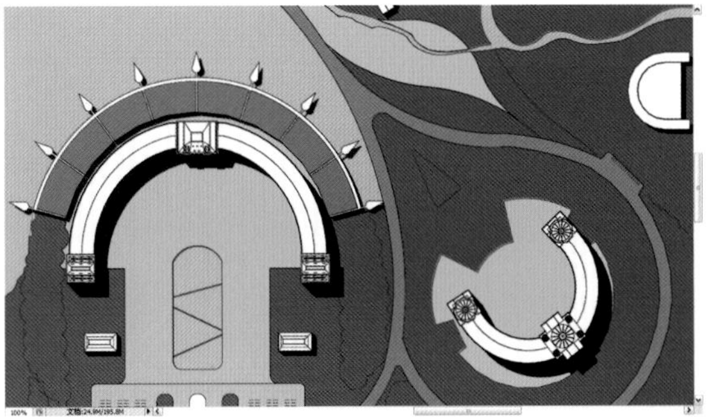

图11–65 建筑阴影的形状

4. 确定了建筑的阴影方向之后，其他部分可据此表现光线效果。

11.4.2.2 在 Photoshop 中添加纹理

在 Photoshop 中添加纹理一般分为两种方法，一是像水面类型，使用的是一张贴图纹理；二是像硬质铺地类型，需要重复的贴图纹理。

1. 水对人有特殊的吸引力，为了迎合人们返璞归真、傍水而居的生活理想，引入水景景观的设计手法非常普遍。水面制作一般可填充颜色后加渐变或者添加图片纹理后加渐变，以体现水面的质感和光感变化。将水面的图片拷贝至图像中（见图11–66），调整大小。提取“水面”图层的选区，在水面纹理图层添加【图层蒙版】（见图11–67）。根据画面的整体光感效果，加一个由左上至右下的白黑渐变，图层模式改为【叠加】，【不透明度】改为 80%（见图11–68）。

图11-66 水面纹理

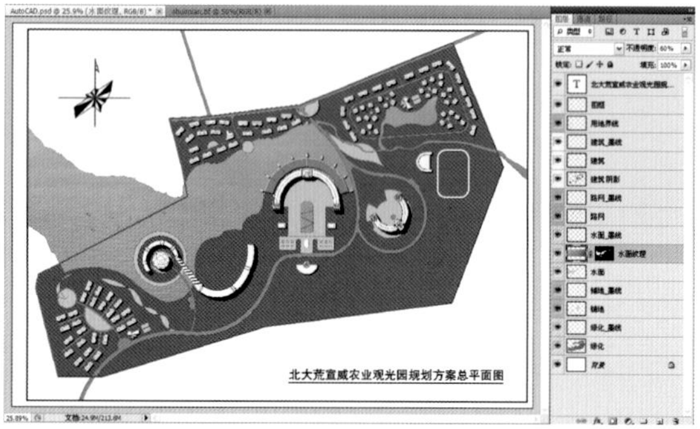

图11-67 添加图层蒙版

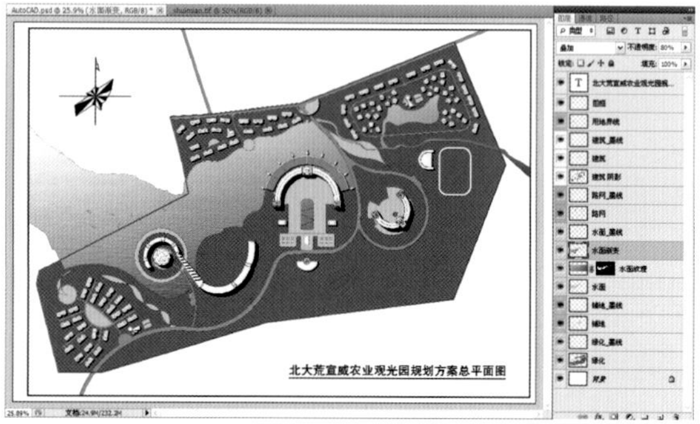

图11-68 添加渐变效果

2. 先定义铺地图案再填充。拷贝一个铺地图案（见图11-69），调整大小后，用【矩形选框工具】⬚（M）绘制选区，执行菜单【编辑】下的【定义图案】命令（见图11-70）。提取“铺地”图层的选区，当前层为“铺地纹理”图层，执行菜单【编辑】下的【填充】命令，【内容】选项选择【图案】，在【自定义图案】中通过下拉列表选择“铺地”图案（见图11-71），铺地图案被填充进来（见图11-72）。

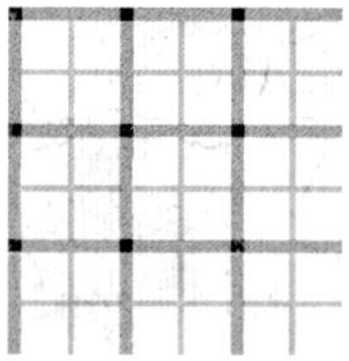

图11-69 铺地纹理

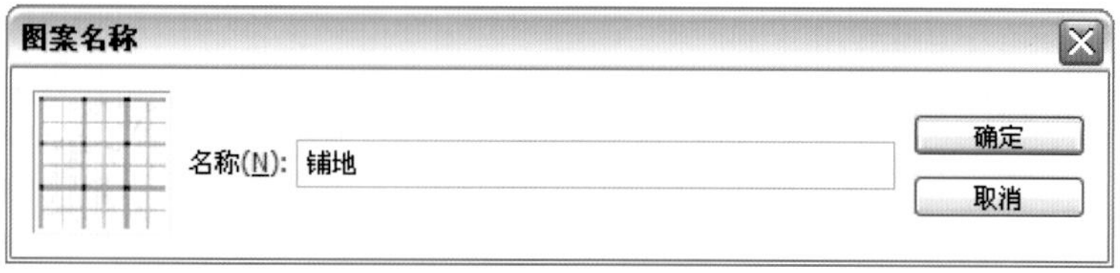

图11-70 定义图案

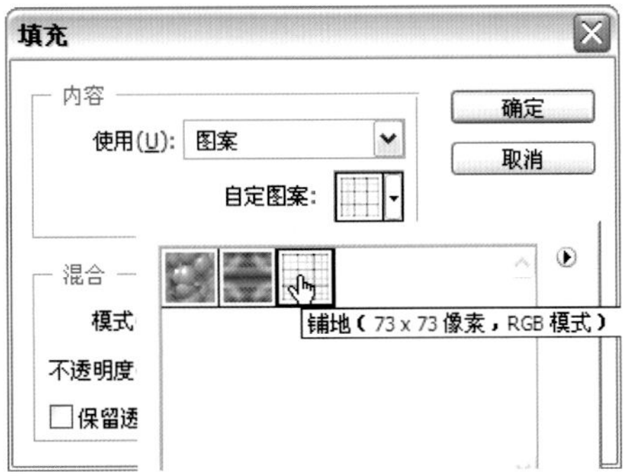

图11-71 填充图案

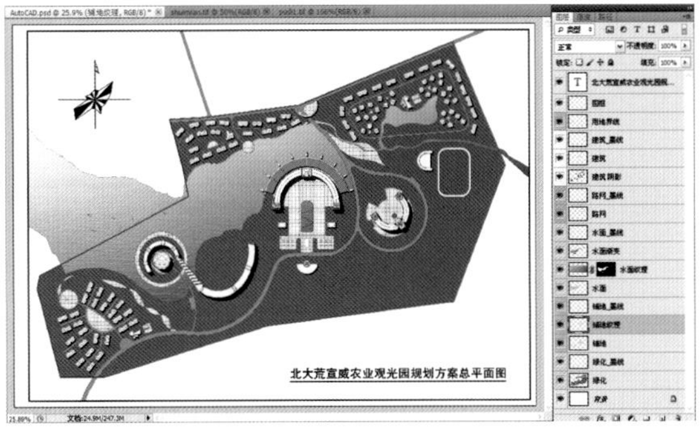

图11-72 铺地效果

3. 草地的制作方法很多，可以使用草地纹理、填充颜色加滤镜或者几种方法混合使用。

复制“绿地”图层为“绿地纹理”图层，执行菜单【滤镜】下【杂色】命令里的【添加杂色】命令（见图11-73、图11-74）。然后执行菜单【滤镜】下【模糊】命令里的【动感模糊】命令（见图11-75、图11-76）。

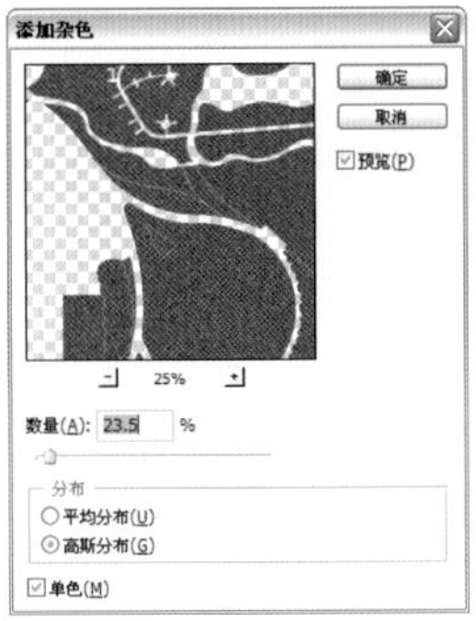

图11-73 添加杂色

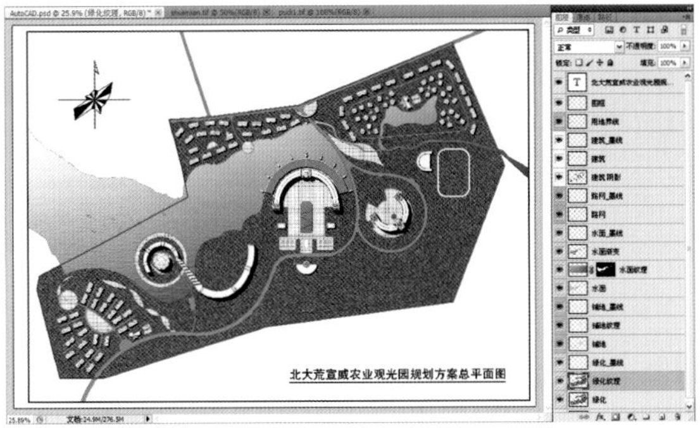

图11-74 添加杂色效果

由于草地的面积比较大，看起来缺少变化。新建一个文件，填充暖黄色，执行菜单【滤镜】下【渲

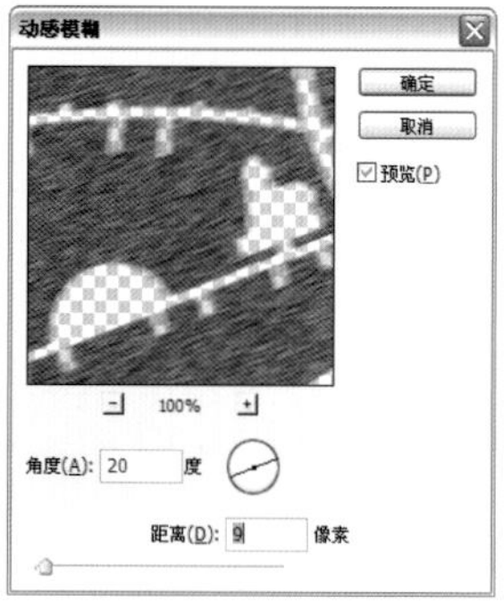

图11-75 动感模糊

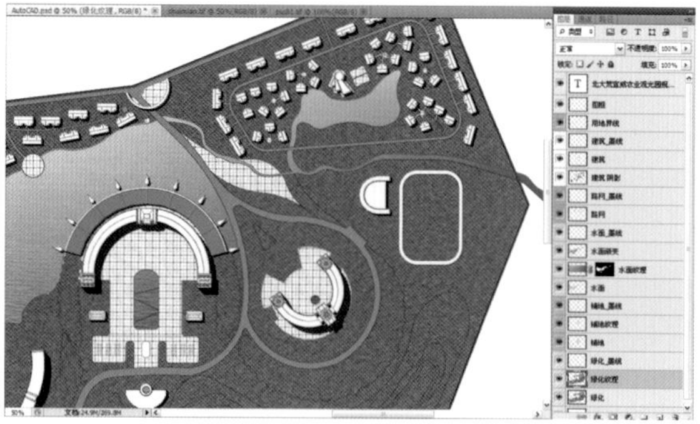
图11-76 动感模糊效果

染】命令里的【云彩】命令，获得一张云彩图片（见图11-77），将该图拷贝至总平面图中，提取“绿地”图层的选区，添加【图层蒙版】，将图层模式改为【叠加】，【不透明度】改为 30%（见图11-78）。

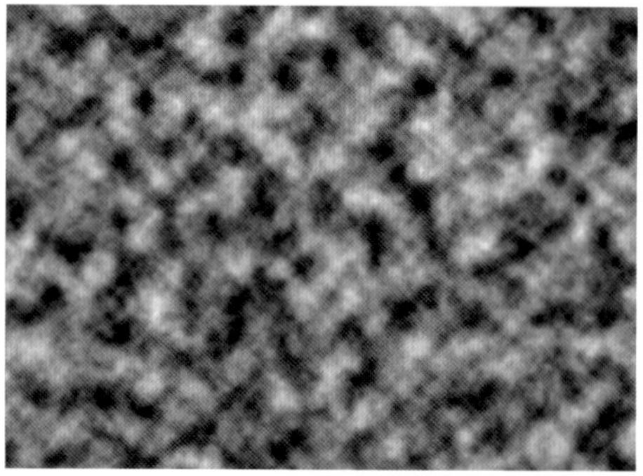
图11-77 云彩滤镜效果

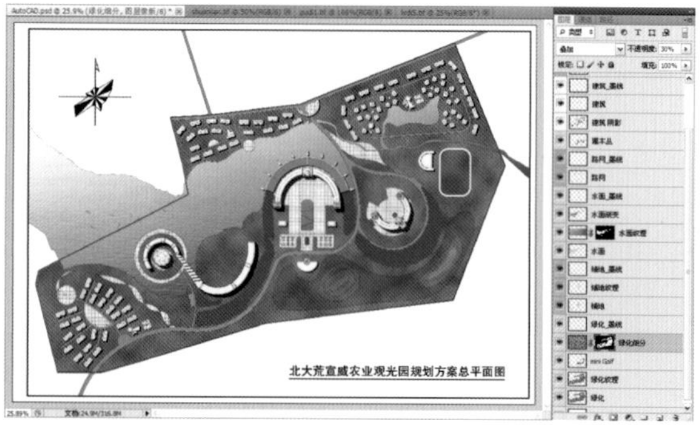

图11-78 丰富草地纹理

根据功能需要，用添加调整图层的方法将草地划分出层次（见图11-79）。

4. 在“水面_墨线”的上一层创建新图层，获得选区后，选择菜单【编辑】下的【描边】命令，分别添加 2、4 个像素的边缘，命名为“水面_河岸”（见图11-80）。

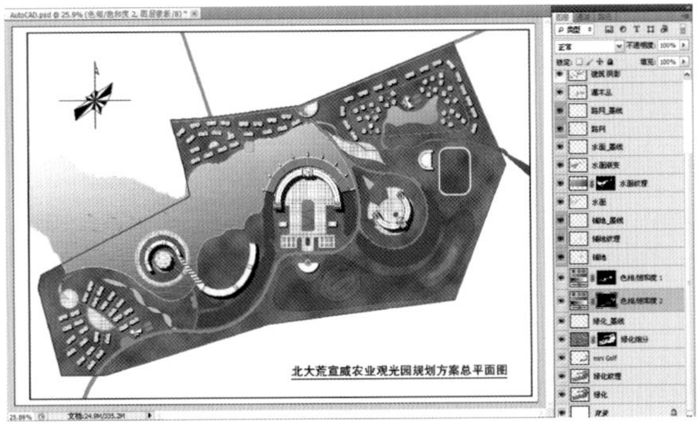

图11-79 划分草地层次

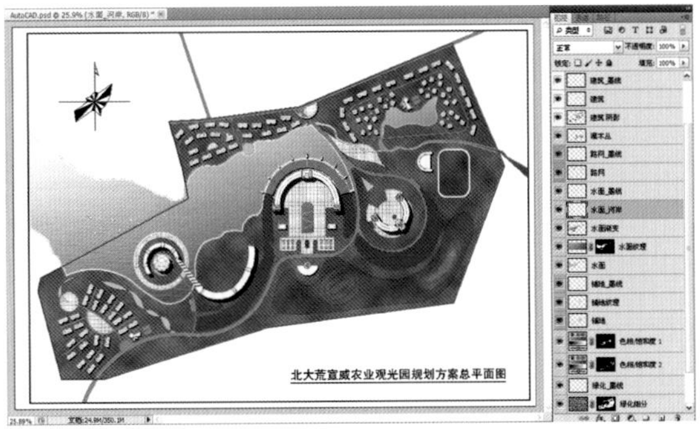

图11-80 添加河岸效果

5. 填充其他区域的纹理（见图11-81）。

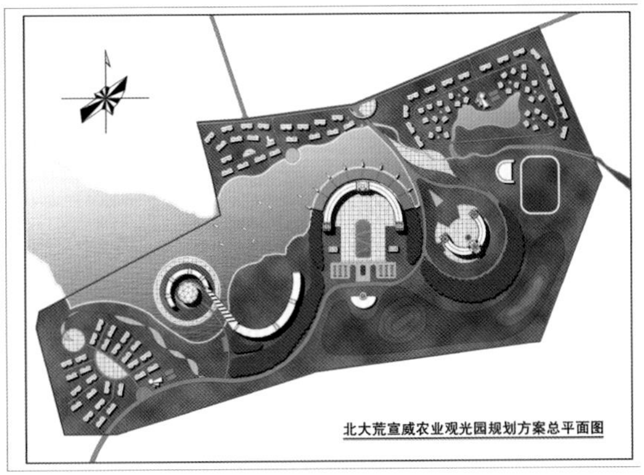

图11-81 添加纹理

11.4.2.3 添加平面配景

1. 从 Google Earth 中下载的该地区的卫星地图，添加到背景中，调整其色调（见图11-82）。

2. 添加平面植物配景（见图11-83），具体操作方法请参见 11.4.1 节的内容。

图11-82 添加卫星地图

图11-83 添加平面配景

11.4.2.4 在 Photoshop 中添加图例

图中现有的用地界线不是点划线，下面以绘制点划线为例，讲解如何按路径描边，这对绘制各种分析图将会非常有帮助。

1. 在透明图层中绘制点划线（见图11–84），选取后选择菜单【编辑】下的【定义画笔预设】命令，定义为笔刷（见图11–85）。

图11-84 绘制点划线

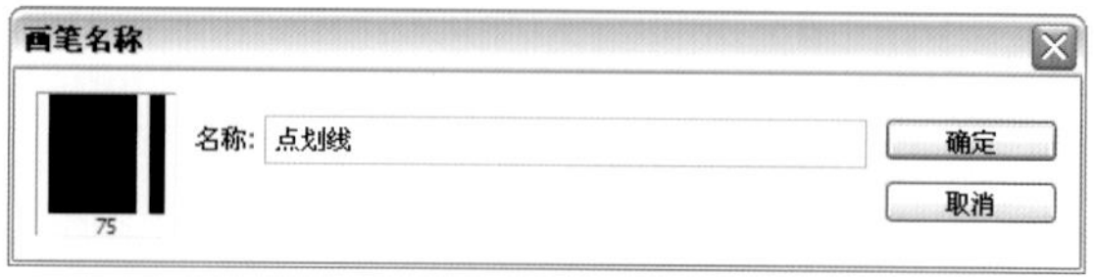

图11-85 定义笔刷

2. 激活【画笔工具】（B），在【笔刷面板】中选中定义好的点划线笔刷，将笔刷【大小】和画笔的【间距】设置好（需反复试验几次）（见图11–86）；在【形状动态】选项中的【角度抖动】设置中，选择【控制】为【方向】（见图11–87）。

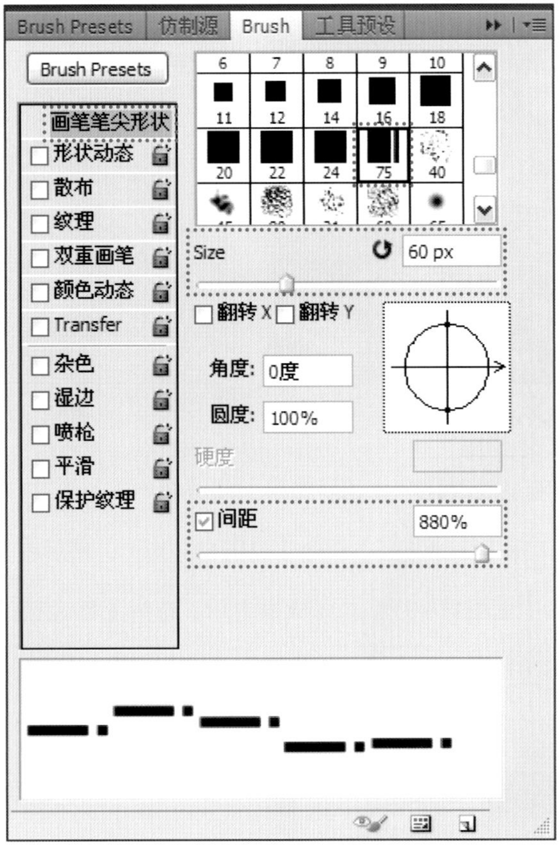

图11-86 画笔笔尖形状、大小以及间距

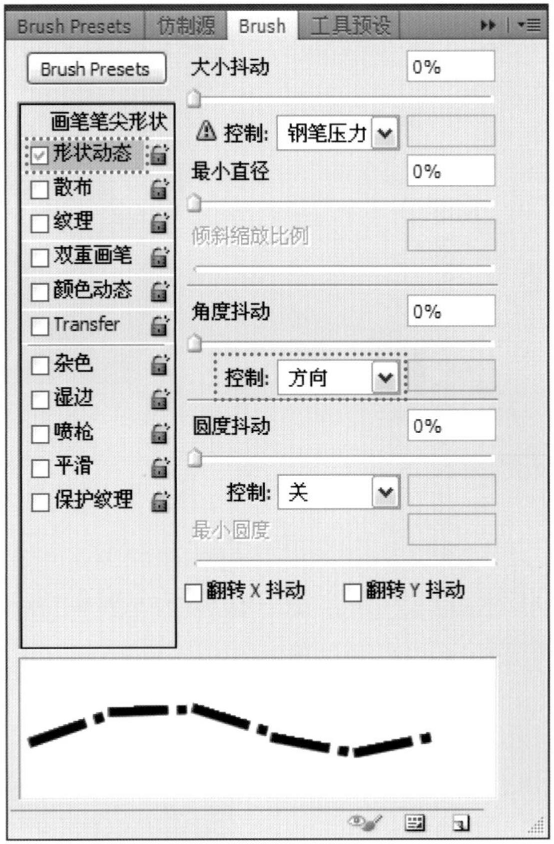

图11-87 设置形状动态中的角度抖动

3. 在“用地界线”图层中，用【魔棒工具】(W)选内部区域，再用菜单【选择】下【修改】命令里的【扩展】命令，向外扩 4 个像素(见图11-88)。

4. 在【路径面板】中，单击从选区生成路径按钮，生成路径(见图11-89)。

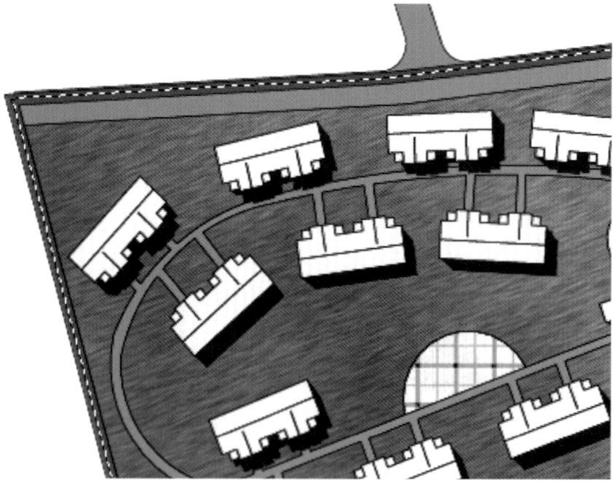

图11-88 选区

图11-89 路径面板

5. 将“用地界线”图层隐藏，创建新的图层，将前景色调为深红色。用【路径选择工具】（A）选中路径，右击后选择【描边路径】命令（见图11-90），然后在【描边路径】对话框的【工具】选项中选择【画笔】（见图11-91）。完成描边后，选择【路径选择工具】选项栏右上角的按钮，完成本次操作，转角部分可能需要适当修改（见图11-92）。

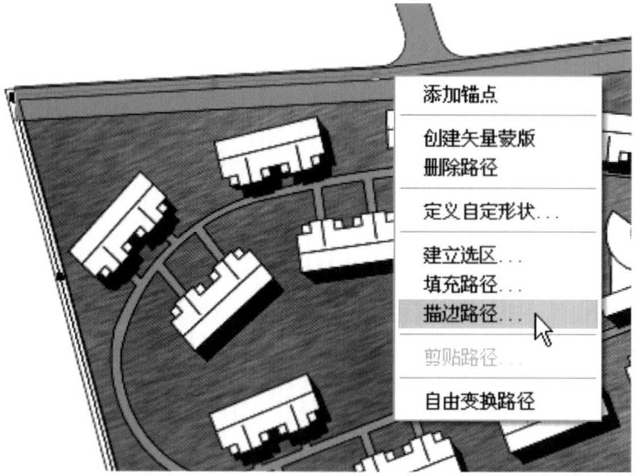

图11-90 执行描边路径命令

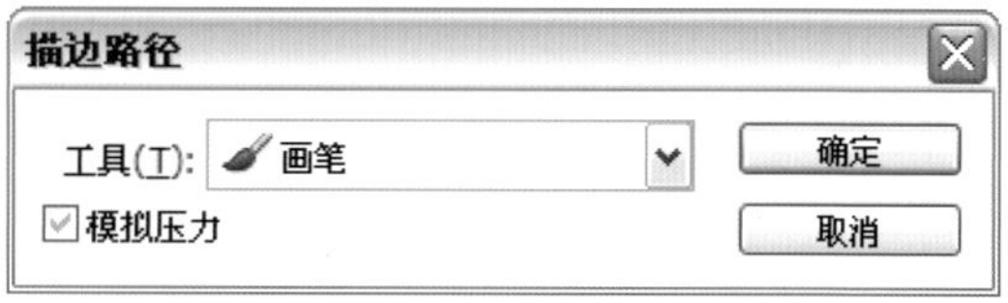

图11-91 用画笔进行描边路径操作

图11-92 表示用地界线的点划线

文字和其他图例的添加方法不再赘述，注意阴影方向与整体效果保持一致（见图11-93）。

图11-93 将 AutoCAD 输出的图像制作成彩色总平面图

11.5 在彩色总平面图上制作分析图

11.5.1 将总平面图改为单色

在已经完成的总平面图上加一个【黑白】调整图层，使画面变成黑白灰效果，目的是为突出分析图中的图示效果。总平面图的颜色模式应为 RGB 模式，否则无法添加【黑白】调整图层。

11.5.2 定义笔刷类型

1. 在透明图层中绘制矩形面并填充黑色，选择菜单【编辑】下的【定义画笔预设】命令，定义为笔刷，最好给笔刷命名（见图11–94、图11–95）。

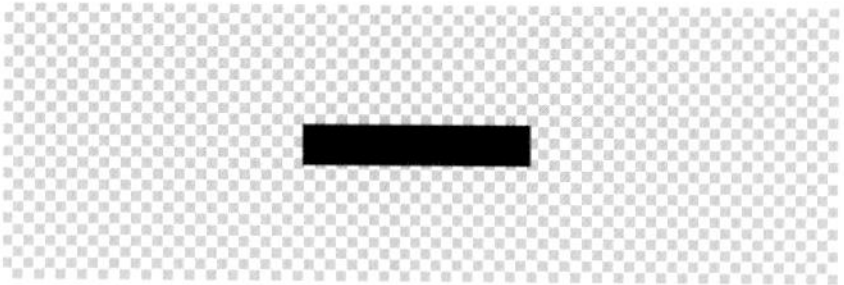

图11–94 绘制点划线

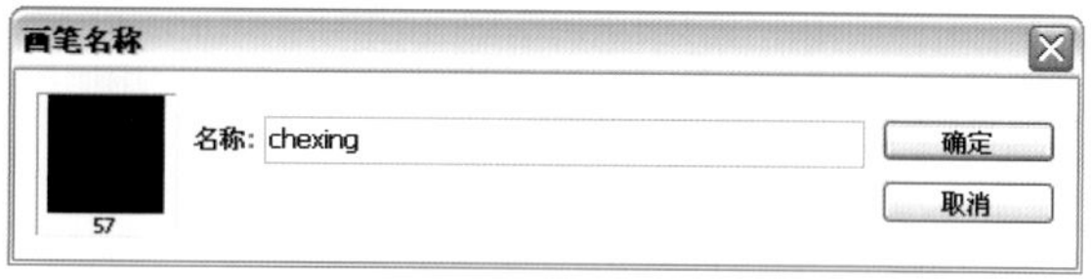

图11–95 定义笔刷

2. 激活【画笔工具】（B），在【笔刷面板】中选中定义好的笔刷，将笔刷【大小】和画笔的【间距】设置好（需反复几次）；在【形状动态】选项中的【角度抖动】设置中，选择【控制】为【方向】。请参见 11.4.2.4 节中的插图。

11.5.3 将路径描边

1. 在【图层面板】中新建一个图层，命名为“车行交通”，将【前景色】设置为明黄色。

2. 用【钢笔工具】（P）绘制路径，进入【路径面板】中，可以查看到绘制的路径，右击后选择【描边路径】命令（见图11-96）。

3. 在【描边路径】对话框的【工具】选项中选择【画笔】，完成描边（见图11-97）。

图11-96 【描边路径】命令

图11-97 描边路径一

4. 重复上面步骤中的第 2 步和第 3 步，完成其他位置的车行交通（见图11-98）。端头的箭头需另外加上（见图11-99）。

图11-98 描边路径二

图11-99 车行交通

5. 如果笔刷间不需要间距，【笔刷面板】中画笔的【间距】就不用设置了；【形状动态】选项中的【角度抖动】，还是要选择【控制】为【方向】。依此类推，完成其他交通分析。最后加上图例和文字，完成交通分析图的制作（见图11–100）。

图11–100 交通分析图

◆提示：如果在工作中分析图的应用比较多，建议大家学习一下排版软件 InDesign，它与 Photoshop 同是 Adobe 公司的产品，绘制箭头类分析图优势比较明显。

输出完美的图像

第12章

图像编辑完成之后，往往会容易忽视图像的输出环节。选择什么样的文件格式、颜色模式以及如何设置图像尺寸和分辨率，使屏幕的显示颜色和打印颜色更加接近，以及认识和了解打印机的工作原理非常必要。此外，打印之后如何装裱保管，也是值得以专业水准去做的事情。

本章内容包括输出格式、打印尺寸、色彩管理、屏幕校样、打印图像、装裱图纸等六部分内容。

12

12.1 输出格式

12.1.1 用于备份的文件格式

如果是用于备份，建议分别选择 PSD 和 JPG 格式保存。

1. 由于 PSD 格式可以保存通道、图层以及以图层形式存在的图层样式、图层蒙版等用 Photoshop 制作的效果，在编辑过程中以及编辑结束后最好以这种格式保存，方便今后反复修改（见图12-1）。

图12-1 保存为 PSD 格式

2. 如果在编辑过程中或全部编辑完成后，需要与他人交流，除了保存 PSD 格式的文件之外，还需转存 JPG 格式（见图12-2、图12-3）。JPG 格式占用磁盘空间较小而且质量较好，便于存储与传输，是目前所有格式中压缩比最高的格式，应用领域十分广泛。

图12-2 保存为 JPG 格式

图12-3 JPG 格式的压缩质量

12.1.2 用于打印的文件格式

如果是去图像输出中心打印，建议选择合并图层和通道的 TIF 格式（见图12-4），或者高品质 JPG 格式。

12.1.3 用于印刷的文件格式

如果是用于印刷，建议选择 CMYK 颜色模式的 TIF 格式。

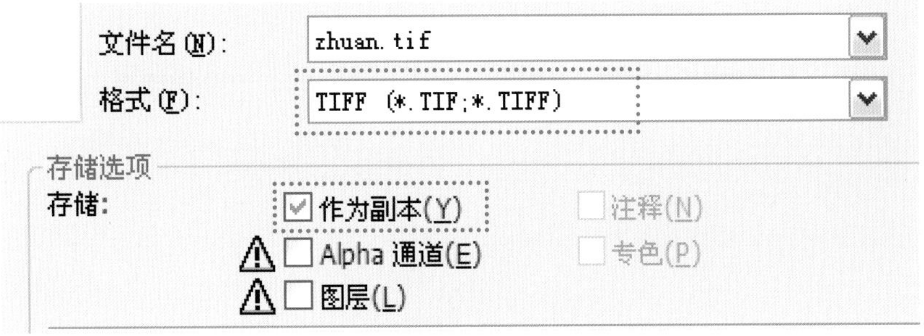

图12-4 保存为 TIF 格式

◆提示：如果是用于印刷，除了注意选择文件格式之外，还需进行必要的色彩管理，这是一项非常专业的工作，请向出版或印刷业的专业人士求教或参阅 Photoshop 帮助。

12.2 打印尺寸

12.2.1 图像的分辨率

在 Photoshop 中有 5 种单位，分别是：像素、英寸、厘米、点、派卡（1/6 英寸），不过通常使用的是像素或者厘米。

图像分辨率是图像中每单位打印长度上显示的像素数目，通常用像素/英寸（dpi）表示。常用的屏幕显示图像分辨率是 72 像素/英寸（dpi），它表示在 1 英寸的长度上排列有 72 个像素。

屏幕显示、打印（喷绘）、印刷的分辨率通常是 72、150、300 这 3 种，当然，在同一张图、同一尺寸下，单位面积里的像素越多图像当然就越清晰，否则图像就会出现马赛克。

◆提示：关于分辨率请参阅 1.3 节中的介绍。

例如，在同样是 7.50 厘米×5.72 厘米的尺寸，分辨率为 300 像素/英寸和分辨率为 72 像素/英寸的图像区别很明显，一个是清晰的，一个是模糊的（见图12-5、图12-6）。

图12-5 分辨率为 300 像素/英寸

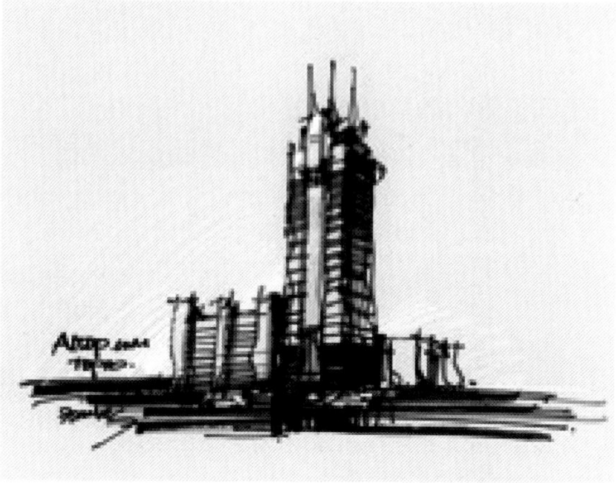

图12-6 分辨率为 72 像素/英寸

12.2.2 图像分辨率与文件大小的关系

文件大小通常按字节来计算，图像文件的大小是和它的像素尺寸成正比的。例如，分辨率是 72 像素/英寸的 1 英寸×1 英寸的图像，高度、宽度分别为 72 像素，文件大小为 15.2 KB。将分辨率增加到一倍 144 像素时，文件大小变为 60.8 KB，是之前像素大小的 4 倍。所以，在固定打印尺寸下，分辨率高的图像，可以表现更丰富的细节变化和色彩变化，但文件会更大，占用的磁盘空间也更大，在编辑和打印时的速度相对较慢。

图像质量的高低取决于图像文件所包含的像素数量，像素越多，细节越丰富，图像越清晰，图像质量也就越高，文件量也将随之增大。例如，尺寸为 7.5 厘米×5 厘米、分辨率为 300 像素/英寸的文件是 1.48 MB，同样尺寸但分辨率为 72 像素/英寸的文件是 87.4 KB。

12.2.3 一个文件的不同打印尺寸

选择菜单【图像】下的【图像大小】命令，出现【图像大小】对话框（见图12-7）。

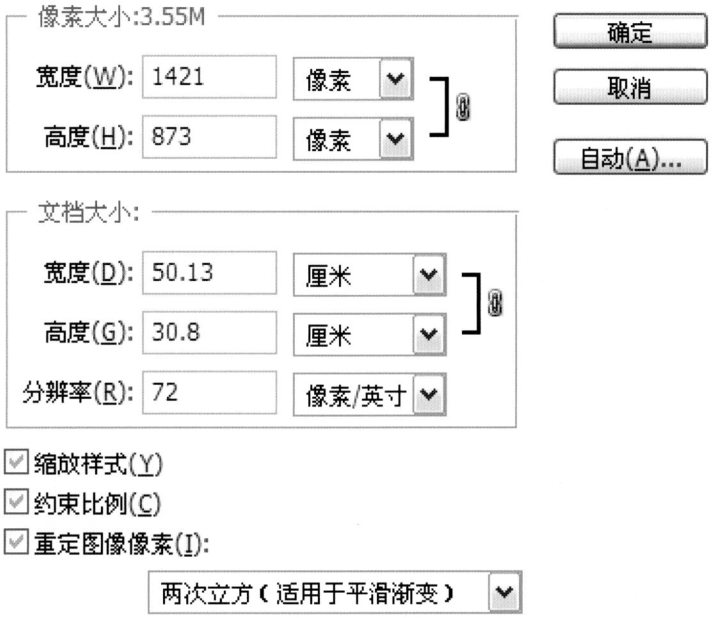

图12-7 图像大小对话框

在【图像大小】对话框中，【像素大小】里的宽度为 1421 像素，高度为 873 像素，这是该图像总的像素值；在【文档大小】里看到，在分辨率为 72 像素/英寸的情况下，能输出的尺寸为 50.13 厘米×30.8 厘米。如果要改变图像的输出尺寸，需将【重定图像像素】关掉，通过改变【分辨率】的值或【文档大小】里的【宽度】或【高度】值，使图像在保持原有总像素的情况下，改变图像的输出宽度、高度，当然分辨率的值越大，图像越清晰。

1. 当输出尺寸为 29.7 厘米 × 18.25 厘米时，【分辨率】的值为 121.527 像素/英寸（见图12-8）。

2. 当输出尺寸为 42 厘米 × 25.8 厘米时，【分辨率】的值为 85.937 像素/英寸（见图12-9）。

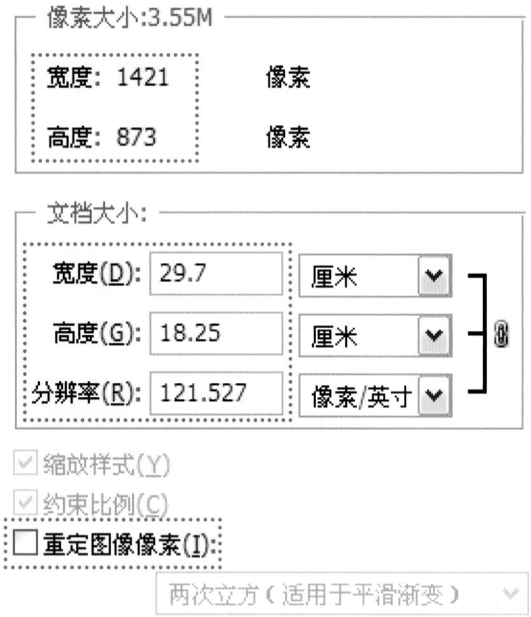

图12-8 输出尺寸为 A4 时的分辨率

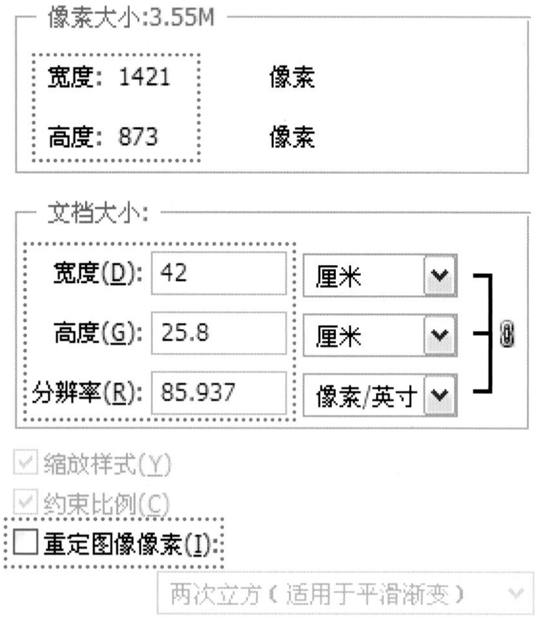

图12-9 输出尺寸为 A3 时的分辨率

显然，打印成 29.7 厘米 × 18.25 厘米的图像质量要好于打印成 42 厘米 × 25.8 厘米。因此，不要认为要打印输出的图像尺寸为 A4 的小图，就可以将分辨率变小，相反，在计算机运算速度及时间允许的情况下，应尽可能获得高分辨率的图像。

另外，图像长宽比最好保持不变，即【约束比例】不要关掉，否则图像会发生变形。

◆提示：以下三节的内容可以交给图像输出中心的专业人士去完成，作为建筑师仅需了解即可。

12.3 色彩管理

在显示器上，通过组合红光、绿光和蓝光（RGB）来显示颜色；而印刷颜色则通常是通过组合 4 种颜色即青色、洋红、黄色和黑色（CMYK）的油墨得到的，这 4 种油墨被称为印刷色，因为它们是印刷过程中使用的标准油墨。

由于 RGB 和 CMYK 颜色模式使用不同的方法显示颜色，因此它们重视的色域（即颜色范围）不同。例如，由于 RGB 使用光来生成颜色，因此其色域中包括霓虹色，如霓虹灯的颜色。相反，印刷油墨擅长重视 RGB 色域外的某些颜色，如淡而柔和的色彩以及纯黑色。

然而，并非所有的 RGB 和 CMYK 色域都是一样的。显示器和打印机的型号不同，它们显示的色域也稍有不同。例如，一种品牌的显示器可能比另一种品牌的显示器生成稍亮的蓝色。设备能够重现的色域决定了其色彩空间。

RGB 颜色模式是 Photoshop 的默认设置，然而，如果要处理用于打印、印刷的图像，可能需要修改颜色设置，使其适合处理在纸上打印、印刷而不是在显示器上显示图像。

◆提示：关于颜色模式请参阅 2.5 节中的介绍。

12.3.1 指定色彩管理设置

下面的操作主要是在【颜色设置】对话框中完成。

1. 选择菜单【编辑】命令下的【颜色设置】命令，打开【颜色设置】对话框（见图12-10）。

图12-10 颜色设置对话框

2. 在【颜色设置】对话框中，单击【更多选项】按钮，在【设置】的下拉列表中选择【北美印前2】（见图12-11），【工作空间】和【色彩管理方案】选项的设置将相应变化（见图12-12）。

3. 打开图片时，如果该图片的工作空间和色彩管理方案与目前的设置不一致，将出现【嵌入的配置文件不匹配】的提示。

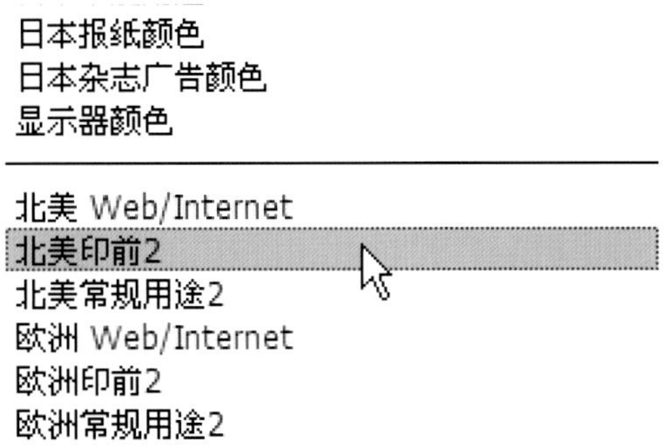

图12-11 设置中的【北美印前2】选项

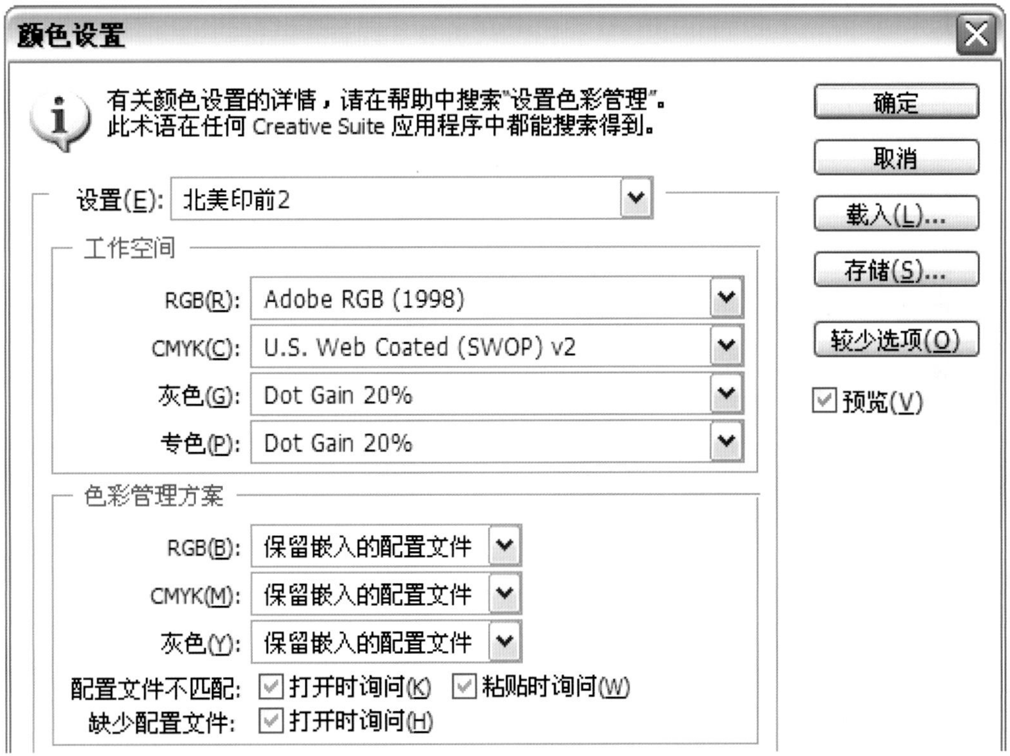

图12-12 设置为【北美印前2】后的【工作空间】和【色彩管理方案】选项

◆提示：目前印刷及数字影像行业所使用的显示器校色工具中，美国爱色丽（X-Rite）公司的产品占有绝对质量优势和市场占有率，特别是自 2006 年爱色丽公司与格灵达麦克贝斯（Gretag Macbeth）公司合并之后，其颜色测控和色彩管理方案更是处于行业垄断地位。

12.3.2 找出溢色

大部分图像包含的 RGB 颜色都在 CMYK 色域内，但也有图像包含位于 CMYK 色域外的 RGB 颜色。将图像从 RGB 模式转为 CMYK 模式之前，可以在 RGB 模式下预览 CMYK 颜色值。

1. 选择菜单【视图】命令下的【色域警告】命令，以便查看溢色。Photoshop 将创建一个颜色转换表，并在图像窗口中将溢色显示为中性灰色。

2. 选择菜单【编辑】下【首选项】命令里的【透明与色域】命令，单击对话框底部【色域警告】部分的颜色样本，并选择一种鲜艳的颜色，以便能清晰地显示色域警告区域。

3. 如果想关闭溢色预览，选择菜单【视图】命令下的【色域警告】命令，即该命令处于未选择状态。

◆提示：如果将文件存储为 Photoshop EPS 格式时，将自动校正这些溢色。即把 RGB 图像转换为 CMYK，并在必要时对 RGB 颜色进行调整使其位于 CMYK 色域内。

12.4 屏幕校样

选择某种校样配置文件，以便在屏幕上看到图像打印后的效果，达到在屏幕上校对用于打印的图像效果，称之为软校样。进行软校样或打印图像之前，需要设置一个校样配置文件。校样配置文件（也称校样设置）指定了文件将如何被打印，并相应地调整在屏幕上显示的图像。

12.4.1 复制打印的图像

为了能够比较图像校样前后的效果，先将原图像复制一个。

1. 选择菜单【图像】下【复制】命令，以复制图像。

2. 选择菜单【窗口】下【排列】命令里的【垂直平铺】命令，以便能够在处理图像的同时对它们进行比较。

12.4.2 校样设置

Photoshop 提供各种设置，以帮助校样不同用途的图像。

1. 选择菜单【视图】下【校样设置】命令里的【自定】命令，打开【自定校样条件】对话框（见图12-13），确保选中了【预览】复选框。

2. 在【要模拟的设备】下拉列表中，选择一个代表最终输出设备的配置文件，例如要用来打印图像的打印机的配置文件。如果不是专用打印机，配置文件【工作中的 CMYK U.S. Web Coated (SWOP) v2】是不错的选择。

3. 确保没有选中【保留 CMYK 颜色数】复选框。

【保留 CMYK 颜色数】复选框模拟颜色将如何显示，而无需转换为输出设备的色彩空间。

图12-13 自定校样条件对话框

4. 在【渲染方法】下拉列表中选择【相对比色】。渲染方法决定了颜色如何从一种色彩空间转换到另一种色彩空间。【相对比色】保留了颜色关系而又不牺牲颜色准确性，是北美或欧洲印刷使用的标准渲染方法。

5. 选中【模拟黑色油墨】复选框，然后取消选择它，并选中【模拟纸张颜色】复选框，注意到这将自动选择【模拟黑色油墨】复选框。此时图像的对比度会降低，需要做一些【色相/饱和度】和【色阶】的调整。

◆提示：【模拟黑色油墨】是模拟实际打印到大多数打印机的暗灰色，而不是纯黑色；【模拟纸张颜色】是根据校样配置文件模式，模拟纸张是白色。

6. 指定配置文件后保存，Photoshop 可以将它们嵌入到图像文件中，以便能够精确地管理图像的颜色。

12.5 打印图像

12.5.1 保存为 Photoshop EPS 文件

保存为 Photoshop EPS 格式时，注意在【颜色】部分选中【使用校样设置】复选框（见图12-14）。不用担心出现的溢色现象，Photoshop EPS 格式将自动把 RGB 图像转换为 CMYK，并在必要时对 RGB 颜色进行调整，使其位于 CMYK 色域内。

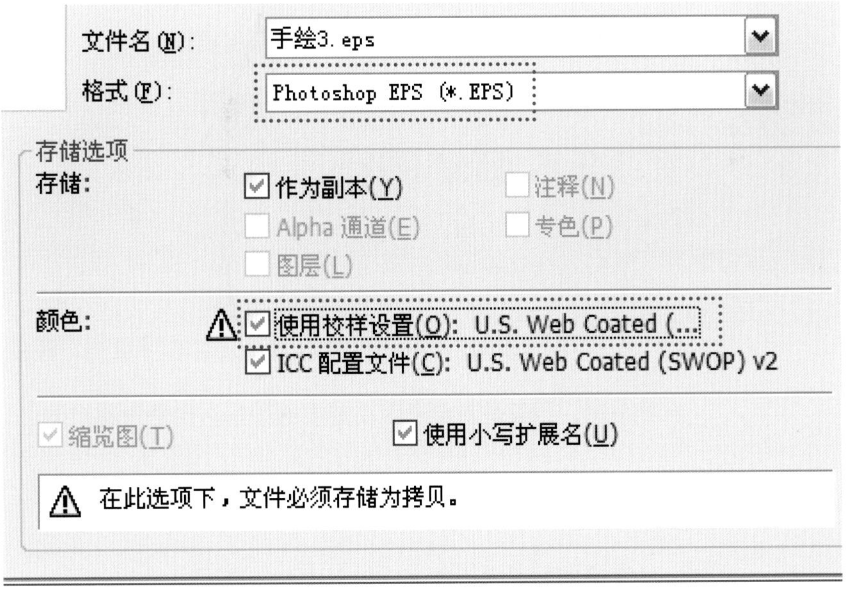

图12-14 保存为 Photoshop EPS 格式

12.5.2 阅读打印机的说明书

在 Photoshop 里，使用【文件】下的【打印】（Ctrl+P）命令，会出现打印输出设置，不同的打印机会有不同的、有效的、可供选择的设置方法。

12.5.3 打印小样进行校色

最好先打印一个 A5 幅面的小样，以便观察颜色的准确度。如果和理想中的效果有差距，还需根据打印机的出墨情况进行适当的调整，直到满意后再打印正式的大图。

12.5.4 正式打印大图

根据需要采用喷墨或激光打印，如果是选用喷墨，最好是选用防水墨水，便于保存。纸张最好选用专用的亮光相纸或亚光相纸，效果将更理想。

12.6 装裱图纸

12.6.1 爱惜自己的成果

在打印完成后，最好将成果放置在无尘的环境中，避免受到指纹、唾液、灰尘的玷污。爱惜自己的成果，不仅是对自己劳动成果的珍惜，也是对客户的必要尊重。

12.6.2 装裱的重要性

装裱的重要性不能忽视，随意的、不正式的设计表达，会让客户产生没有受到应有的尊重的感觉，也会对设计师的专业性产生质疑，因此装订成册或装裱在背板上非常必要。总之，编筐编篓、重在收口，千万不能在费了很多工夫之后，忽视正式感和专业感的创建。

图书在版编目（CIP）数据

Photoshop CS6 从入门到实战　建筑设计领域的应用教程／鲁英灿，康玉芬编著. — 北京：中国建筑工业出版社，2012.9

AiToP专业设计师书系

ISBN 978-7-112-14676-5

Ⅰ. ①P… Ⅱ. ①鲁… ②康… Ⅲ. ①建筑设计－计算机辅助设计－图象处理软件－教材 Ⅳ. ①TU201.4

中国版本图书馆CIP数据核字（2012）第218253号

责任编辑：徐晓飞　焦　扬
责任校对：姜小莲　赵　颖

AiTOP专业设计师书系
Photoshop CS6 从入门到实战
建筑设计领域的应用教程
鲁英灿　康玉芬　编著
*
中国建筑工业出版社出版、发行（北京西郊百万庄）
各地新华书店、建筑书店经销
北京锋尚制版有限公司制版
北京方嘉彩色印刷有限责任公司印刷
*
开本：965×635毫米　1/24　印张：14⅓　字数：350千字
2012年9月第一版　2015年3月第二次印刷
定价：88.00元（含光盘）
ISBN 978-7-112-14676-5
（22720）